Sakson Soisontes

Sustentabilidade na indústria avícola

Sakson Soisontes

Sustentabilidade na indústria avícola

Um estudo de caso exploratório da Alemanha e da Tailândia

ScienciaScripts

Imprint
Any brand names and product names mentioned in this book are subject to trademark, brand or patent protection and are trademarks or registered trademarks of their respective holders. The use of brand names, product names, common names, trade names, product descriptions etc. even without a particular marking in this work is in no way to be construed to mean that such names may be regarded as unrestricted in respect of trademark and brand protection legislation and could thus be used by anyone.

Cover image: www.ingimage.com

This book is a translation from the original published under ISBN 978-620-2-19878-3.

Publisher:
Sciencia Scripts
is a trademark of
Dodo Books Indian Ocean Ltd. and OmniScriptum S.R.L publishing group

120 High Road, East Finchley, London, N2 9ED, United Kingdom
Str. Armeneasca 28/1, office 1, Chisinau MD-2012, Republic of Moldova, Europe
Printed at: see last page
ISBN: 978-620-8-05556-1

Índice

Prefácio

Este livro é a edição revista da minha dissertação, que foi apresentada à Universidade de Vechta em dezembro de 2015. A fim de garantir a legibilidade para um público alargado, alguns termos técnicos incluídos na versão original foram modificados e corrigidos, e a estrutura foi ajustada.

O principal objetivo deste estudo é apresentar recomendações sobre a forma de melhorar a sustentabilidade da produção avícola. Os estudos de caso incluídos neste corpo de investigação centram-se na Alemanha e na Tailândia, uma vez que o sector avícola alemão desempenha um papel importante na União Europeia e a Tailândia é um dos principais exportadores mundiais de frangos de carne. Além disso, o meu orientador, Prof. Dr. Hans-Wilhelm Windhorst, forneceu conhecimentos valiosos sobre a indústria avícola alemã, que, combinados com o meu próprio conhecimento da indústria avícola tailandesa e das redes de apoio nos dois países, significam que os resultados deste estudo são uma representação tão exacta quanto possível da indústria avícola.

Este livro começa com uma introdução ao conceito de ciência da sustentabilidade, que procura identificar e resolver problemas de sustentabilidade. Com base neste paradigma, o autor define sustentabilidade na produção avícola como *"uma melhoria de um sistema de produção avícola que optimiza os aspectos globais de sustentabilidade, incluindo questões ambientais, económicas, sociais, políticas e de bem-estar animal"*. No presente estudo, a sustentabilidade é entendida como uma combinação destes cinco aspectos. A análise de dados primários e secundários, incluindo uma revisão da literatura e entrevistas a peritos (entrevistas aprofundadas por correio eletrónico e método Delphi), foi utilizada para recolher informações para este estudo. A metodologia de investigação é explicada no Capítulo 2 e o conceito de sustentabilidade é analisado em pormenor no Capítulo 3.

O autor identificou as questões de sustentabilidade mais preocupantes na produção avícola, que são discutidas no Capítulo 4, incluindo: Uso de antibióticos na produção de aves de capoeira; contaminação de carne e ovos com microrganismos zoonóticos; surto de gripe aviária; concentração regional da produção; desparasitação; e abate de pintos machos poedeiros de um dia. O capítulo 5 apresenta uma panorâmica das indústrias avícolas na Alemanha e na Tailândia, incluindo estruturas e dados de produção, concentração regional e modelos organizacionais da produção avícola nos dois países.

O capítulo 6 apresenta os resultados do estudo Delphi sobre preocupações de sustentabilidade na produção avícola. Participaram no inquérito em duas fases 26 peritos alemães e 28 tailandeses, incluindo representantes de ONG, grupos de defesa do bem-estar dos animais, investigadores, representantes do sector privado (retalhistas e empresas relacionadas com a indústria avícola), políticos e funcionários governamentais. As questões de sustentabilidade identificadas são categorizadas nas cinco componentes da sustentabilidade (aspectos ambientais, económicos, sociais, políticos e de bem-estar dos animais) e são estabelecidas comparações entre os dois países. O capítulo 7 resume as acções empreendidas por ONG e grupos de defesa do bem-estar dos animais, bem como as mudanças de política ou de estratégia de produção adoptadas pelas principais empresas avícolas integradas da Tailândia e da Alemanha.

Os resultados da investigação são discutidos no capítulo 8, com destaque para as recomendações destinadas a melhorar a sustentabilidade da produção avícola. O Capítulo 9 conclui com um resumo da investigação e das principais conclusões.

Este livro fornece uma visão geral da sustentabilidade na indústria avícola e estabelece um caminho para a transição para a produção sustentável. O seu objetivo é ser um companheiro útil para as pessoas envolvidas na indústria avícola que desejam melhorar os sistemas de produção na prática.

Por último, gostaria de agradecer ao Prof. Dr. Supaporn Isariyodom da Faculdade de Agricultura da Universidade de Kasetsart (Tailândia), que me deu um apoio vital durante a minha investigação de campo na Tailândia. Gostaria também de agradecer à Universidade de Vechta e à Associação de Avicultura da Baixa Saxónia (NGW), que prestaram apoio financeiro a este projeto de investigação. Dr. Hans-Wilhelm Windhorst, do Centro de Ciência e Informação para a Produção Avícola Sustentável (WING) da Universidade de Vechta, sem o qual esta publicação não teria sido possível.

Sakson Soisontes, Doutoramento

Hamburgo, 10 de dezembro de 2017

Capítulo 1: Introdução

1.1 Introdução geral

O consumo mundial de carne continua a aumentar rapidamente e é considerado um dos principais produtos agrícolas de crescimento mais rápido. Prevê-se que aumente para 347 milhões de toneladas métricas até 2022, um aumento de 6% desde 2010 (OCDE e FAO, 2013). A carne de aves de capoeira é responsável por metade do aumento global do consumo de carne. Devido à crescente procura dos mercados nacionais e internacionais, a indústria avícola está a expandir-se rapidamente. As preocupações dos consumidores com a dieta e a saúde contribuíram para uma mudança da carne bovina e suína para a carne de frango, como no Reino Unido (Resurreccion, 2003). Entre 1990 e 2010, a população mundial de galinhas poedeiras aumentou 79,6% (Windhorst, 2013a) e a produção mundial de ovos atingirá 89,9 milhões de toneladas métricas em 2030 (WATT Executive Guide, 2012). A produção mundial de carne de aves de capoeira aumentou 123% entre 1990 e 2009 (Windhorst, 2011). O comércio de carne e ovos de aves de capoeira é parcialmente impulsionado por uma procura crescente nos países asiáticos. Em 2015, mais de 67% da procura de ovos provém da Ásia e prevê-se que os principais países asiáticos importadores comercializem 8,6 milhões de toneladas métricas de carne de aves de capoeira até 2021 (WATT Executive Guide, 2012).

O aumento do consumo de carne de aves de capoeira e de ovos tem sido o principal catalisador da mudança do sector avícola, tanto em termos de escala como de estrutura. O sector deixou de ser constituído por um grande número de produtores de aves de capoeira independentes e de pequena escala, amplamente distribuídos, para passar a ser constituído por empresas verticalmente integradas que detêm e controlam todo o processo de produção (Saxowsky e Duncan, 1998). Os sistemas de produção intensiva na indústria avícola verticalmente integrada aumentaram a sua competitividade no mercado global. No entanto, estão a surgir cada vez mais preocupações quanto ao impacto ambiental destes sistemas de produção altamente concentrados e integrados. Historicamente, a gestão ambiental não tem sido uma das principais prioridades da indústria, o que fez com que a sustentabilidade a longo prazo da produção avícola, baseada na rentabilidade económica, na solidez ecológica e na aceitação social, fosse objeto de discussão nos últimos anos. Para além das questões ambientais, o público em geral está cada vez mais sensibilizado para as questões da segurança alimentar e do bem-estar dos animais.

Com base na crescente preocupação dos consumidores com a sustentabilidade dos alimentos, bem como na atenção que as organizações não governamentais e os grupos de defesa do bem-estar dos animais dedicam à produção avícola, nos países de elevado rendimento, especialmente na UE, existe uma enorme pressão sobre os produtores de aves de capoeira para que intensifiquem os seus esforços de promoção da sustentabilidade no sector. Entretanto, nos países em desenvolvimento e nos países limiares, a criação de animais é uma importante fonte de rendimento e uma prioridade máxima para alimentar e sustentar uma população crescente no futuro.

Atualmente, a indústria avícola enfrenta numerosos desafios que variam de região para região, o que significa que o sector tem de ajustar os seus sistemas e estratégias de produção a fim de satisfazer a procura de uma produção sustentável no mercado nacional e mundial.

1.2 Ciência da sustentabilidade na produção sustentável de aves de capoeira

A ciência da sustentabilidade tem as suas raízes no conceito de desenvolvimento sustentável, que foi introduzido pela Comissão Mundial para o Ambiente e o Desenvolvimento (WCED), também conhecida como Comissão Brundtland. Esta comissão baseou-se no conceito de desenvolvimento, acrescentando aspectos económicos aos aspectos ecológicos e sociais da sustentabilidade, e definiu o desenvolvimento sustentável como *"um desenvolvimento que satisfaz as necessidades do presente sem comprometer a capacidade das gerações futuras de satisfazerem as suas próprias necessidades"* (WCED, 1987, p.37). Desde então, foram envidados esforços para desenvolver a sustentabilidade, especialmente através do Fórum sobre Ciência e Inovação para o Desenvolvimento Sustentável, organizado pela Escola de Governo John F. Kennedy, pela Universidade de Harvard e pela Associação Americana para o Avanço da Ciência (AAAS), que resultou num aumento do nível de colaboração no desenvolvimento da ciência da sustentabilidade a uma escala global (Clark, 2007; Komiyama e Takeuchi, 2011).

Devido aos problemas complexos que a humanidade enfrenta, como as alterações climáticas, a desflorestação e a pobreza, uma única disciplina académica não os pode resolver. A ciência da sustentabilidade aborda as lacunas e limitações do conhecimento em termos da capacidade de o utilizar na resolução de problemas, ligando a investigação à ação e conciliando a excelência científica com a relevância social (Kate et al., 2001). Em consequência, a ciência da sustentabilidade integrou o conhecimento produzido pelas disciplinas académicas e competências existentes, corpos de literatura e investigação que podem gerar soluções inovadoras e planos de ação (Franklin e Blyton, 2011; Fukushi e Takeuchi, 2011).

A ciência da sustentabilidade requer uma abordagem multidisciplinar (Clark e Dickson, 2003; Becker, 2012), combinando ciências sociais e naturais (Mihelcic et al., 2003; de Vries, 2013) para resolver problemas complexos que estão frequentemente interligados (Kate et al., 2001; Komiyama e Takeuchi, 2006; Peattie, 2011; Fukushi e Takeuchi, 2011). O projeto "The Integrated Research System for Sustainability Science (IR3S)", iniciado pela Universidade de Tóquio, impulsionou a ciência da sustentabilidade e posicionou-a como uma disciplina que orienta o caminho para uma sociedade sustentável (Komiyama e Takeuchi, 2011). Com base nesta definição, para criar uma sociedade sustentável, é necessário abordar uma série de questões de sustentabilidade, como o aquecimento global, a pobreza, o surto de doenças e as tensões religiosas. Para alcançar a sustentabilidade, é necessário resolver os problemas que ameaçam a sociedade.

A ciência da sustentabilidade é uma abordagem interdisciplinar abrangente, holística e integrada que procura identificar problemas e perspectivas relacionados com a sustentabilidade. Esta pode referir-se a qualquer número de sistemas que exijam um quadro de sustentabilidade que forneça critérios e indicadores quantificáveis. Por conseguinte, os métodos utilizados para identificar problemas relacionados com a sustentabilidade têm de ser aperfeiçoados e adaptados à investigação.

No contexto da produção avícola, a ciência da sustentabilidade pode fornecer orientações para a transição para uma produção avícola sustentável, identificando e classificando os problemas ou questões de sustentabilidade que são preocupantes e propondo opções para melhorar a sustentabilidade.

1.3 Fundamentação e antecedentes

O sector das aves de capoeira é uma das indústrias de produção alimentar que regista um crescimento mais rápido, impulsionado pelo rápido crescimento da população e pelas alterações nas preferências alimentares, principalmente associadas ao aumento dos rendimentos e ao aumento da urbanização (Thornton, 2010). A Organização das Nações Unidas (2013) previu que a população mundial atingirá 9,6 mil milhões de pessoas até 2050. Prevê-se que a procura de produtos lácteos e de carne aumente durante o mesmo período, uma vez que o poder de compra dos pobres de hoje também aumentará (FAO, 2001).

A procura crescente de carne e de ovos tem implicações importantes para os produtores, que têm de se adaptar continuamente à evolução das condições ambientais, sociais, económicas, comerciais e de mercado. A produção pecuária tem respondido ao aumento da procura, principalmente através da mudança de sistemas de produção extensivos, de pequena escala, de subsistência, mistos de culturas e gado, para unidades de produção mais intensivas, de grande escala, geograficamente concentradas, comercialmente orientadas e especializadas (FAO, 2006). Atualmente, a carne e os ovos de aves de capoeira na Alemanha e na Tailândia são produzidos principalmente em sistemas intensivos e organizados através de integradores (produção verticalmente integrada). A intensificação da produção pecuária refere-se a um aumento do nível de factores de produção, tais como alimentos compostos para animais, níveis mais elevados de cuidados de saúde e maior mecanização, resultando em maiores rendimentos (carne, leite ou ovos) por animal. Está frequentemente associada a um grande número de animais concentrados numa pequena área de terra (van Boeckel, et al., 2012). A produção pecuária intensiva pode ser alcançada através da especialização numa raça ou numa combinação de raças melhoradas, alterando a utilização de alimentos para animais, aumentando a mecanização do trabalho e fazendo investimentos na prevenção de doenças e na biossegurança (Otte, et al., 2007). Os agricultores especializam-se na produção de um único produto como resultado da intensificação, o que lhes permite investir em tecnologias e instalações mais específicas e aceder mais facilmente aos mercados de distribuição, o que conduz a melhores economias de escala (FAO, 2006).

Infelizmente, a intensificação da produção avícola conduz à poluição do solo, do ar e da água. Tem também um impacto direto na expansão das áreas de produção de alimentos para animais. Um grande número de animais concentrados numa pequena área suscita preocupações quanto ao bem-estar dos animais. Estas questões são amplamente debatidas e são consideradas alguns dos desafios mais prementes para melhorar a sustentabilidade da produção avícola.

A sustentabilidade tornou-se um conceito importante nos debates públicos e políticos mundiais (Becker, 2012). É considerada uma questão-chave no século XXI (Komiyama e Takeuchi, 2006). Este termo é comummente utilizado no agronegócio, bem como na política e noutros domínios, para promover estratégias e visões a longo prazo. O conceito de "sustentabilidade" foi introduzido há trezentos anos na silvicultura alemã pelo mineiro von Carlowitz (Becker, 1997). O termo "Nachhaltigkeit" foi utilizado e foi o conceito florestal mais significativo do século XVIII. Desde então, tem sido aperfeiçoado através do desenvolvimento de importantes documentos políticos globais, como o Relatório Brundtland (WCED, 1987), a Declaração do Rio (ONU, 1992a), a Agenda 21 (ONU, 1992b) e a Declaração de Joanesburgo (ONU, 2002), sendo atualmente amplamente reconhecido e discutido no discurso público e científico (Becker, 2012).

A definição mais conhecida de "desenvolvimento sustentável" foi proposta pela Comissão Mundial para o Ambiente e o Desenvolvimento (WCED), tal como referido no início do presente capítulo. Embora a sustentabilidade seja amplamente reconhecida como um conceito crucial, não existe consenso quanto à sua definição. No entanto, os elementos da sustentabilidade incluem geralmente aspectos económicos, ambientais e sociais. Abordar a produção sustentável de aves de capoeira exige conhecimentos adicionais sobre os sistemas de produção e experiência no desenvolvimento de sistemas integrados que sejam economicamente rentáveis, ecologicamente corretos e socialmente aceitáveis.

Um estudo de caso sobre a sustentabilidade da produção avícola brasileira em áreas de agricultura intensiva foi realizado por Spies (2003), no qual ele desenvolveu uma lista de indicadores de sustentabilidade através de discussões em grupo com as partes interessadas do sector. Mollenhorst e de Boer (2004) identificaram questões de sustentabilidade na produção de ovos nos Países Baixos, utilizando a análise participativa SWOT (Strengths, Weaknesses, Opportunities and Threats). Bonaudo et al. (2010) adaptaram o método participativo do modelo DPSIR (Driving forces, Pressures, State, Impacts and Responses) para estudar e comparar sistemas de produção avícola à escala regional em França e no Brasil. Este estudo apoia o argumento de que, para avaliar a sustentabilidade da produção avícola, devem ser considerados aspectos dinâmicos (concorrência no mercado) e espaciais (caraterísticas do sistema de produção em cada área). Spies (2003) e Mollenhorst e de Boer (2004) identificaram questões semelhantes e diferentes em relação à sustentabilidade da produção avícola no Brasil e nos Países Baixos. Isto indica que as diferenças nas circunstâncias agro-ecológicas e sócio-económicas, bem como as políticas públicas nas várias regiões, têm um impacto na sustentabilidade da produção avícola. Assim, é necessário compreender as diferentes condições de cada região de produção avícola para poder contribuir para a sustentabilidade.

A indústria avícola é um dos sectores agrícolas mais importantes, tanto na Alemanha como na Tailândia. O sector avícola da Alemanha desempenha um papel importante na UE, enquanto a Tailândia é um dos mais importantes produtores de aves de capoeira na Ásia e no mundo. A Alemanha é um dos principais produtores de ovos da UE, representando 12,7% da produção total em 2013 (Windhorst, 2015c). A Tailândia foi classificada como o quarto maior exportador de carne de aves em 2013, com um volume de exportação de 525.682 toneladas métricas (Thai Broiler Processing Exporters Association, 2013). Na Alemanha, a avicultura domina o Estado da Baixa Saxónia, sendo responsável por 66,3%, 48,5% e 38,7% do total de frangos de carne, perus e galinhas poedeiras em 2013, respetivamente (MEG, 2015). Os bandos de aves de capoeira estão geograficamente concentrados na parte noroeste do estado, enquanto na Tailândia a produção intensiva está localizada nas províncias adjacentes a Banguecoque, Chon Buri, Chachoengsao e Nakhon Nayok, representando 27,5% da produção total na Tailândia em 2013 (Gabinete de Economia Agrícola, 2013).

No entanto, as questões de sustentabilidade que atualmente preocupam as indústrias avícolas alemã e tailandesa não foram objeto de uma investigação mais aprofundada, incluindo a identificação e a definição de prioridades das principais preocupações. Além disso, uma comparação das várias condições de produção avícola nos países europeus de rendimento elevado e nos países asiáticos de rendimento médio contribuiria para alargar as perspectivas de sustentabilidade. O presente estudo sobre a sustentabilidade da produção avícola na Alemanha e na Tailândia visa refletir o contexto atual da produção avícola nestes dois países e identificar outras questões de sustentabilidade que não tenham sido abordadas em estudos anteriores. Por último, este estudo pode fornecer informações importantes aos decisores políticos e às partes interessadas envolvidas no desenvolvimento de estratégias de sustentabilidade da produção avícola.

1.4 Questões de investigação e objectivos do estudo

A fim de melhorar a sustentabilidade da produção avícola, este estudo tem como principal objetivo responder às seguintes questões

- Como é que as questões de sustentabilidade constituem um desafio para a produção avícola?
- Como se desenvolveu a estrutura da produção avícola e como está organizada nas zonas em estudo?
- Quais são as principais preocupações em matéria de sustentabilidade na produção avícola?
- Que acções estão a ser empreendidas pelas ONG, pelos grupos de defesa dos animais e pelas principais empresas avícolas integradas no que respeita à sustentabilidade da produção avícola?
- Que melhorias podem ser introduzidas no sector das aves de capoeira para passar a uma produção sustentável?

A fim de compreender o conceito de sustentabilidade e fazer recomendações para melhorar a sustentabilidade da produção avícola na Alemanha e na Tailândia, os principais objectivos deste estudo são

- Apresentar uma panorâmica das definições e conceitos de sustentabilidade na produção avícola;
- Analisar de forma crítica as actuais questões de sustentabilidade na produção avícola;
- Analisar as estruturas, os dados de produção, a concentração regional e os modelos de organização da produção avícola;
- Identificar e classificar as questões de sustentabilidade que atualmente preocupam a indústria avícola;
- Avaliar e comparar as acções empreendidas por ONG, grupos de defesa do

bem-estar animal e empresas avícolas integradas líderes no que respeita à sustentabilidade da produção avícola;

- Formular recomendações para melhorar a sustentabilidade da produção avícola na Alemanha e na Tailândia.

1.5 Abordagem geral e quadro concetual

Este estudo centra-se nas indústrias avícolas da Alemanha e da Tailândia. Com base nos objectivos do estudo, a abordagem de investigação combinou uma revisão da literatura relevante com um estudo empírico, a fim de obter uma compreensão abrangente da produção avícola e da sustentabilidade. O quadro concetual deste estudo foi desenvolvido com base na noção de ciência da sustentabilidade (Komiyama e Takeuchi, 2011) e na investigação sobre sustentabilidade, tal como sugerido por Meadows (1998) e de Vries (2013). A Figura 1.1 apresenta o quadro concetual para o estudo da sustentabilidade na produção avícola.

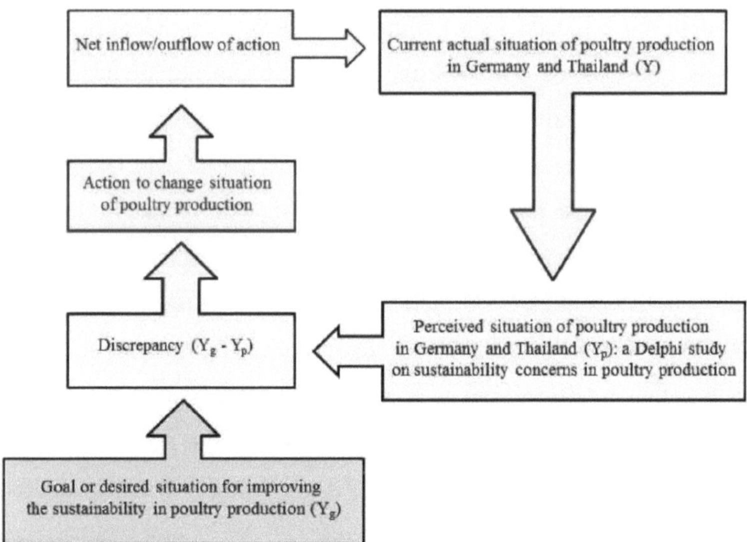

Figura 1.1 O quadro concetual para o estudo da sustentabilidade na produção avícola Fonte: Elaboração do autor com base em Meadows (1998) e de Vries (2013).

O objetivo do presente estudo é melhorar a sustentabilidade da produção avícola na Alemanha e na Tailândia *(Y_g)*. Por outras palavras, este estudo visa abordar os aspectos da produção avícola contemporânea que são preocupantes, provocando mudanças, o que exige a interferência na variável estática *Y*. No entanto, é difícil medir diretamente o estado exato da produção avícola devido à sua natureza complexa e dinâmica. Assim, é necessário partir de um pressuposto sobre a situação real, que se designa por situação percepcionada. Esta perceção da situação *(Y_p)* é um indicador do estado atual da produção avícola e pode diferir da situação real *(Y)* devido a atrasos e filtragem. É importante escolher um método adequado para determinar a situação atual presumida da produção de aves de capoeira: se o método for mal escolhido, as decisões baseadas nele serão ineficazes. Suposições erradas causarão reacções excessivas ou insuficientes, mudanças demasiado fracas ou demasiado fortes para levar o sistema a fazer as mudanças desejadas. Por conseguinte, é essencial compreender a situação real atual com a maior precisão possível, a fim de melhorar o sistema da forma mais eficaz possível.

O método Delphi foi aplicado para estimar a situação real, identificando e classificando as questões de sustentabilidade que atualmente preocupam as indústrias avícolas alemã e tailandesa. A combinação de provas científicas, como a literatura e os relatórios, com opiniões de peritos faz do método Delphi uma técnica adequada e poderosa para chegar a este pressuposto (Dalkey e Helmer, 1969; Lindstone, 1978; Green et al., 1990; Rowe et al., 1991; Murry e Hammons, 1995; Van der Fels-Klerx et al, 2000; Schmidt et al., 2001; Angust et al., 2003; Reinert et al., 2007; Collins et al., 2009; Grabkowsky, 2009; More et al., 2010; Veauthier e Windhorst, 2011; Frewer et al., 2011; Veauthier, 2011; Wilke, Windhorst e Grabkowsky, 2011; Hop et al., 2014). Os resultados do estudo Delphi representam a situação percebida da produção avícola *(Y_p)*, como a aproximação mais exacta da situação real da produção avícola *(Y)*. As recomendações para alterar a atual situação real da produção avícola são desenvolvidas com base na discrepância entre a situação desejada ou objetivo *(Y_g)* e a situação percebida *(Y_p)*. A diferença entre o objetivo e a realidade percebida impulsiona o desejo e a ação de mudança.

Neste estudo, y_p é composto pelos resultados do estudo Delphi, nomeadamente as questões de sustentabilidade que atualmente preocupam as indústrias avícolas alemã e tailandesa. Por outras palavras, reflecte a situação atual da produção avícola que precisa de ser alterada ou melhorada. y_g representa o objetivo de aumentar a sustentabilidade da produção avícola. Com base na discrepância entre y_g e y_p, foram identificadas acções que poderiam alterar o estado da produção avícola ou recomendações para melhorar a sustentabilidade da produção avícola.

Além disso, foram analisadas as acções empreendidas por ONG e grupos de defesa dos animais, bem como as políticas e estratégias de produção adoptadas pelas principais empresas avícolas integradas, a fim de explicar por que razão algumas questões de sustentabilidade são mais preocupantes do que outras, com base no estudo Delphi. Por último, o estudo inclui uma discussão e um resumo dos resultados da investigação, bem como uma conclusão geral.

De um modo geral, este estudo visa fornecer uma representação exacta do estado atual da produção avícola na Alemanha e na Tailândia, bem como fazer recomendações para melhorar a sua sustentabilidade. A metodologia é descrita em mais pormenor no Capítulo 2.

1.6 Esboço da dissertação

O fluxo racional desta dissertação e a relação entre os capítulos e a abordagem de investigação estão representados na Figura 1.2, que funciona como um roteiro e um quadro concetual para este estudo sobre a sustentabilidade na produção avícola na Alemanha e na Tailândia.

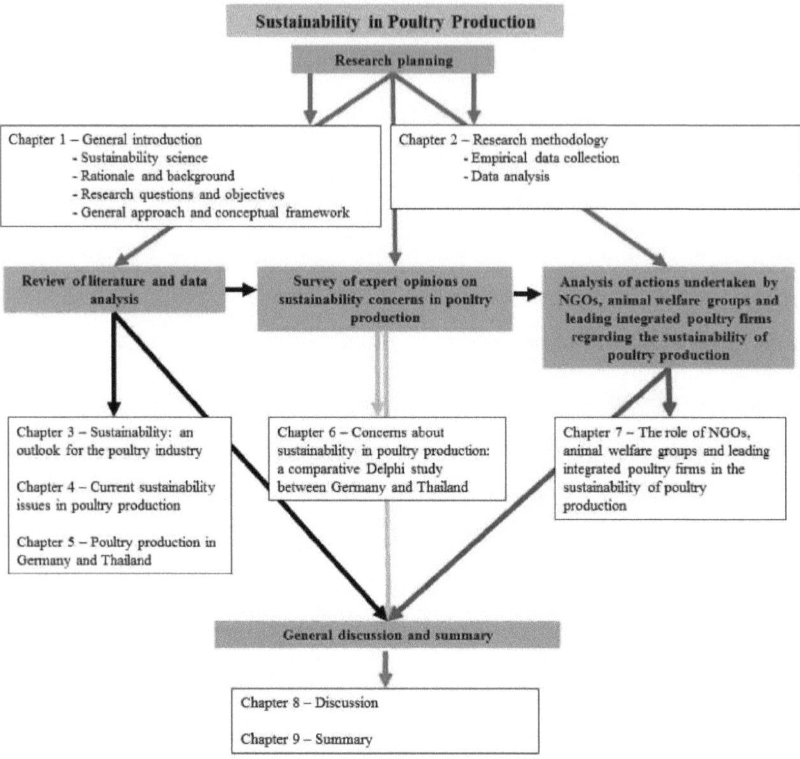

Figura 1.2 O roteiro e o modelo concetual do estudo sobre a sustentabilidade da produção avícola na Alemanha e na Tailândia. As setas representam ligações lógicas e de informação.

Fonte: Projeto do autor.

Chapter 1 apresenta uma introdução geral, o conceito de ciência da sustentabilidade, a justificação e os antecedentes do estudo. Define as questões de investigação e os objectivos do estudo e descreve a abordagem da investigação.

Chapter 2 centra-se na metodologia de investigação utilizada neste estudo. São descritos os métodos de investigação quantitativos e qualitativos, incluindo a técnica Delphi, e é apresentada a justificação da utilização destes métodos para estudar a sustentabilidade da produção avícola.

Chapter 3 O livro aborda uma perspetiva alargada da sustentabilidade e da intensificação sustentável. É dada uma ênfase especial à revisão da literatura e dos conceitos sobre agricultura sustentável, particularmente sobre a produção animal. Este capítulo conclui com uma análise dos conceitos de sustentabilidade e o que eles significam para o sector avícola.

Chapter 4 analisa de forma crítica as actuais questões de sustentabilidade que colocam desafios à produção avícola.

Chapter 5 apresenta uma panorâmica das indústrias avícolas na Alemanha e na Tailândia, incluindo as estruturas, os dados de produção, a concentração regional e os modelos organizacionais da produção avícola nos dois países.

Chapter 6 apresenta os resultados do estudo Delphi. O inquérito fornece opiniões de peritos sobre as principais preocupações de sustentabilidade na produção avícola.

Chapter 7 analisa as acções empreendidas pelas ONG, pelos grupos de defesa do bem-estar dos animais e pelas principais empresas avícolas integradas no que respeita à sustentabilidade da produção avícola, a fim de explicar por que razão algumas questões de sustentabilidade são mais preocupantes do que outras.

Chapter 8 discute as principais conclusões e limitações deste estudo, bem como apresenta recomendações para investigação futura. Este capítulo também apresenta sugestões para melhorar a sustentabilidade da produção avícola.

Chapter 9 resume os resultados finais da investigação e conclui as principais conclusões do estudo.

Capítulo 2: Metodologia da investigação

2.1 Introdução geral

A abordagem geral desta dissertação inclui uma análise de dados primários e secundários para obter uma compreensão abrangente da produção avícola e da sua sustentabilidade. As secções seguintes apresentam a metodologia para a análise dos dados secundários, os diferentes métodos de investigação quantitativos e qualitativos e a técnica Delphi.

2.2 Dados secundários

Os dados secundários são dados que já foram recolhidos para outros fins que não o problema em questão, incluindo dados produzidos dentro de uma organização, informações disponibilizadas pelo sector privado e fontes governamentais, empresas comerciais de investigação de marketing e bases de dados informatizadas. A análise dos dados secundários é um passo essencial no processo de planeamento da investigação: os dados primários não devem ser recolhidos até que os dados secundários disponíveis tenham sido completamente analisados (Malhotra e Birks, 2007).

Malhotra e Birks (2007) distinguem entre dados secundários internos e externos consoante a fonte, como mostra a Figura 2.1. Os dados internos são os produzidos dentro da organização que está a realizar o estudo de investigação. Os dados externos, por outro lado, são os recolhidos por fontes externas à organização. Estes dados existem sob a forma de material publicado, bases de dados informatizadas e informações disponibilizadas por serviços sindicados.

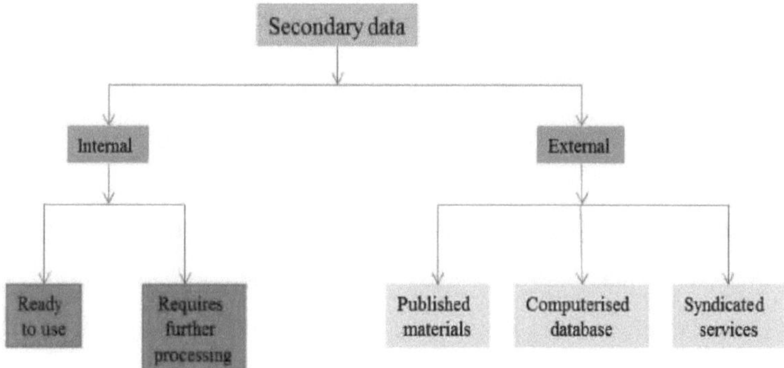

Figura 2.1 Classificação dos dados secundários Fonte: Malhotra e Birks (2007, p.100).

Os dados secundários são úteis para uma série de objectivos, incluindo a identificação do problema de investigação, o desenvolvimento de uma abordagem ao problema ou de um plano de amostragem, a concetualização de concepções de investigação adequadas, a resposta a questões de investigação, o teste de hipóteses e a validação de resultados qualitativos.

No entanto, a utilidade dos dados secundários é limitada em termos de relevância e precisão quando se trata de abordar as questões em causa. Por conseguinte, nesta dissertação, os dados primários também devem ser recolhidos e analisados para aumentar a precisão das questões críticas e abordar a atual sustentabilidade da produção avícola.

2.3 Dados primários

Os dados primários são recolhidos pelo investigador com o objetivo específico de responder à questão de investigação em causa. Os dados primários recolhidos podem ser quantitativos ou qualitativos.

2.3.1 Definição de investigação quantitativa e qualitativa

A investigação quantitativa é uma técnica de investigação que envolve a recolha sistemática de dados numéricos, frequentemente sob condições de controlo considerável, e a análise da informação recolhida utilizando procedimentos estatísticos (Polit et al., 2001). É uma abordagem lógica e baseada em dados que fornece uma medida do que as pessoas pensam de um ponto de vista estatístico e numérico. Um exemplo de uma questão de investigação quantitativa seria descobrir quantos clientes apoiam uma proposta de mudança nos produtos e com que intensidade (numa escala) a apoiariam.

A investigação qualitativa é um método de investigação que procura fornecer descrições textuais da forma como as pessoas vivem uma determinada questão de investigação (Mack et al., 2005). Trata-se da recolha e análise sistemáticas de dados narrativos mais subjectivos, observando o que as pessoas reflectem e expressam relativamente a uma questão específica (Polit et al., 2001; Malhotra e Birks, 2007). Por conseguinte, a investigação qualitativa fornece informações sobre o comportamento, a perceção, a opinião e as emoções das pessoas. Esta investigação é muito útil para identificar factores intangíveis, tais como normas sociais, estatuto socioeconómico, papéis de género e religião.

2.3.2Antecedentes da investigação quantitativa e qualitativa

A investigação quantitativa procura quantificar os dados e baseia-se em dados numéricos analisados estatisticamente, enquanto ***a investigação qualitativa*** se refere à recolha, análise e interpretação de dados obtidos através da observação do que as pessoas fazem e dizem. A distinção entre investigação quantitativa e qualitativa é muitas vezes considerada fundamental, levando as pessoas a falar de "guerras de paradigmas" em que as abordagens quantitativas e qualitativas são vistas como fracções incomensuráveis em guerra entre si (Muijs, 2004). As duas abordagens diferentes estão no centro de visões do mundo opostas que dividem os investigadores em dois paradigmas. A ***visão quantitativa*** é descrita como positivismo (Polit e Hungler, 1999; Muijs, 2004), enquanto a visão do mundo subjacente à ***investigação qualitativa*** é vista como subjetivista (Muijs, 2004).

O positivismo é um ponto de vista filosófico que se concentra nos factos concretos e evita a especulação. Os dados derivados da experiência sensorial, que são analisados lógica e matematicamente, são considerados a fonte exclusiva de todo o conhecimento autêntico. A abordagem positivista tem sido um tema recorrente na história do pensamento ocidental. thO conceito foi desenvolvido na sua forma moderna no início do século XX pelo filósofo e fundador da sociologia Auguste Comte. Os defensores da abordagem quantitativa são, portanto, descritos como cientistas objectivos (Duffy, 1986; Walker, 2005) empenhados na descoberta de informação quantificável (Carr, 1994).

O subjetivismo é uma forma de pensar filosófica que acredita que a realidade é apenas uma perceção individual e não existe objetivamente. Considera a experiência subjectiva como fundamental para todas as medições e leis. Uma posição subjetivista extrema é obviamente tão problemática como uma posição positivista extrema, uma vez que, em teoria, negaria que nada mais do que o consenso social e o poder diferenciam a ciência moderna da feitiçaria (Muijs, 2004). Por conseguinte, muitos investigadores actuais, tanto quantitativos como qualitativos, adoptam uma abordagem pragmática da investigação, utilizando diferentes técnicas em função da pergunta de investigação a que estão a tentar responder.

Para compreender o significado dos paradigmas positivista e subjetivista, o Quadro 2.1 apresenta os traços caraterísticos dos dois paradigmas.

Quadro 2.1 Caraterísticas do paradigma

Questão	Positivista	Subjetivista
Realidade	Objetivo e singular	Subjectiva e múltipla
Investigador-participante	Independentes entre si	Interagir uns com os outros
Valores	Sem valor = imparcial	Valor carregado = tendencioso
Língua do investigador	Formal e impessoal	Informal e pessoal
Teoria e conceção da investigação	Determinista simples Causa e efeito Conceção estática da investigação Laboratório sem contexto Previsão e controlo Fiabilidade e validade Inquéritos representativos Conceção	Liberdade de vontade Múltiplas influências Conceção evolutiva Contexto Campo/etnografia Compreensão e perceção Tomada de decisão perceptiva

	experimental Dedutiva	Amostragem teórica Estudos de caso Indutivo

Fonte: adaptado de Creswell (1994 citado em Malhotra e Birks, 2007).

2.3.3Técnicas de investigação quantitativa

Parahoo (1997) identifica três níveis de investigação quantitativa: descritiva, correlacional e causal (experiência). A investigação descritiva fornece uma descrição das caraterísticas dos indivíduos, grupos ou situações que podem constituir a primeira fase de concepções mais complexas (Walker, 2005). O principal objetivo é descobrir um novo significado, descrever algo, determinar a frequência com que esse algo ocorre e categorizar a informação (Burns e Grove, 1999). A investigação correlacional procura examinar as relações entre variáveis sem introduzir uma intervenção. O objetivo é frequentemente criar hipóteses que possam ser testadas na investigação experimental (Parahoo, 1997). A investigação experimental fornece um quadro para obter provas de relações de causa e efeito (Roe, 1994). Exige uma conceção planeada e estruturada como na investigação descritiva.

Nesta dissertação, serão utilizados métodos de investigação descritiva quantitativa para recolher dados primários. Na investigação descritiva, existem duas formas de recolher dados primários, nomeadamente as técnicas de inquérito e de observação.

2.3.3.1 Técnicas de inquérito na investigação quantitativa

Os métodos de inquérito utilizam questionários estruturados que são dados a uma amostra de uma população. Os participantes nos questionários são questionados sobre uma série de questões relativas às suas atitudes, motivação, comportamento, intenções, nível de consciencialização e caraterísticas demográficas e de estilo de vida (Malhotra e Birks, 2007). Os inquéritos utilizam principalmente perguntas opcionais de resposta fixa que exigem que o participante escolha entre um conjunto pré-determinado de respostas. O exemplo de pergunta que se segue foi concebido para medir uma dimensão das atitudes dos estudantes em relação à forma como são avaliados nas aulas de geografia económica:

	Strongly agree	*Agree*	*Neutral*	*Disagree*	*Strongly disagree*
I prefer written examinations compared to homework assignments	☐	☐	☐	☐	☐

As vantagens do método de inquérito são o facto de o questionário ser simples de realizar e de os dados obtidos serem consistentes, porque as respostas estão limitadas às opções indicadas. A utilização de perguntas de resposta fixa reduz a variabilidade dos resultados que poderia ser causada por diferenças entre os entrevistadores. Além disso, a codificação, a análise e a interpretação dos dados são simples (Malhotra e Birks, 2007). No entanto, a técnica de inquérito tem algumas desvantagens. Os inquiridos podem não poder ou não querer dar a informação desejada. Por conseguinte, as perguntas estruturadas e as perguntas opcionais de resposta fixa podem não ser adequadas para certos tipos de dados, como sentimentos e crenças (Malhotra e Birks, 2007).

A abordagem de inquérito para a recolha de dados primários pode ser aplicada utilizando quatro métodos diferentes: 1) entrevistas telefónicas; 2) entrevistas pessoais; 3) entrevistas por correio e; 4) entrevistas electrónicas, como mostra a Figura 2.2.

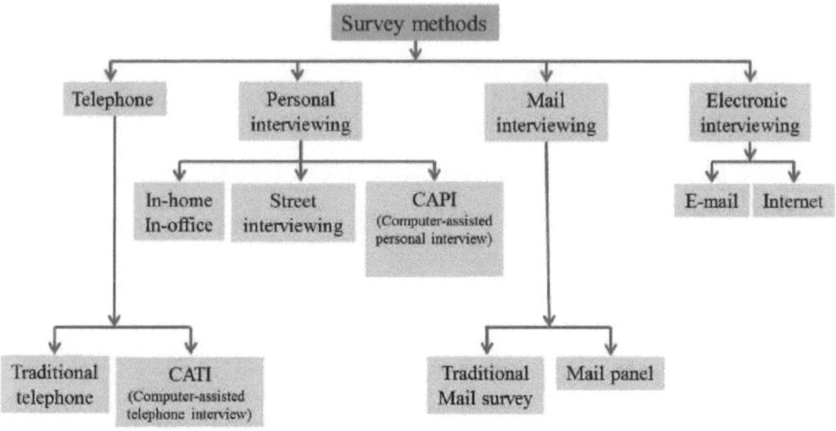

Figura 2.2 Uma classificação das técnicas de inquérito Fonte: Malhotra e Birks (2007, p.267).

As entrevistas telefónicas podem ser classificadas como entrevistas telefónicas tradicionais e entrevistas telefónicas assistidas por computador (CATI). As entrevistas pessoais podem ser efectuadas em casa ou no escritório, como uma entrevista de rua ou como uma entrevista pessoal assistida por computador (CAPI). As entrevistas por correio podem ser administradas sob a forma de inquéritos tradicionais por correio ou de painéis de correio, enquanto as entrevistas electrónicas podem ser realizadas por correio eletrónico ou administradas através da Internet.

Atualmente, os inquéritos electrónicos representam 11% do total mundial gasto em métodos de investigação, sendo a Austrália o país que mais gasta nesta técnica, com 20% (Malhotra e Birks, 2007). Os inquéritos por correio eletrónico são favoráveis para os inquiridos porque não requerem instalações ou conhecimentos para além dos utilizados nas comunicações diárias por correio eletrónico. É necessária uma lista de endereços de correio eletrónico para realizar um inquérito por correio eletrónico. Os questionários são escritos no corpo da mensagem de correio eletrónico, que é depois enviada através da Internet. Os inquiridos introduzem as suas respostas e devolvem o questionário ao entrevistador. No entanto, a entrevista por correio eletrónico tem várias limitações: está limitada a indivíduos com acesso à Internet; pode demorar vários dias ou semanas até a entrevista estar concluída e alguns participantes podem desistir antes de a entrevista estar concluída (Meho, 2006).

Todas as técnicas de inquérito têm vantagens e desvantagens, conforme apresentado no Quadro 2.2. O investigador deve proceder a uma avaliação comparativa para definir quais os métodos adequados a cada projeto de investigação.

Quadro 2.2 Uma avaliação comparativa das técnicas de inquérito

	Telefone CATI	Entrevistas no domicílio e no escritório	Entrevistas de rua	CAPI	Inquéritos tradicionais por correio	Painéis de correio	Correio eletrónico	Internet
Flexibilidade da	Moderado a	elevado	elevado	Moderado a	Baixa	Baixa	Baixa	Moderado a

recolha de dados	elevado			elevado				elevado
Diversidade de perguntas	Baixa	Elevado	Elevado	Elevado	Moderado	Moderado	Moderado	Moderado a elevado
Utilização de estímulos físicos	Baixa	Moderado a elevado	Elevado	Elevado	Moderado	Moderado	Baixa	Moderado
Controlo de amostras	Moderado a elevado	Potencialmente elevado	Moderado a elevado	Moderado	Baixa	Moderado	Baixa	Baixa a moderada
Controlo do ambiente de recolha de dados	Moderado	Moderado a elevado	Elevado	Elevado	Baixa	Baixa	Baixa	Baixa
Controlo da força de campo	Moderado	Baixa	Moderado	Moderado	Elevado	Elevado	Elevado	Elevado
Quantidade de dados	Baixa	Elevado	Moderado	Moderado	Moderado	Elevado	Moderado	Moderado
Taxa de resposta	Moderado	Elevado	Elevado	Elevado	Baixa	Moderado	Baixa	Baixa
Perceção do anonimato do inquirido	Moderado	Baixa	Baixa	Baixa	Elevado	Elevado	Moderado	Elevado
Desejabilidade social	Moderado	Baixa a moderada	Baixa	Baixo a alto	Elevado	Elevado	Elevado	Elevado
Obtenção de informações sensíveis	Baixa	Elevado	Baixa	Moderado	Moderado	Moderado	Moderado	Moderado
Potencial de enviesamento do entrevistador	Moderado	Elevado	Elevado	Baixa	Nenhum	Nenhum	Nenhum	Nenhum
Potencial para sondar os inquiridos	Baixa	Elevado	Moderado	Moderado	Baixa	Baixa	Baixa	Baixa
Potencial para criar relações	Moderado	Elevado	Moderado a elevado	Moderado a elevado	Baixa	Baixa	Baixa	Baixa
Velocidade	Elevado	Moderado a elevado	Moderado	Moderado a elevado	Baixa	Baixo a alto	Elevado	Elevado
Custo	Moderado	Elevado	Moderado a elevado	Moderado a elevado	Baixa	Baixa a moderada	Baixa	Baixa

Fonte: Malhotra e Birks (2007, p.276).

2.3.3.2 Técnicas de observação na investigação quantitativa

Os métodos de observação quantitativa são amplamente utilizados na investigação descritiva. Envolvem o registo dos padrões de comportamento de pessoas, objectos e acontecimentos de uma forma sistemática para obter informações sobre o fenómeno de interesse (Malhotra e Birks, 2007). As técnicas de observação podem ser classificadas segundo o modo de administração como observação pessoal, observação eletrónica ou auditoria e análise de vestígios, como mostra a Figura 2.3.

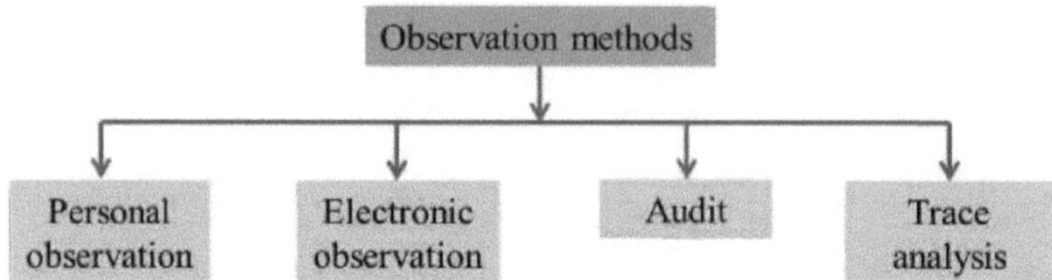

Figura 2.3 Uma classificação das técnicas de observação Fonte: Malhotra e Birks (2007, p.286).

Na observação pessoal, o investigador observa o comportamento real tal como ele ocorre em direto. O observador não controla nem manipula o comportamento que está a ser observado, limitando-se a registar o que acontece. Na observação eletrónica, são utilizados dispositivos electrónicos para registar o fenómeno em vez de observadores humanos. Numa auditoria, os investigadores recolhem dados examinando registos físicos ou efectuando uma análise de inventário. Na análise de vestígios, a recolha de dados baseia-se em vestígios físicos ou provas de comportamentos passados.

As técnicas de observação, como todos os outros métodos de investigação, têm os seus pontos fortes e fracos. No Quadro 2.3 é apresentada uma avaliação comparativa das técnicas de observação. Cada técnica de observação é avaliada em termos de estrutura, capacidade de disfarce, capacidade de observação num ambiente natural, enviesamento da observação, enviesamento da medição e da análise, e outros factores gerais.

Quadro 2.3 Uma avaliação comparativa das técnicas de observação

Critérios	Observação pessoal	Observação eletrónica	Auditoria	Análise de traços
Grau de estruturação	Baixa	Baixo a alto	Elevado	Médio
Grau de disfarce	Médio	Baixo a alto	Baixa	Elevado

Ambiente natural	Elevado	Baixo a alto	Elevado	Baixa
Viés de observação	Elevado	Baixa	Baixa	Médio
Viés de análise	Elevado	Baixa a média	Baixa	Médio
Observações gerais	Mais flexível	Pode ser intrusivo	Caro	Limitação de traços disponíveis

Fonte: Malhotra e Birks (2007, p.289).

2.3.3.3 Medição e escalonamento na investigação quantitativa

A medição é a atribuição de números ou outros símbolos a caraterísticas dos objectos investigados de acordo com determinadas regras (Siegel, 1956). Na investigação quantitativa, são medidas as percepções, atitudes, preferências ou outras caraterísticas relevantes dos inquiridos. O escalonamento é uma extensão da medição. Envolve a criação de um continuum no qual se situam os objectos medidos. Por exemplo, considere-se uma escala para ordenar os consumidores de acordo com a caraterística "atitude em relação às corridas de cavalos". A cada inquirido é atribuído um número que indica uma atitude favorável (medida como 1), uma atitude neutra (medida como 2) ou uma atitude desfavorável (medida como 3). A medição é a atribuição efectiva de 1, 2 ou 3 a cada inquirido, enquanto o escalonamento é o processo de colocar os inquiridos ao longo de um contínuo no que diz respeito às suas atitudes em relação à caraterística em questão (Malhotra e Birks, 2007).

As escalas de medida podem ser classificadas de quatro formas: nominal, ordinal, intervalar e de rácio. Uma ***escala nominal ou classificatória*** é um esquema de rotulagem figurativo em que os números ou outros símbolos são utilizados simplesmente para identificar e classificar objectos, pessoas ou caraterísticas com uma correspondência estrita de um para um entre os números e os objectos. Serve de rótulo ou etiqueta. Por exemplo, a numeração dos jogadores de futebol fornece informações sobre cada um deles. As escalas nominais representam uma equivalência e têm certas propriedades formais. Estas propriedades dão definições bastante exactas das caraterísticas da escala. Uma ***escala ordinal ou de classificação*** é uma escala em que são atribuídos números aos objectos para indicar o grau relativo em que uma caraterística é possuída. Numa escala ordinal, é possível determinar se um objeto tem mais ou menos de uma caraterística do que outro objeto, mas não quanto mais ou menos. Assim, uma escala ordinal indica uma posição relativa, não a magnitude das diferenças entre quaisquer objectos. Por exemplo, não há garantia de que a distinção entre ovos de grau I e II seja a mesma que a diferença entre o grau II e III. Uma escala ordinal é normalmente utilizada para medir atitudes, opiniões, percepções e preferências relativas. As medições deste tipo incluem a equivalência e as decisões "maior do que" ou "menor do que" dos inquiridos. Pode ser atribuída qualquer série de números que mantenha a relação ordenada entre os objectos. Uma ***escala de intervalo*** é uma escala em que os números são utilizados para classificar objectos, representando uma ordem e distâncias iguais entre quaisquer números. Os valores de escala numa escala de intervalos são constantes. A diferença entre 3 e 4 é a mesma que a distinção entre 4 e 5, que é a mesma que a diferença entre 12 e 13. Neste tipo de medida, a razão entre dois intervalos quaisquer é independente da unidade de medida e do ponto zero. A unidade de medida e o ponto zero são arbitrários. Um exemplo comum desta escala é a escala de temperatura. No entanto, os dados de atitude obtidos a partir de escalas de classificação são frequentemente tratados como dados intervalares na investigação de marketing (Malhotra e Birks, 2007). A ***escala de rácio*** é semelhante à escala de intervalo, com números ordenados com distâncias iguais entre os números ao longo da escala, mas, além disso, tem um ponto zero absoluto. Assim, os objectos podem ser identificados ou classificados, ordenados e comparados utilizando intervalos ou diferenças. Por exemplo, a diferença entre 3 e 8 não só é a mesma que a distinção entre 24 e 29, como também 24 é oito vezes maior que 3 num sentido absoluto. Alguns exemplos comuns desta escala incluem a idade, o peso, a altura e o dinheiro.

As técnicas de escalonamento podem ser classificadas em escalas comparativas e não-comparativas, conforme apresentado na Figura 2.4. As escalas comparativas permitem a comparação direta entre objectos de estímulo. Por exemplo, pode perguntar-se aos inquiridos se preferem Coca-Cola ou Fanta. Os dados da escala comparativa requerem uma interpretação em termos relativos e têm apenas propriedades ordinais ou de ordem de classificação. Este tipo de escala inclui comparações emparelhadas, ordem de classificação, escalas de soma constante, Q-sort e outros procedimentos. Por outro lado, as escalas não comparativas referem-se a escalas monádicas ou métricas e cada objeto é escalado independentemente do outro nos conjuntos de estímulos. Por exemplo, pode pedir-se aos inquiridos que avaliem a Fanta numa escala de 1 a 6 preferências (1 = nada preferida, 6 = muito preferida). As escalas não comparativas podem basear-se em escalas de classificação contínua ou em escalas de classificação por itens. As escalas itemizadas podem ser classificadas como escalas de Likert, diferencial semântico e Stapel. Nesta dissertação, a escala de classificação itemizada de Likert é utilizada para obter as opiniões dos peritos sobre as preocupações de sustentabilidade na produção avícola.

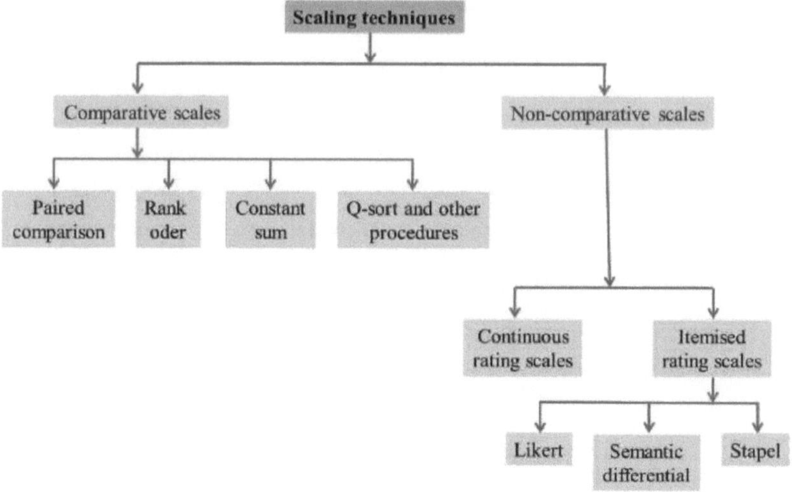

Figura 2.4 Uma classificação das técnicas de escalonamento Fonte: Malhotra e Birks (2007, p.342).

Os itens/escalas de Likert foram introduzidos pela primeira vez em 1932 por Rensis Likert para medir as atitudes dos inquiridos em relação a determinadas questões. Os itens de Likert representam uma questão individual, enquanto as escalas de Likert contêm vários itens. Os inquiridos devem indicar as suas preferências ou opiniões em categorias de resposta. Por exemplo, uma categoria de cinco respostas que vai de "discordo totalmente" a "concordo totalmente" exige que os participantes indiquem o grau em que concordam ou discordam de cada uma de uma série de afirmações sobre os objectos de estímulo. A vantagem da técnica de escala de Likert é o facto de ser simples de construir, administrar e compreender. No entanto, consome mais tempo. O método de escala de Likert é amplamente utilizado nas ciências comportamentais, mas ainda existe uma controvérsia relativamente à análise dos dados de Likert - se devem ser considerados como uma escala ordinal ou intervalar (Albaum, 1997; Hodge e Gillespie, 2003; Jakobsson, 2004; Weaver, 2005). Brown (2011) argumenta que o facto de os itens de Likert serem intervalares ou ordinais é irrelevante quando se utilizam os dados da escala de Likert, uma vez que depende dos objectivos dos investigadores a forma como interpretam os resultados. As escalas de Likert são frequentemente tratadas como escalas intervalares para que se possa calcular a média das respostas (média) à afirmação. Outras vezes são assumidas como ordinais, quando é necessário sublinhar a ordenação das respostas (Schmee e Oppenlander, 2010). A Tabela 2.4 resume os níveis de medida, as suas propriedades e as estatísticas adequadas para analisar os dados com base em Siegel (1956) e Malhotra e Birks (2007).

Quadro 2.4 Níveis de medição e respectivas estatísticas adequadas

Escala	Caraterísticas de base	Exemplos de estatísticas adequadas	Testes estatísticos adequados
Nominal	Os números identificam e classificam objectos	Percentagens, Modo, Frequência, Qui-quadrado, Teste binomial	- Testes estatísticos não paramétricos
Ordinal	Os números indicam as posições relativas dos	Percentil, Mediana, Frequência, Percentil, Correlação de ordem de	

	objectos, mas não a magnitude das diferenças entre eles	classificação de Spearman, Teste U de Mann-Whitney, Coeficiente de concordância de Kendall	
Intervalo	As diferenças entre objectos podem ser comparadas; o ponto zero é arbitrário	Intervalo, Média, Desvio padrão, Correlação produto-momento de Pearson, Testes T, ANOVA, Regressão, Análise fatorial	Testes estatísticos não paramétricos - e paramétricos
Rácio	O ponto zero é fixo; os rácios dos valores da escala podem ser calculados	Média geométrica, Média harmónica, Coeficiente de variação	

Fonte: adaptado de Siegel (1956) e Malhotra e Birks (2007).

Os testes estatísticos não paramétricos são testes que não fazem suposições sobre a distribuição de uma população estatística. São utilizados se os dados estiverem numa escala nominal ou ordinal. Em contrapartida, os testes estatísticos paramétricos são testes cujos modelos especificam determinadas condições sobre os parâmetros da população da qual é retirada a amostra da investigação. Pressupõem que as variáveis de interesse são medidas, pelo menos, numa escala intervalar. A maioria dos testes paramétricos tem versões não paramétricas; se os pressupostos para a aplicação de um teste paramétrico forem violados, pode ser utilizada uma alternativa não paramétrica para analisar os dados (Harris et al., 2008). Por exemplo, a alternativa não paramétrica à Correlação do Momento do Produto de Pearson é a Correlação de Classificação de Spearman. Esta regra é útil para selecionar as alternativas não paramétricas adequadas aos testes estatísticos paramétricos.

2.3.3.4 Análise de dados quantitativos

Existem diferentes testes estatísticos utilizados para a análise de dados quantitativos, como se pode ver na Tabela 2.4. Nesta dissertação, a frequência, a percentagem, a medida de tendência central (média), a medida de dispersão (desvio padrão) e a medida de relação (coeficiente de concordância de Kendall (W)) serão utilizadas para analisar dados quantitativos. Assim, estes instrumentos estatísticos serão explicados mais pormenorizadamente.

A frequência ou frequência absoluta de um determinado valor é o número de vezes que um determinado valor ocorre numa experiência ou estudo.

A percentagem apresenta um valor para uma variável em relação a toda uma população como uma fração de cem. Uma percentagem é calculada dividindo primeiro a frequência absoluta pelo número total de valores para a variável (frequência relativa) e depois multiplicando este número por 100.

A média ou valor médio é utilizado para estimar dados quando estes foram recolhidos utilizando uma escala de intervalo ou de rácio. Os dados apresentam uma tendência central, com a maioria das respostas distribuídas em torno da média. A média, $\bar{X}$, é calculada por

$$\bar{X} = \frac{\sum_{i=1}^{n} X_i}{n}$$

onde

x_i = valores observados da variável X

n = número de observações (dimensão da amostra).

O desvio-padrão é a raiz quadrada do desvio médio quadrático em relação à média (variância). É utilizado para indicar a distribuição de um valor observado em relação à média de toda a população. O desvio padrão de uma amostra, s, é calculado por

$$s = \sqrt{\sum_{i=1}^{n} \frac{(X_i - \bar{X})^2}{n-1}}.$$

O coeficiente de concordância de Kendall (W) mede a concordância entre juízes ou avaliadores que avaliam um determinado conjunto de n objectos ou questões. Dependendo do domínio de aplicação, os "juízes" podem ser variáveis. A hipótese nula (H_0) do teste de Kendall é que os p juízes produziram classificações independentes dos objectos. É calculada da seguinte forma

$$W = \frac{12S}{p^2\left(n^3 - n\right) - pT}$$

(Siegel, 1956; Siegel e Castellan, 1988) em que n é o número de objectos e p o número de juízes. T é um fator de correção para classificações empatadas:

$$T = \sum_{k=1}^{m}\left(t_k^3 - t_k\right)$$

em que t_k é o número de classificações empatadas em cada (k) dos m grupos de empates. S é uma estatística da soma dos quadrados sobre as somas das linhas das classificações R_i. $\bar{R}$ é a média dos valores de R_i. S pode ser obtido a partir da seguinte fórmula:

$$S = \sum_{i=1}^{n}\left(R_i - \bar{R}\right)^2 .$$

2.3.4 Métodos de investigação qualitativa

A investigação qualitativa engloba uma variedade de métodos que podem ser aplicados de forma flexível para permitir que os inquiridos reflictam, expressem as suas opiniões e observem o seu comportamento. Como nem sempre é possível ou desejável utilizar técnicas quantitativas estruturadas para obter informações dos participantes ou para os observar, as técnicas qualitativas podem ser utilizadas em alternativa pelas seguintes razões: preferências e/ou experiência do investigador; preferências e/ou experiência do participante na investigação; informações sensíveis; sentimentos subconscientes; fenómenos complexos; dimensão holística; desenvolvimento de uma nova teoria; e interpretação (Malhotra e Birks, 2007).

As técnicas de investigação qualitativa podem ser classificadas como diretas ou indirectas, como mostra a Figura 2.5. Uma abordagem direta é uma técnica de investigação que revela abertamente o objetivo do estudo ao inquirido, ou o objetivo do estudo é óbvio para ele com base nas perguntas feitas.

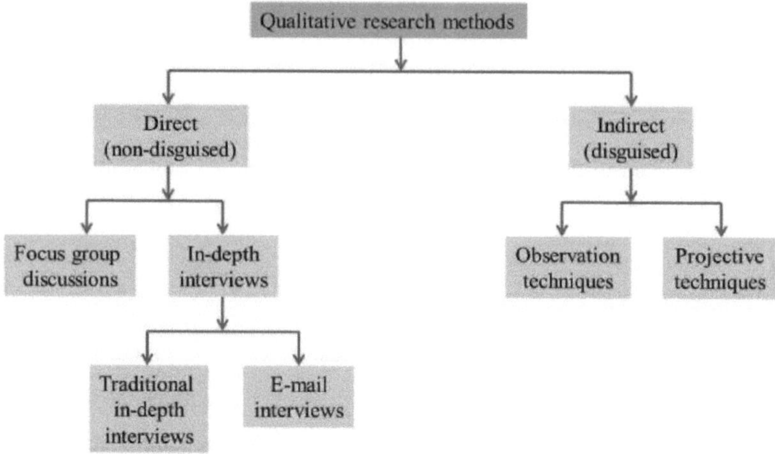

Figura 2.5 Uma classificação das técnicas de investigação qualitativa Fonte: adaptado de Malhotra e Birks (2007).

Os grupos de discussão e as entrevistas aprofundadas são as técnicas diretas mais frequentemente utilizadas. Em contrapartida, uma abordagem indireta esconde dos participantes os objectivos do estudo de investigação. Nesta abordagem, o investigador pretende que os participantes se comportem o mais naturalmente possível, sem que o estudo de investigação influencie o seu comportamento. A observação e as técnicas projectivas são as principais abordagens indirectas. Nas técnicas de observação ou etnográficas, os consumidores são observados a fazer compras, a escolher produtos e a interagir com outras pessoas e objectos num ambiente natural e de forma natural, enquanto as técnicas projectivas são utilizadas para descobrir motivações, crenças, atitudes ou sentimentos subjacentes ao comportamento dos consumidores.

Nesta dissertação, para além de uma análise de dados secundários, são utilizadas entrevistas qualitativas aprofundadas por correio eletrónico para obter informações sobre as acções empreendidas por ONG, grupos de defesa dos animais e as principais empresas avícolas integradas no que respeita à sustentabilidade da produção avícola. A entrevista aprofundada por correio eletrónico é descrita em pormenor na secção seguinte.

2.3.4.1 Entrevista por correio eletrónico na investigação qualitativa

Uma entrevista tradicional aprofundada é uma entrevista não estruturada, direta e pessoal em que um único inquirido é sondado por um entrevistador experiente para descobrir as motivações, crenças, atitudes e sentimentos subjacentes em relação a uma determinada questão. As entrevistas são efectuadas em conversas cara a cara. Em contrapartida, uma entrevista aprofundada por correio eletrónico é realizada através de correio eletrónico, envolvendo várias trocas de correio eletrónico entre o entrevistador e o entrevistado durante um longo período de tempo. O objetivo das entrevistas qualitativas é obter significado através da interpretação do que o participante no estudo diz (Malhotra e Birks, 2007).

A entrevista por correio eletrónico tornou-se cada vez mais popular para a realização de investigação qualitativa, como concluiu Meho (2006) no seu trabalho. Estudos proeminentes que utilizaram a entrevista por correio eletrónico como método de investigação foram realizados por Murray (1995, 1996), Kennedy (2000), Curasi (2001), Karchmer (2001), Kim et al. (2003), Meho e Tibbo (2003), Lehu (2004) e Murray (2004).

Tal como acontece com outros métodos de investigação qualitativa, a entrevista por correio eletrónico tem as suas vantagens e desvantagens, que são apresentadas na Tabela 2.5. Assim, os investigadores têm de planear cuidadosamente e escolher os métodos mais adequados para o seu estudo de investigação.

Quadro 2.5 Vantagens e desvantagens da entrevista por correio eletrónico

	Vantagens	Desvantagens/Desafios
Entrevistadores e participantes	Permite o acesso a pessoas frequentemente difíceis ou impossíveis de contactar ou entrevistar cara a cara ou por telefone Permite o acesso a diversos objectos de	Limitado a pessoas com acesso à Internet Requer competências de comunicação em linha, tanto do

	investigação Permite o acesso a pessoas independentemente da sua localização geográfica Permite entrevistar pessoas que não se exprimem ou não conseguem exprimir-se tão bem a falar como por escrito Permite entrevistar pessoas que preferem a interação em linha a uma conversa presencial ou telefónica	entrevistador como dos entrevistados Requer conhecimentos tecnológicos tanto do entrevistador como dos entrevistados
Custo	Elimina as despesas de telefonemas e deslocações Elimina as despesas de transcrição Diminui o custo do recrutamento de amostras grandes/geograficamente dispersas	Pode ser elevado para os participantes
Tempo	Elimina o tempo necessário para a transcrição Elimina a necessidade de marcação de consultas Permite entrevistar mais de um participante de cada vez	Pode demorar vários dias ou semanas até que a entrevista seja concluída
Recrutamento	Através de correio eletrónico, listservs, quadros de mensagens, grupos de discussão e/ou páginas Web	Os convites para participar no estudo podem ser eliminados antes de serem lidos (se forem classificados como spam)
Participação	Feito por correio eletrónico	Baixa taxa de entrega (por exemplo, devido a endereços de correio eletrónico inactivos)

Quadro 2.5 (continuação)

	Vantagens	Desvantagens/Desafios
Médio efeitos	Permite que os participantes participem nas entrevistas num ambiente familiar (por exemplo, em casa ou no escritório) Permite que os participantes disponham do seu tempo para responder às perguntas Permite que os participantes expressem as suas	Capacita os participantes, permitindo-lhes essencialmente ter o controlo do fluxo da entrevista Não permite a sondagem direta Exige que as perguntas sejam mais auto-explicativas do que quando

	opiniões e sentimentos de forma mais honesta (devido à sensação de anonimato) Incentiva a auto-revelação Elimina as interrupções que ocorrem nas entrevistas presenciais/telefónicas Elimina os erros de transcrição Elimina o efeito entrevistador/entrevistado resultante de sinais visuais e não verbais ou de diferenças de estatuto entre os dois (por exemplo, raça, sexo, idade, tom de voz, vestuário, gestos, deficiências) As pistas e as emoções podem ser transmitidas através da utilização de determinados símbolos ou textos	colocadas presencialmente ou por telefone, para evitar erros de comunicação e de interpretação Perde as pistas visuais e não-verbais devido à incapacidade de ler as expressões faciais ou a linguagem corporal e de ouvir o tom de voz do outro Pode limitar as interpretações dos participantes e, consequentemente, restringir as suas respostas Requer uma atenção meticulosa aos pormenores Os participantes podem perder a concentração
Qualidade dos dados	Permite que os participantes construam as suas próprias experiências com o seu próprio diálogo e interação com o investigador Facilita uma ligação mais estreita com os sentimentos, crenças e valores pessoais do entrevistado Os dados estão mais centrados nas questões colocadas na entrevista As respostas são mais bem pensadas antes de serem enviadas	Unidimensional (com base apenas no texto) Nem sempre é fácil obter informações pormenorizadas

Fonte: Meho (2006, p.1292).

2.3.4.2 Análise de dados qualitativos

Existem várias abordagens de investigação para analisar dados qualitativos, como a teoria fundamentada e a análise de conteúdo.

A teoria fundamentada é uma abordagem utilizada para gerar teoria através do processo sistemático e simultâneo de recolha e análise de dados. Esta abordagem é normalmente aplicada para o seguinte: gerar nova teoria em domínios onde já pouco se sabe; fornecer uma nova perspetiva sobre o conhecimento existente, ou seja, para complementar as teorias existentes; e desafiar as teorias existentes. No entanto, a teoria fundamentada tem sido criticada pelo facto de não reconhecer as teorias implícitas (Malhotra e Birks, 2007).

A análise de conteúdo é uma técnica que permite fazer inferências através da identificação sistemática e objetiva de caraterísticas especiais nas mensagens (Holsti, 1969). Krippendorp (2004) define-a como um método de investigação que faz inferências replicáveis e válidas a partir de textos (ou outros materiais significativos) para os contextos da sua utilização. Os textos analisados vão desde o conteúdo de brochuras ou textos publicitários até aos diálogos mantidos em entrevistas. Trata-se de um método clássico de análise de material textual ou de comunicações e não de comportamentos ou objectos físicos. Apesar da sua utilização frequente e generalizada na recolha e análise de dados qualitativos, a análise de conteúdo é limitada quando se trata de envolver as questões do conteúdo manifesto, da fragmentação e da quantificação dos dados.

Neste estudo, os dados qualitativos são analisados utilizando um processo genérico baseado em Malhotra e Birks (2007), que consiste nas quatro fases descritas na Figura 2.6.

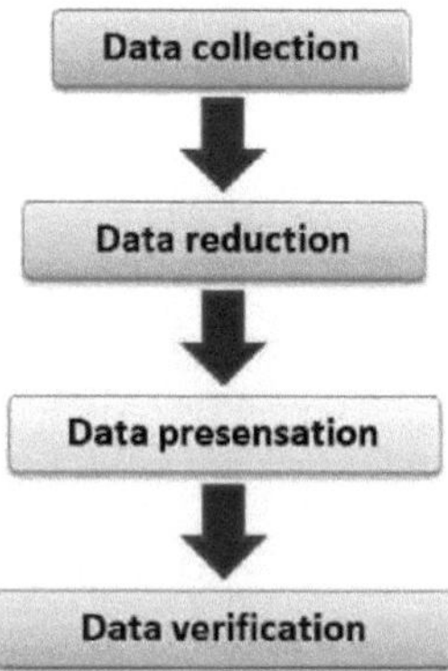

Figura 2.6 Fases da análise de dados qualitativos

Fonte: adaptado de Malhotra e Birks (2007).

Por ***recolha de dados*** entende-se a recolha de dados a partir de uma variedade de fontes, incluindo: notas tomadas durante as entrevistas; reflexão dos investigadores envolvidos no processo de recolha de dados; apoio teórico a partir de dados secundários ou fontes bibliográficas; documentos produzidos pelos participantes ou obtidos junto destes; e fotografias, desenhos ou diagramas, ou seja, imagens fixas.

A redução de dados é o processo de organização e estruturação dos dados. As transcrições são uma fonte de dados útil para este processo. A redução dos dados envolve a codificação dos dados, que divide os dados qualitativos em partes discretas e lhes atribui uma referência. A codificação permite ao investigador identificar o que considera significativo e prepara o terreno para tirar conclusões e interpretar o significado. De um modo geral, o processo de codificação envolve as seguintes fases: estabelecer um grupo alargado de categorias de codificação; trabalhar com os dados para descobrir partes de dados que podem ser colocadas entre parênteses, sublinhadas ou destacadas; rever as descrições dadas aos códigos; examinar as diferenças entre os diferentes tipos de participantes; desenvolver modelos de interconectividade entre as categorias codificadas; e iterar entre as descrições dos códigos e o modelo em desenvolvimento.

A apresentação de dados é a recolha organizada e comprimida de informação que permite ao investigador e ao leitor tirar conclusões e inspirar novas acções. Os dados podem ser apresentados sob a forma de matrizes, gráficos, quadros e redes. A apresentação dos dados também dá uma ideia da forma como o investigador estabeleceu ligações entre os diferentes blocos de dados.

A verificação dos dados é um processo que envolve a procura de explicações alternativas com base noutras fontes de dados e teorias. Quando as conclusões finais são tiradas, os investigadores têm de demonstrar que os dados que recolheram têm um significado válido. Os dados secundários e a literatura académica podem ser utilizados para situar o significado dos dados num contexto mais amplo. Além disso, a verificação dos dados pode ser efectuada através da análise de resultados de investigação semelhantes e da aplicação de explicações dadas em diferentes contextos e períodos de tempo e por diferentes investigadores. O processo de verificação dos dados dá aos investigadores qualitativos a confiança de que as opiniões dos participantes que representam são de facto válidas.

2.4 O método Delphi

O método Delphi foi desenvolvido na década de 1950 pela RAND Corporation em Santa Monica, Califórnia, numa tentativa de desenvolver uma técnica para obter um consenso fiável de um grupo de peritos (Dalkey e Helmer, 1963), permitindo-lhes exprimir as suas próprias opiniões sobre uma questão, tendo em conta os pontos de vista dos outros inquiridos através de um feedback controlado. O seu nome vem do antigo oráculo grego de Delfos, que oferecia visões do futuro a quem pedia conselhos (Gupta e Clarke, 1996).

2.4.1Caraterísticas do método Delphi

Dalkey e Helmer (1969) definem o método Delphi como uma técnica de obtenção e aperfeiçoamento de juízos de grupo sobre assuntos em que não existe informação precisa ou conhecimento exato. É também utilizado para recolher opiniões de peritos e obter um consenso entre peritos sobre os vários factores desconhecidos em consideração (Green et al., 1990). A técnica Delphi baseia-se em inquéritos estruturais e na utilização das experiências e conhecimentos de peritos nos domínios relevantes. O método foi desenvolvido para ultrapassar as deficiências das reuniões presenciais (Torrance, 1957). Parte-se do princípio de que o método utiliza melhor as opiniões do grupo (Rowe et al., 1991).

A técnica Delphi tem quatro caraterísticas principais (Rowe et al., 1991): anonimato, iteração, feedback controlado e resposta estatística do grupo. ***O anonimato*** é conseguido através da utilização de questionários formais. Os membros do grupo podem exprimir livremente as suas opiniões sem serem influenciados por outros membros do grupo, preenchendo os questionários nas suas próprias casas ou escritórios, o que constitui uma forma de reduzir os efeitos de indivíduos dominantes. ***A iteração e o feedback controlado*** são efectuados durante o processo Delphi. O inquérito é realizado em várias iterações com feedback cuidadosamente controlado, dando aos membros do grupo a oportunidade de comentar e rever as suas respostas anteriores em cada ronda seguinte. ***A resposta estatística do grupo*** é obtida no final de cada ronda, em que as opiniões do grupo são expressas como médias, medianas, intervalos interquartis ou desvios-padrão com base nas classificações numéricas de cada item. Na ronda final, as opiniões do grupo são agregadas e apresentadas sob a forma de um resumo estatístico simples. Estas quatro caraterísticas básicas são consideradas a força do estudo Delphi (Linestone e Turoff, 1975), uma vez que minimizam os efeitos de enviesamento dos indivíduos dominantes, as comunicações irrelevantes e a pressão do grupo no sentido da conformidade.

2.4.2Vantagens e desvantagens do método Delphi

A principal vantagem do método Delphi é o facto de utilizar técnicas de tomada de decisão em grupo, envolvendo peritos na matéria: Ajuda a ultrapassar as deficiências de confiar apenas nas opiniões de um único perito ou de conduzir uma discussão em mesa redonda que pode ser tendenciosa e dominada por líderes de opinião. O procedimento Delphi obriga os participantes a considerar logicamente a questão que está a ser investigada e a dar respostas por escrito, o que leva a que o grupo chegue a um consenso que reflecte opiniões fundamentadas (Murry e Hammons, 1995). A técnica garante o anonimato porque as respostas nunca serão atribuídas publicamente a cada indivíduo. Uma vez que as entrevistas são feitas através de correio normal ou correio eletrónico, não há necessidade de viajar durante o estudo, o que elimina as complicações da organização de uma reunião, reduzindo o custo da investigação e eliminando as fronteiras geográficas. Os resultados de um estudo Delphi permitem a análise, a classificação e o estabelecimento de prioridades. O método obriga os participantes a pensar em possíveis cenários futuros e dá aos inquiridos a oportunidade de refletir profundamente e recolher mais informações entre as rondas (Grobbelaar, 2007).

No entanto, existem algumas desvantagens na utilização do método Delphi. Uma vez que o processo Delphi requer tempo para que os membros do painel respondam ao questionário entre rondas, é um método bastante moroso e é difícil convencer as pessoas a responder a um questionário duas ou mais vezes. A conceção do questionário e a seleção dos membros do painel de peritos têm de ser cuidadosamente preparadas e o investigador tem de estar muito familiarizado com este método.

2.4.3Aplicação do método Delphi

O método Delphi é amplamente utilizado na gestão da informação, na ciência da decisão, na análise de riscos, na gestão da cadeia de abastecimento e em domínios conexos para identificar, classificar e dar prioridade a questões, bem como para fazer projecções futuras (Akkermans et al., 2002: Lummus et al., 2005). Por exemplo, foi utilizado para identificar os riscos emergentes mais importantes para a segurança e saúde no trabalho dos trabalhadores na Europa (Reinert et al., 2007); determinar o nível de aceitação social e os problemas na utilização de fontes de energia renováveis para diferentes utilizações (Iniyan et al., 2001); identificar e avaliar o impacto ambiental do desenvolvimento do turismo (Green, et al., 1990); identificar factores de risco para a doença respiratória bovina (BRD) em animais jovens nos Países Baixos (van der

Fels-Klerx et al., 2000); determinar um conjunto de melhores práticas para reduzir as emissões de azoto de uma unidade avícola ao abrigo da Diretiva relativa à prevenção e controlo integrados da poluição (IPCC) (Angus et al., 2003); avaliar as percepções das partes interessadas sobre o bem-estar dos equídeos (Collins et al., 2009); identificar necessidades emergentes na política agroalimentar internacional ou europeia (Frewer et al., 2011); recolher opiniões de peritos e agricultores sobre questões de saúde animal não regulamentares com que se deparam as indústrias pecuárias irlandesas (More et al, 2010); explorar as alterações nas futuras estruturas de produção na região transfronteiriça dos Países Baixos, Renânia do Norte-Vestefália e Baixa Saxónia até 2020 (Hop et al, 2014);

estudar análises de risco alimentar na União Europeia (Wentholt, 2009); analisar factores de risco para a introdução de *Salmonella spp.* e *Campylobacter spp.* em explorações avícolas (Wilke, Windhorst e Grabkowsky, 2011); avaliar o risco de gripe aviária (Grabkowsky, 2009); e estudar a competitividade económica da indústria suína alemã (Veauthier, 2011) e da indústria avícola (Veauthier e Windhorst, 2011).

2.4.4Considerações sobre a utilização do método Delphi

A técnica Delphi é mais bem utilizada em domínios de estudo em que o conhecimento é limitado ou em que não existem dados históricos disponíveis (Gupta e Clarke, 1996). No entanto, é de notar que o método Delphi pode ser inadequado para questões mais complexas, em que o tema não pode ser reduzido ou simplificado, e para estudos cujo objetivo principal é inspirar a reflexão e o debate sobre alternativas (Eto, 2003). Com a crescente utilização do método Delphi, tem-se verificado também um impacto crescente da metodologia no planeamento empresarial e na definição de políticas governamentais. Uma vez que os resultados são gerados a partir de juízos de valor, é importante que a metodologia seja utilizada corretamente e que os resultados sejam interpretados cuidadosamente (Story et al., 2001). Uma vez que, em cada ronda seguinte de questionários no processo Delphi, o leque de respostas irá presumivelmente diminuir, manter o interesse dos participantes no estudo Delphi é um desafio (Beech, 1999). Assim, para aplicar o método Delphi com êxito, a conceção do questionário e o processo de seleção dos peritos têm de ser feitos com cuidado.

2.4.5O processo do estudo Delphi sobre preocupações de sustentabilidade na produção avícola

Nesta dissertação, é efectuado um estudo Delphi para identificar as preocupações de sustentabilidade na produção avícola na Alemanha e na Tailândia. Este método é capaz de incorporar diferentes opiniões de especialistas sobre as preocupações de sustentabilidade na produção de aves de capoeira e é particularmente adequado para situações em que não é necessário um consenso entre os especialistas. Este estudo Delphi consiste em quatro etapas: conceção do questionário, seleção dos membros do painel de peritos, inquérito e análise de dados, conforme apresentado na Figura 2.7.

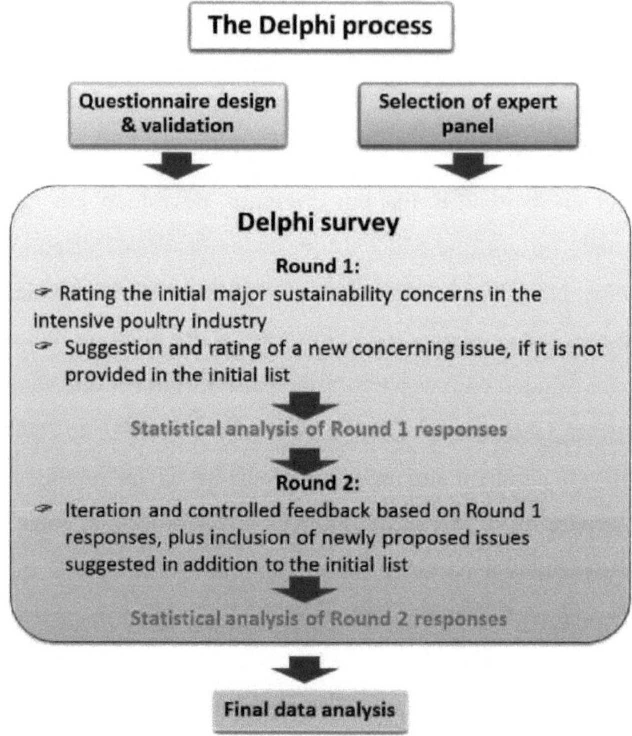

Figura 2.7 O processo do estudo Delphi Fonte: Projeto do autor.

2.4.5.1 Conceção e validação do questionário

Para esta etapa, foi efectuada uma revisão da literatura para identificar as principais preocupações de sustentabilidade na produção avícola. Esta exploração centrou-se em artigos revistos por pares, livros, revistas, documentos de conferências e relatórios publicados em inglês, alemão e tailandês. As questões ambientais, económicas, sociais, políticas e de bem-estar animal foram tidas em consideração na elaboração do questionário Delphi. Foram distribuídas cópias deste questionário a 7 peritos como teste preliminar para verificar a sua validade. Com base nos seus comentários, foram efectuadas as alterações necessárias e foi elaborada uma versão final do questionário Delphi.

2.4.5.2 Seleção dos membros do painel de peritos

O estudo Delphi é um mecanismo de decisão de grupo que requer peritos qualificados, especialistas nas questões que estão a ser investigadas. Assim, a escolha dos membros do painel é um pré-requisito crucial para um estudo Delphi bem sucedido (Martino, 1993). Os peritos foram propostos por membros do pessoal do Centro de Ciência e Informação para a Produção Avícola Sustentável (WING), da Universidade de Vechta, bem como através da consulta de sítios Web de organizações e bases de dados de revistas. A seleção dos peritos segue as diretrizes de Delbecq et al. (1975) e Okoli e Pawlowski (2004) e baseou-se na experiência profissional dos peritos na indústria avícola, incluindo publicações no domínio, participação em conferências, referências a projectos e anos de experiência no meio académico, no governo, em ONG ou no sector privado. A Figura 2.8 apresenta um procedimento em quatro etapas para a seleção dos peritos.

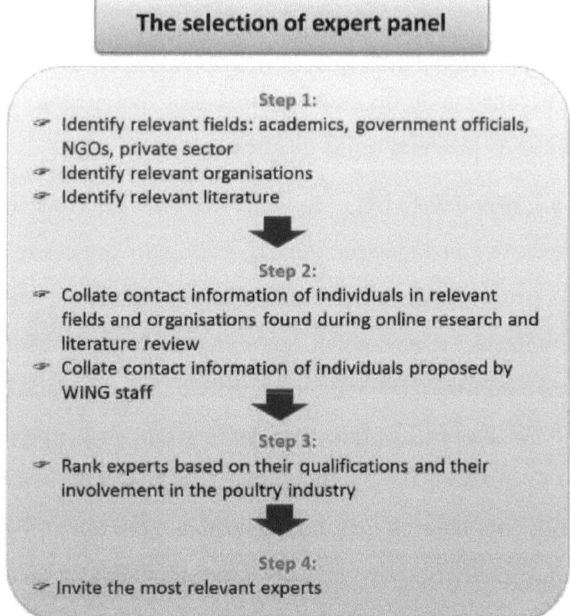

Figura 2.8 O procedimento de seleção do painel de peritos Fonte: Projeto do autor.

Linestone e Turoff (1977) defendem que não existe um número ótimo de inquiridos para um estudo Delphi, mas propõem um mínimo de 4 a 7 peritos. Adler e Ziglio (1996), pelo contrário, sugerem 20 a 30 participantes para cada questão. A fiabilidade das respostas do grupo pode ser aumentada com um maior número de participantes (Dalkey et al., 1972). Em suma, a literatura está dividida quanto à dimensão óptima de um painel Delphi (Williams e Webb, 1994).

O objetivo deste estudo Delphi era identificar e explorar as preocupações relevantes em matéria de sustentabilidade na produção avícola. Assim, para este estudo, foram identificados e convidados a participar no estudo Delphi 45 peritos da Alemanha e 50 peritos da Tailândia. Este estudo foi realizado de março a junho de 2014 e de agosto a novembro de 2014 para os estudos de caso na Alemanha e na Tailândia, respetivamente.

2.4.5.3 Inquérito Delphi

Antes de o primeiro questionário ser distribuído aos inquiridos, o convite formal que descrevia o projeto foi enviado por correio eletrónico aos peritos selecionados, pedindo-lhes que participassem no estudo Delphi e que dedicassem 15 minutos do seu tempo a cada ronda de questionários. Foi-lhes pedido que respondessem 3 semanas antes da primeira ronda de questionários.

A primeira ronda de questionários (R1) foi enviada aos peritos que representavam diferentes sectores da indústria avícola, incluindo organizações não governamentais (ONG), grupos de defesa dos animais, investigadores, sector privado (retalhistas e empresas relacionadas com a indústria avícola), funcionários governamentais e políticos, que tinham previamente concordado em participar no estudo Delphi. Foi-lhes pedido que: a) classificassem o seu nível de preocupação relativamente às questões de sustentabilidade na produção avícola apresentadas no questionário, com base na literatura científica e em relatórios; e b) sugerissem outras questões relativas, caso não estivessem incluídas na lista, e as classificassem utilizando um sistema de classificação de escala de Likert de cinco pontos. Este primeiro questionário tinha como objetivo avaliar em que medida os peritos estão preocupados com as questões de sustentabilidade na produção avícola e recolher questões adicionais que os inquiridos considerassem relevantes para o estudo. Este processo assegurou que todas as questões fossem consideradas e que a análise não fosse limitada pela capacidade de conceção do investigador. Assim, foi dada aos participantes a oportunidade de indicarem os pontos em que consideravam que o questionário não abordava suficientemente as questões. Foi dado aos inquiridos um período de duas semanas para preencherem os seus questionários.

A segunda ronda de questionários (R2) baseou-se nas respostas da primeira ronda (R1). Foi uma iteração de R1 que deu aos participantes a oportunidade de reverem as suas respostas dadas em R1. Aqui, as respostas da R1 foram apresentadas utilizando percentagens para refletir as opiniões do grupo, de modo a que os inquiridos pudessem comparar as suas respostas anteriores com as do resto do grupo. Além disso, as novas questões propostas pelos painéis de peritos em R1 foram adicionadas à lista inicial de preocupações de sustentabilidade que foram depois classificadas pelos inquiridos em R2.

Numa fase seguinte, as respostas da primeira e da segunda ronda de questionários foram comparadas. Se os resultados revelassem apenas pequenas alterações no nível de preocupação com as questões de sustentabilidade e não houvesse novas questões propostas, o inquérito Delphi poderia ser encerrado após a segunda ronda de questionários. Por outro lado, se os resultados apresentassem uma mudança significativa no nível de preocupação com as questões de sustentabilidade e ainda houvesse questões adicionais propostas, o inquérito Delphi poderia ser continuado numa outra ronda.

Os resultados finais serão resumidos em termos de frequência, percentagens, médias, desvios-padrão e coeficiente de concordância de Kendall (W) e comunicados ao painel de uma forma facilmente compreensível.

2.4.5.4 Análise dos dados do estudo Delphi

Os pareceres dos painéis de peritos sobre as principais preocupações em matéria de sustentabilidade na produção avícola são expressos num sistema de classificação em escala de Likert de cinco pontos, baseado em Vagias (2006): 1 = questão nada preocupante, 2 = questão ligeiramente preocupante, 3 = questão algo preocupante, 4 = questão bastante preocupante e 5 = questão muito preocupante. Para cada questão, são calculadas as frequências, as percentagens, os valores médios e os desvios-padrão. Os coeficientes de concordância de Kendall (W) são calculados para o nível de concordância entre os peritos que avaliam um determinado conjunto de questões relativas. Uma explicação mais pormenorizada destes quatro valores estatísticos está incluída na secção anterior "análise de dados quantitativos". O programa informático Statistical Package for Social Science (SPSS) é utilizado para introduzir e analisar os dados recolhidos. A interpretação dos valores estatísticos é apresentada da seguinte forma:

A frequência ou frequência absoluta é utilizada para expressar o número de vezes que um determinado valor aparece num estudo estatístico. É frequentemente representada graficamente em histogramas.

A percentagem é um valor particularmente útil para expressar a frequência relativa das respostas aos inquéritos e outros dados.

O valor médio (VM) é utilizado para identificar os níveis de preocupação. É selecionado porque o objetivo do método Delphi é incluir todas as opiniões. Reinert et al. (2007) utiliza o valor médio para avaliar os riscos emergentes para a segurança e saúde no trabalho num estudo Delphi. Com base na definição da escala de Likert de cinco pontos utilizada neste estudo Delphi, o valor médio é interpretado de acordo com as diretrizes criadas pelo governo australiano para fins internos (Wrench, 2013), como mostra a Tabela 2.6.

Quadro 2.6 Interpretação do valor médio na identificação do nível de preocupações

Valor médio (VM)	Nível de preocupações

1.00 -	1.80	Não estou nada preocupado
1.81 -	2.60	Ligeiramente preocupado
2.61 -	3.40	Um pouco preocupado
3.41 -	4.20	Bastante preocupado
4.21 -	5.00	Muito preocupado

Fonte: adaptado de Wrench (2013).

O desvio-padrão (DP) reflecte o nível de consenso sobre um item entre os painéis de peritos neste estudo Delphi. Grobbelaar (2007) propõe critérios de decisão para o nível de consenso alcançado no estudo Delphi, conforme apresentado na Tabela 2.7. Uma diminuição do desvio-padrão indica um aumento do consenso entre os peritos sobre uma questão.

Quadro 2.7 Critérios de decisão para o nível de consenso alcançado no estudo Delphi

Desvio padrão (DP)	Nível de consenso alcançado
$0,0 \leq DP < 1,0$	Nível elevado
$1,0 \leq DP < 1,5$	Nível razoável/justo
$1,5 \leq DP < 2,0$	Nível baixo
$DP \geq 2,0$	Não há consenso

Fonte: adaptado de Grobbelaar (2007).

O coeficiente de concordância de Kendall (W) indica o nível de concordância entre os membros do painel de peritos que avaliam um determinado conjunto de questões. Schmidt (1997) propõe a interpretação do valor W de Kendall como descrito no Quadro 2.8.

Tabela 2.8 Interpretação do W de Kendall

W	Interpretação	Confiança nas classificações
0.1	Acordo muito fraco	Nenhum
0.3	Acordo fraco	Baixa
0.5	Acordo moderado	Justo

0.7	Forte acordo	Elevado
0.9	Acordo invulgarmente forte	Muito elevado

Fonte: Schmidt (1997, p.767).

O valor W de Kendall pode variar entre *0* e *1*. Se o resultado do teste *W* for *1*, então todos os painéis de peritos concordam unanimemente e cada perito atribuiu a mesma ordem à lista de objectos ou preocupações. Se *W* for *0*, então não existe um consenso global entre os peritos e as suas respostas podem ser consideradas essencialmente aleatórias. Valores intermédios de *W* indicam um maior ou menor grau de unanimidade entre os vários peritos.

2.5 Resumo da metodologia de investigação para a recolha e análise de dados

Este estudo sobre a sustentabilidade na produção avícola na Alemanha e na Tailândia utiliza análises de dados primários e secundários. Os dados secundários são utilizados para: documentar uma perspetiva alargada dos conceitos de sustentabilidade (*Capítulo 3*); e rever as actuais questões de sustentabilidade na produção avícola (*Capítulo 4*). As análises qualitativas e quantitativas dos dados primários e secundários são utilizadas para analisar as estruturas, os dados de produção, a concentração regional e os modelos organizacionais da produção avícola na Alemanha e na Tailândia (*Capítulo 5*). O método Delphi é utilizado para identificar e classificar as principais preocupações de sustentabilidade na produção avícola (*Capítulo 6*). Uma entrevista qualitativa aprofundada por correio eletrónico e análises de dados secundários são aplicadas para avaliar e comparar as acções empreendidas por ONG, grupos de proteção dos animais e as principais empresas avícolas integradas no que respeita à sustentabilidade da produção avícola (*Capítulo 7*). Os resultados das principais conclusões deste estudo (*Capítulos 3 a 7*) serão discutidos e fornecerão recomendações sobre a forma de melhorar a sustentabilidade da produção avícola (*Capítulo 8*). Finalmente, será apresentado o resumo deste estudo e as conclusões (*Capítulo 9*).

Capítulo 3: Sustentabilidade: uma perspetiva para a indústria avícola

3.1 Introdução

Este capítulo apresenta uma panorâmica geral das questões de sustentabilidade enfrentadas pela agricultura e pelo sector avícola. A revisão da literatura abrangerá os seguintes tópicos: 3.2) O conceito de sustentabilidade; 3.3) Agricultura sustentável e o conceito de intensificação sustentável; 3.4) Avaliação da sustentabilidade na agricultura e na produção avícola; e 3.5) Conclusão.

3.2 O conceito de sustentabilidade

Questões como as alterações climáticas, a pobreza, a perda/conservação da biodiversidade, a segurança alimentar e o bem-estar dos animais representam sérios desafios para a humanidade e têm justificado uma série de estratégias e inovações concebidas para atenuar e evitar os seus impactos negativos. O processo de resolução de problemas para questões tão complexas é geralmente muito moroso e tem de ser modificado de acordo com as condições sociais e naturais. O conceito de sustentabilidade surgiu como uma abordagem holística para resolver estas questões e garantir o bem-estar humano. Devido à diversidade existente na sociedade, na cultura, no ambiente e na economia em todo o mundo, o conceito de sustentabilidade surgiu durante um longo período de tempo e em diferentes locais. Para compreender o conceito de sustentabilidade e a sua aplicação, é necessário discutir o surgimento e o significado deste conceito.

3.2.1A emergência da sustentabilidade e do desenvolvimento sustentável

A ideia de "desenvolvimento sustentável" foi mencionada pela primeira vez nos relatos da história das tribos iroquesas da América do Norte (Mergelsberg, 2000). De acordo com estes relatos, ao tomarem decisões, os chefes tinham em consideração o impacto que as acções do presente teriam nas necessidades das gerações futuras. Há trezentos anos, o conceito de "sustentabilidade" foi retomado e desenvolvido no sector florestal alemão pelo mineiro von Carlowitz (Becker, 1997). Ele discutiu o problema da desflorestação extensiva sem considerar a reflorestação consequente e utilizou o termo "Nachhaltigkeit" - equivalente a "sustentabilidade" - para descrever a ideia de manter a produtividade a longo prazo de uma plantação de madeira que fornece postes de construção para a indústria mineira. Hartig (1795) publicou o documento *"Instructions for the Taxation and Characterisation of Forests"* (*Instruções para a Tributação e Caracterização das Florestas)* como uma abordagem para utilizar as florestas da forma mais eficiente possível, tendo em conta as necessidades das gerações futuras (Greis, 1997).

Um debate social mais alargado sobre a sustentabilidade foi iniciado por Malthus (1798) na sua obra *"An Essay on the Principle of Population"*, que associava o crescimento da população ao abastecimento alimentar. Mill (1848) também referiu que a população e a riqueza do mundo não poderiam continuar a aumentar indefinidamente. Hardin (1968) desenvolveu esta ideia na sua obra *"The Tragedy of the Commons"* e argumentou que não existe uma solução tecnológica para o desafio do crescimento demográfico (Onuki e Mino, 2011). No entanto, Daly (1977) defendeu, no seu livro *"Steady-State Economics"*, que, para evitar o esgotamento dos recursos da Terra e a destruição do ambiente natural, o número total de pessoas e de bens físicos deve ser limitado a um nível reduzido.

O trabalho de Carson (1962) *"primavera Silenciosa"*, um livro poderoso que descreve os riscos dos pesticidas agrícolas para a vida selvagem e a saúde humana, foi considerado um ponto de viragem para a compreensão da sociedade da relação interdependente entre o ambiente, a economia e o bem-estar social das comunidades. Desde então, a jornada para o desenvolvimento sustentável tem sido marcada por muitos marcos significativos (IISD, 2012), como a Convenção de Ramsar de 1971, com a missão de usar sabiamente e conservar as zonas húmidas e os seus recursos num movimento para a sustentabilidade global (Convenção de Ramsar, 1971).

O crescimento sustentado da população, a disponibilidade e utilização dos recursos, o crescimento económico, a qualidade de vida e a sustentabilidade ambiental motivaram o Clube de Roma a publicar *"Limites do Crescimento"*, argumentando que, se a humanidade continuar a seguir o seu curso atual, a escassez de alimentos, o esgotamento dos recursos naturais e a degradação ambiental conduzirão inevitavelmente a um cenário desastroso que envolverá o desgaste radical da população (Meadows et al, 1972). Vários estudos sobre a interação da humanidade com o ambiente (Vogt, 1949; Carson, 1962; Hardin, 1968; Ehrlich, 1968) e uma crescente sensibilização para as questões "verdes" deram origem a uma série de grandes reuniões internacionais para abordar as interações entre desenvolvimento e ambiente, que são frequentemente consideradas como "marcos" na história do desenvolvimento sustentável (Morse, 2010).

1972 foi considerado um ano marcante para a ação ambiental, quando se realizou em Estocolmo a Conferência das Nações Unidas sobre o Ambiente Humano (UNCHE). Foi a primeira grande reunião internacional a debater a sustentabilidade e as relações entre ambiente e desenvolvimento à escala mundial. A conferência de Estocolmo foi dedicada às questões ambientais devido ao aumento da poluição e aos problemas de chuva ácida no norte da Europa. Esta conferência foi precedida por uma publicação especial da revista *"The Ecologist"* intitulada *"Blueprint for Survival"*, que continua a ter grande influência até aos dias de hoje (Morse, 2010). A conferência conduziu à criação do Programa das Nações Unidas para o Ambiente (PNUA) e à fundação de numerosas agências nacionais de proteção do ambiente. As recomendações da Conferência de Estocolmo foram desenvolvidas na *"Estratégia Mundial para a Conservação"*, publicada pela União Internacional para a Conservação da Natureza (UICN), pelo Programa das Nações Unidas para o Ambiente (PNUA) e pelo Fundo Mundial para a Natureza (WWF), que cunhou pela primeira vez o termo "desenvolvimento sustentável" (UICN-UNEP-WWF, 1980). Este trabalho teve como objetivo promover o desenvolvimento sustentável através da identificação de questões de conservação prioritárias e de opções políticas fundamentais (ONU, 2010).

A sustentabilidade e o desenvolvimento sustentável ganharam reconhecimento quase de um dia para o outro quando a Comissão Mundial das Nações Unidas para o Ambiente e o Desenvolvimento, também conhecida como Comissão Brundtland, publicou o seu relatório *"O Nosso Futuro Comum"*. A Comissão associou o termo ao desenvolvimento e acrescentou aspectos económicos aos anteriores aspectos ecológicos e sociais da sustentabilidade, definindo o desenvolvimento sustentável como *"o desenvolvimento que satisfaz as necessidades do presente sem comprometer a capacidade das gerações futuras de satisfazerem as suas próprias necessidades"* (WCED, 1987, p.37). Outra definição importante de desenvolvimento sustentável foi publicada em *"Caring for the Earth"* (*Cuidar da Terra)* pela UICN, o PNUA e o WWF. O termo foi definido como *"desenvolvimento que melhora a qualidade da vida humana enquanto vive dentro da capacidade de suporte dos ecossistemas"* (IUCN-UNEP-WWF, 1991, p.10).

"O Nosso Futuro Comum" deu o mote para a Cimeira da Terra de 1992, que teve lugar no Rio de Janeiro. A Conferência das Nações Unidas sobre o Ambiente e o Desenvolvimento (CNUAD), mais conhecida por "Cimeira da Terra", adoptou a Declaração do Rio sobre o Ambiente e o Desenvolvimento e a Agenda 21, um plano de ação global para o desenvolvimento sustentável (ONU, 2010). A declaração mencionava as preocupações económicas e ambientais que tinham sido o principal foco da sustentabilidade, mas acrescentava questões sociais como a paz, a pobreza e o papel das mulheres e dos povos indígenas (Blackburn, 2007). Na Cimeira da Terra foram criados três instrumentos fundamentais de governação ambiental: a Convenção-Quadro das Nações Unidas sobre as Alterações Climáticas (CQNUAC), a Convenção sobre a Diversidade Biológica (CDB) e a Declaração de Princípios Florestais, que não é juridicamente vinculativa (ONU, 2010). Na sequência das recomendações da Agenda 21, a Assembleia Geral das Nações Unidas criou oficialmente a Comissão para o Desenvolvimento

Sustentável (CDS) no final desse ano. A Cimeira da Terra foi muito bem sucedida do ponto de vista político: recebeu atenção global e praticamente todos os líderes nacionais estiveram presentes e expressaram o seu empenho na causa. No entanto, não foi isenta de desafios: em primeiro lugar, foi dada demasiada ênfase ao "pilar do ambiente" durante as negociações e, em segundo lugar, não foram definidos objectivos de implementação suficientes na Agenda 21, em especial no que se refere à ajuda e à cooperação para o desenvolvimento (ONU, 2010).

Em 1996, a Comissão Enquete alemã para a "Proteção do Homem e do Ambiente" do Bundestag alemão propôs legislação para a resolução de problemas ecológicos e sociais no país. No seu relatório final *"Conceito de sustentabilidade, da teoria à aplicação",* foram definidas regras gerais (Comissão Enquete, 1998). Na sequência da Cimeira da Terra, realizou-se em 1995, em Berlim, a primeira Conferência das Partes (COP) da Convenção-Quadro das Nações Unidas sobre as Alterações Climáticas (UNFCCC). Em 1997, realizou-se em Tóquio a Conferência das Partes (COP-3) e foi adotado o Protocolo de Quioto, no qual 40 países industrializados se comprometeram a reduzir as suas emissões médias anuais de gases com efeito de estufa (GEE: dióxido de carbono, óxido nitroso, metano, dois tipos de fluorocarbonetos e hexafluoreto de enxofre) entre 2008 e 2012 em, pelo menos, 5% em relação às emissões de 1990 (Sawa, 2011).

A Cimeira Mundial sobre o Desenvolvimento Sustentável (CMDS) realizou-se em 2002, em Joanesburgo, com ênfase nas ligações entre a pobreza e a degradação ambiental. A educação foi mencionada como uma base importante para o desenvolvimento sustentável, que continua a ser uma importante área de trabalho em curso. Em 2012, a Conferência das Nações Unidas sobre Desenvolvimento Sustentável, ou Rio +20, realizou-se novamente no Rio de Janeiro, onde a comunidade global se voltou a reunir num esforço para garantir um acordo sobre a "ecologização" da economia mundial através de uma série de medidas inteligentes para a energia limpa, empregos dignos e uma utilização mais sustentável e equitativa dos recursos (IISD, 2012). A conferência produziu um documento de orientação política que contém medidas claras e práticas para a implementação do desenvolvimento sustentável.

Desde a década de 1980, tem havido uma mudança óbvia na forma de pensar a sustentabilidade, que deixou de ser essencialmente ambiental e passou a abranger as três dimensões dos pilares ambiental, social e económico. Esta abordagem mais ampla é adoptada pelo atual conceito de desenvolvimento sustentável, geralmente enquadrado como a necessidade de melhorar a qualidade de vida de todas as pessoas, agora e na próxima geração (WCED, 1987; UNCED, 1992a). A Figura 3.1 apresenta uma cronologia da evolução dos conceitos de sustentabilidade e desenvolvimento sustentável.

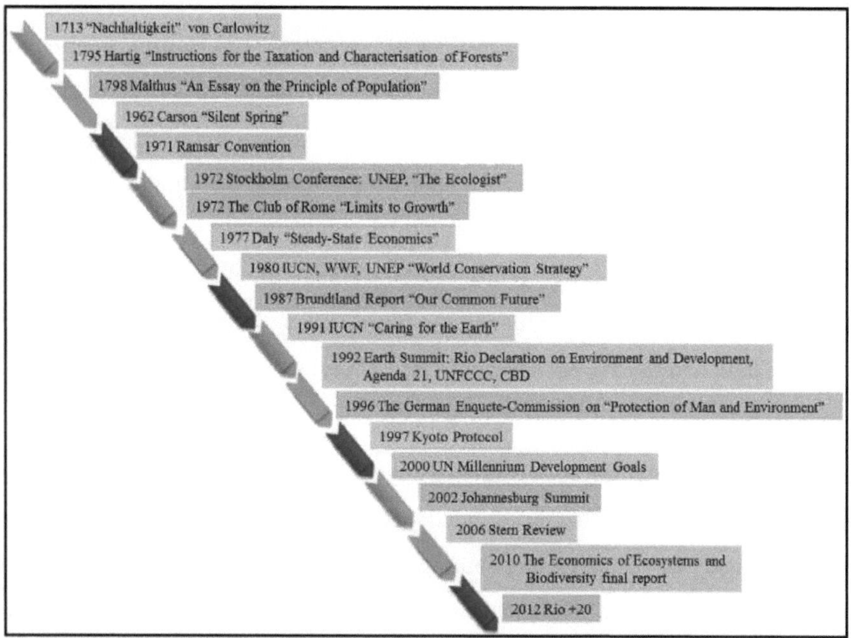

Figura 3.1 Linha do tempo da sustentabilidade e do desenvolvimento sustentável Fonte: Conceção do autor.

3.2.2 Visão geral das definições e conceitos de sustentabilidade

O conceito de sustentabilidade aparece frequentemente em importantes documentos políticos globais, como o Relatório Brundtland (WCED, 1987), a

Declaração do Rio (ONU, 1992a), a Agenda 21 (ONU, 1992b) e a Declaração de Joanesburgo (ONU, 2002), e tem sido reconhecido e amplamente discutido no discurso público e científico (Becker, 2012). Na Agenda 21, os termos "sustentabilidade e "desenvolvimento sustentável" foram utilizados indistintamente (Dresner, 2008). Desde que o conceito de sustentabilidade surgiu, foram apresentadas inúmeras definições. Assim, a próxima secção apresentará uma explicação geral do conceito moderno de sustentabilidade, contrastando a definição amplamente utilizada do Relatório Brundtland, as definições de outros académicos, as perspectivas filosóficas e a definição da Comissão Enquete alemã.

3.2.2.1 O Relatório Brundtland e as definições de sustentabilidade de outros académicos

Uma definição proeminente e amplamente utilizada de desenvolvimento sustentável foi dada pela Comissão Mundial das Nações Unidas para o Ambiente e o Desenvolvimento, também conhecida como Comissão Brundtland, no seu relatório *"O Nosso Futuro Comum"*, em 1987. A Comissão acrescentou aspectos económicos aos aspectos ecológicos e sociais da sustentabilidade anteriormente discutidos, definindo o desenvolvimento sustentável como *"o desenvolvimento que satisfaz as necessidades do presente sem comprometer a capacidade das gerações futuras de satisfazerem as suas próprias necessidades"* (WCED, 1987, p.37). Esta definição contém dois conceitos-chave: 1) o conceito de "necessidades", em particular as necessidades essenciais das pessoas pobres de todo o mundo, que muitas vezes destroem inconscientemente o ambiente imediato para sobreviver; e 2) a ideia de "limitações" criadas pela tecnologia e pela organização social relativamente à capacidade do ambiente para satisfazer as necessidades presentes e futuras. A definição de Brundtland considera que os princípios cruciais do desenvolvimento sustentável consistem na satisfação das necessidades básicas, no reconhecimento dos limites ambientais e nos princípios de equidade no seio das gerações e entre gerações.

Pearce et al. (1989) descrevem a sustentabilidade em termos económicos. A sustentabilidade pode ser interpretada de duas formas diferentes: a) como uma *sustentabilidade fraca* centrada no capital total não decrescente, que permite que o capital produzido pelo homem (por exemplo, maquinaria, infra-estruturas) substitua o capital natural e a deterioração ambiental; ou b) como uma *sustentabilidade forte* centrada no capital natural não decrescente, que não permite que os activos ecológicos críticos sejam compensados por outras formas de capital. A sustentabilidade forte é geralmente preferida pelos defensores do desenvolvimento sustentável porque, em primeiro lugar, muitos dos bens ambientais não têm substitutos; em segundo lugar, existe um elevado grau de incerteza quanto à capacidade da tecnologia artificial para substituir os bens naturais e quanto ao facto de a sociedade ser "avessa ao risco"; em terceiro lugar, algumas perdas de recursos naturais não podem ser recuperadas em nenhuma circunstância, por exemplo, a perda de espécies; e, por último, a questão da equidade é altamente relevante para a degradação ambiental, uma vez que as pessoas pobres são frequentemente as mais afectadas (Spies, 2003).

A União Internacional para a Conservação da Natureza e dos Recursos Naturais (UICN), o Programa das Nações Unidas para o Ambiente (PNUA) e o Fundo Mundial para a Natureza (WWF) definem o desenvolvimento sustentável como *"o desenvolvimento que melhora a qualidade da vida humana, vivendo ao mesmo tempo dentro da capacidade de suporte dos ecossistemas"* (UICN-PNUA-WWF, 1991, p.10). Esta definição tem por objetivo minimizar o esgotamento dos recursos naturais não renováveis.

Gladwin et al. (1995) propõem cinco componentes principais para definir a investigação sobre sustentabilidade: a) inclusividade - abrangendo os sistemas ambientais e humanos, tanto próximos como distantes, tanto no presente como no futuro; b) conetividade - desenvolvendo uma compreensão dos problemas do mundo como sistemicamente interligados e interdependentes; c) equidade - procurando uma distribuição justa dos recursos e dos direitos de propriedade, tanto no seio das gerações como entre elas; d) prudência - manter a resiliência dos ecossistemas que suportam a vida e dos sistemas socioeconómicos inter-relacionados, evitar a irreversibilidade e manter a escala e o impacto das actividades humanas dentro das capacidades de regeneração e de carga; e e) segurança - garantir uma qualidade de vida tão segura, saudável e elevada quanto possível para as gerações presentes e futuras.

A Organização para a Cooperação e o Desenvolvimento Económico (OCDE) (2008) considera o desenvolvimento sustentável como um quadro concetual para mudar a visão do mundo predominante para uma mais holística e equilibrada; um processo para aplicar os princípios de integração - no espaço e no tempo - a todas as decisões; e um objetivo final, identificando e resolvendo os problemas específicos de esgotamento dos recursos, cuidados de saúde, exclusão social, pobreza e desemprego.

Atualmente, o conceito de sustentabilidade engloba geralmente os aspectos sociais, económicos e ambientais, também conhecidos como pessoas, lucro e planeta (Swinkels, 2012). Os três pilares da sustentabilidade estão interligados, como mostra a Figura 3.2. No entanto, é de notar que as dimensões económica, social e ambiental podem desenvolver um certo grau de sinergia. Ao mesmo tempo, podem competir entre si. Assim, a realização dos objectivos de sustentabilidade exige um equilíbrio entre os três elementos, tal como referido pela Comissão Europeia (CE) (2001, p.3): *"as escolhas políticas relativas a um destes três elementos devem, pelo menos, assegurar a observância de certas normas mínimas relativamente aos outros dois"*.

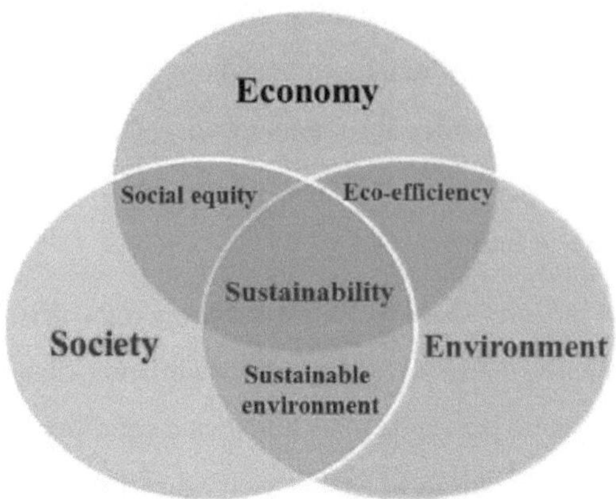

Figura 3.2 As práticas de sustentabilidade (na intersecção entre os três pilares) permitem obter resultados satisfatórios para as pessoas e o ambiente, satisfazendo simultaneamente as necessidades sociais e económicas das gerações presentes e futuras.

Fonte: adaptado de Curran (2009).

3.2.2.2A sustentabilidade numa perspetiva filosófica

Becker (2012) identifica o conceito de sustentabilidade numa perspetiva filosófica na sua obra *"Sustainability Ethics and Sustainability Research"*. Existem três caraterísticas principais na base do conceito moderno de sustentabilidade:

a) O significado da continuidade

O termo "sustentabilidade" significa literalmente a capacidade de se manter, de continuar, de causar, de manter e de continuar num determinado estado. A sustentabilidade refere-se à existência continuada de algo ao longo do tempo. Ao utilizar este conceito, refere-se a um sistema (por exemplo, um ecossistema, um sistema económico), a uma determinada entidade (por exemplo, uma espécie, um edifício, um capital) ou a um processo (por exemplo, a evolução, uma atividade). Para além disso, o termo sustentabilidade permite duas interpretações: pode ser entendido como a capacidade de um sistema, entidade ou processo se manter a si próprio, ou a capacidade dos humanos manterem um determinado sistema, entidade ou processo. Exemplos para a primeira interpretação são os ecossistemas, as espécies ou a evolução biológica. Exemplos do segundo caso seriam os ecossistemas utilizados para fins económicos, como as florestas ou as terras utilizadas para pastagem. Com o seu significado básico de continuidade, o termo sustentabilidade refere-se à ideia de estabilidade ao longo do tempo. É a ideia de distinguir factores estáveis no contexto da dinâmica e da mudança.

b) O significado de orientação

A utilização e compreensão modernas do termo sustentabilidade revelam um significado normativo e avaliativo inerente. Atualmente, a sustentabilidade é amplamente utilizada como uma norma. Uma dimensão normativa da sustentabilidade já foi reconhecida por Becker (1997), Newton (2003), Ott e Thapa (2003) e Clark et al. (2004). A sustentabilidade é considerada como algo de positivo ou algo por que nos devemos esforçar. É vista como um objetivo importante e uma orientação para as acções humanas a longo prazo. As principais declarações políticas sobre sustentabilidade demonstram claramente este significado de orientação. Por exemplo, o acordo internacional crucial das Nações Unidas Agenda 21 afirma que *"o desenvolvimento sustentável deve tornar-se um ponto prioritário na agenda da comunidade internacional"* (ONU, 1992b, p.4) e a sustentabilidade está incluída nos princípios orientadores fundamentais da comunidade internacional (ONU, 2000).

c) O significado das relações fundamentais

As relações são cruciais para o significado moderno de sustentabilidade. Este facto é evidente quando se remete para a definição mais utilizada de desenvolvimento sustentável, dada pelo relatório Brundtland *"O Nosso Futuro Comum"*, que o define como *"um desenvolvimento que satisfaz as necessidades do presente sem comprometer a capacidade de as gerações futuras satisfazerem as suas próprias necessidades"* (WCED, 1987, p.37). A parte mais importante desta definição é a sua referência a duas relações humanas fundamentais: Em primeiro lugar, a relação entre os seres humanos e os seus contemporâneos - ou seja, entre diferentes indivíduos e grupos dentro da geração atual - e, em segundo lugar, a relação entre a geração atual e as gerações futuras. Para além da relação entre os contemporâneos e a relação com as gerações futuras, há uma terceira relação envolvida na ideia moderna de sustentabilidade: a relação entre os seres humanos e a natureza. Esta relação é abordada tanto de forma indireta como direta.

A relação homem-natureza é indiretamente afetada tanto pela relação entre os contemporâneos como pela relação com as gerações futuras. Ambas as relações são fortemente influenciadas pelas acções ambientais. Em particular, a nossa relação com as gerações futuras é, em grande medida, uma relação indireta e assimétrica, mediada pelos efeitos a longo prazo das nossas acções ambientais e das alterações ambientais daí resultantes. Assim, quando abordamos a nossa relação com as gerações futuras utilizando o conceito moderno de sustentabilidade, a relação entre os seres humanos e a natureza desempenha um papel crucial. Este facto foi reconhecido e expresso numa série de importantes declarações políticas internacionais sobre sustentabilidade (WCED, 1987; ONU, 1992a; ONU, 2002).

Além disso, a relação entre o homem e a natureza é também diretamente abordada pelo conceito moderno de sustentabilidade. A sustentabilidade tem também a ver com a capacidade de auto-manutenção da natureza - ecossistemas ou processos evolutivos - e com o impacto da humanidade nessa capacidade. Isto não é apenas discutido em relação aos impactos sobre outros seres humanos ou gerações futuras, mas também em relação aos impactos sobre a própria natureza, embora esta distinção não seja muitas vezes rigorosa e explícita. Podemos ver uma referência direta à relação homem-natureza em declarações políticas cruciais, como a Declaração de Joanesburgo (ONU, 2002) ou o relatório Brundtland, que afirma *"no seu sentido mais lato, a estratégia para o desenvolvimento sustentável tem por objetivo promover a harmonia entre os seres humanos e entre a humanidade e a natureza"* (WCED, 1987, p.50). A relação homem-natureza está também no centro de muitas abordagens das ciências naturais à sustentabilidade, ou seja, a continuidade de certos sistemas naturais como um fator externo.

Assim, o termo moderno sustentabilidade refere-se a três relações humanas fundamentais, que são frequentemente designadas por relações de sustentabilidade (Figura 3.3):

(a) A relação entre os seres humanos e os seus contemporâneos

(b) A relação entre as gerações actuais e futuras

(c) A relação entre o homem e a natureza

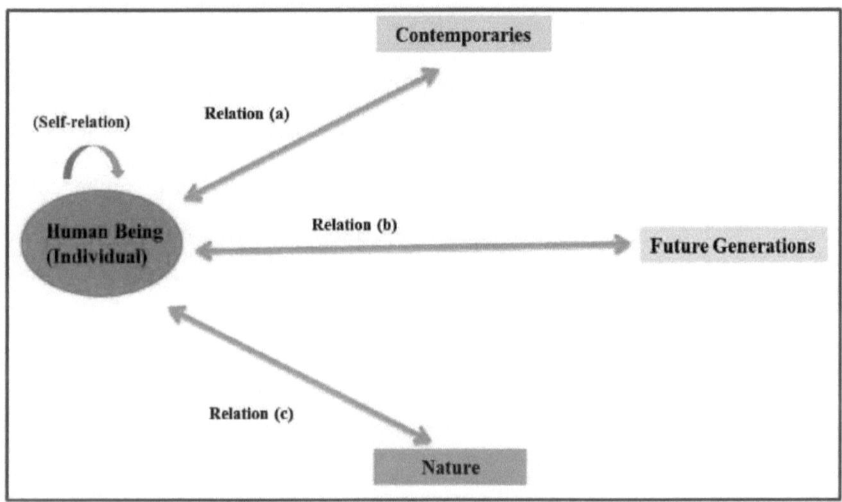

Figura 3.3 Relações de sustentabilidade Fonte: adaptado de Becker (2012).

3.2.2.3 A Comissão Germano-Enquete

Em 1996, a Comissão Enquete alemã para a "Proteção do Homem e do Ambiente" do Bundestag alemão sugeriu regulamentos sobre a forma de alcançar o objetivo da sustentabilidade. Assim, foram definidos princípios económicos, ecológicos e sociais para o desenvolvimento sustentável (Enquete-Kommission, 1998; NOP, 2008):

a) Orientações económicas

A Comissão Enquete propôs as seguintes orientações económicas para alcançar o objetivo do desenvolvimento sustentável:

1) O sistema económico deve satisfazer eficazmente as necessidades individuais e sociais. Para tal, a ordem económica deve ser concebida de forma a promover a iniciativa pessoal (responsabilidade própria) e o interesse individual ao serviço do interesse comum (responsabilidade comum), a fim de garantir o bem-estar das gerações presentes e futuras. A sociedade deve ser organizada de forma a conciliar os interesses privados e os interesses comuns. Cada membro da sociedade beneficia do sistema social em função das suas contribuições pessoais e das suas necessidades especiais.

2) Os preços devem ser sempre um instrumento de orientação essencial para o mercado. Devem refletir a disponibilidade de recursos, produção, bens e serviços.

3) As condições de concorrência devem permitir a criação e a manutenção de mercados que funcionem corretamente, o incentivo às inovações, a tomada de decisões a longo prazo e a promoção de melhorias sociais que tenham em conta as necessidades futuras.

4) A eficiência económica de uma sociedade, a sua base de produção e as suas relações sociais devem ser sempre sustentadas. Devem aumentar não só em termos de quantidade, mas também em termos de qualidade.

b) Orientações ecológicas

A Comissão Enquete propôs igualmente as seguintes orientações ecológicas para a sustentabilidade:

1) A taxa de utilização dos recursos renováveis não deve exceder a taxa de regeneração dos recursos.

2) As emissões não devem exceder a capacidade dos ecossistemas individuais em que são libertadas.

3) O período de tempo dos impactos antropogénicos no ambiente deve estar em conformidade com o período de tempo em que o ambiente reage aos processos naturais relevantes.

4) Os perigos e riscos para a saúde humana resultantes das actividades

antropogénicas têm de ser minimizados.

c) Orientações sociais

Por último, a Comissão Enquete sugeriu as seguintes orientações sociais para o desenvolvimento sustentável:

1) O Estado social de direito deve apoiar e promover a dignidade do homem e a liberdade de desenvolvimento pessoal presente e futuro, a fim de manter a paz social.

2) Cada membro da sociedade tem acesso a prestações sociais de acordo com as suas anteriores contribuições para o sistema de segurança social, mas também com base em necessidades especiais.

3) Cada membro da sociedade tem de contribuir para a coletividade de acordo com as suas capacidades.

4) Os sistemas de segurança social só podem crescer na mesma medida que os padrões económicos.

5) O potencial de produtividade da sociedade deve ser mantido, para as gerações actuais e futuras.

3.3 Agricultura sustentável e conceito de intensificação sustentável

A Revolução Verde, um crescimento fenomenal da produção agrícola em resultado de investimentos públicos maciços na investigação científica moderna no domínio da agricultura, teve lugar a partir do final da década de 1960 (IFPRI, 2002). Atualmente, os impactos da Revolução Verde podem ser sentidos em todos os cantos do mundo: A eficiência da produção agrícola aumentou drasticamente através da aplicação de tecnologias agrícolas modernas, como a irrigação, a rotação de culturas, a criação de plantas e animais, o controlo de qualidade e as práticas de gestão. Os agricultores podem produzir mais colheitas, legumes, leite e carne na mesma quantidade de terra, em comparação com a utilização de métodos agrícolas tradicionais. A produção passou da satisfação das necessidades do consumo local para a exportação de produtos agrícolas a nível mundial. No entanto, como resultado da produção agrícola intensiva, há uma preocupação crescente da sociedade com a sustentabilidade da agricultura relacionada com questões de poluição ambiental, bem-estar animal, segurança alimentar e aceitação social.

3.3.1 Agricultura sustentável

A agricultura é crucial para a história da humanidade. Como indústria, tem desempenhado um papel importante no desenvolvimento sustentável, com base nas seguintes razões (Morse, 2010):

a) O produto final da agricultura é frequentemente a alimentação e, como tal, a agricultura é uma das bases da sociedade humana.

b) Os sistemas agrícolas ocupam grandes áreas de terra, muito mais do que qualquer outra indústria, com a possível exceção da silvicultura.

c) A agricultura à escala mundial sofreu grandes alterações no último século e, em vários países desenvolvidos, passou de uma atividade de subsistência para uma atividade agroindustrial, com um impacto visível no ambiente.

d) A agricultura é uma importante estratégia de subsistência, quer diretamente para os produtores, quer indiretamente para os comerciantes, transformadores e retalhistas.

A agricultura sustentável é definida de acordo com o tipo de sistema de produção, quer se trate de produção vegetal, de produção animal ou de um sistema misto, dependendo do contexto das partes interessadas, que vão desde os agricultores e consumidores até aos investigadores e decisores políticos (Attamimi, 2011). O termo atual "agricultura sustentável" foi utilizado pela primeira vez em 1977 por Balfour na Conferência da Federação Internacional do Movimento de Agricultura Biológica (IFOAM) na Suíça (Balfour, 1977). O debate científico sobre a sustentabilidade agrícola tem sido tradicionalmente orientado para a agro-ecologia, embora desde a publicação do "Relatório Brundtland" os aspectos económicos e sociais da sustentabilidade agrícola tenham ganho cada vez mais atenção (Pesek, 1994; Marsden et al., 2010; Hildén et al., 2012). Muitas definições de agricultura sustentável foram propostas por instituições e académicos, tais como as seguintes:

"A agricultura sustentável é aquela que alcança a produção combinada com a conservação dos recursos dos quais essa produção depende, mantendo assim a manutenção da produtividade" (Young, 1989, p.10).

"A agricultura sustentável é aquela que, a longo prazo, melhora a qualidade ambiental e a base de recursos de que a agricultura depende; satisfaz as necessidades humanas básicas de alimentos e fibras; é economicamente viável; e melhora a qualidade de vida dos agricultores e da sociedade em geral" (American Society of Agronomy, 1989 citado em Morse, 2010, p.20).

"Por agricultura sustentável entende-se um sistema integrado de práticas de produção vegetal e animal com uma aplicação específica no local que, a longo prazo, irá: satisfazer as necessidades humanas em termos de alimentos e fibras; melhorar a qualidade ambiental e a base de recursos naturais de que depende a economia agrícola; utilizar da forma mais eficiente possível os recursos não renováveis e os recursos da exploração agrícola e integrar, sempre que adequado, os ciclos e controlos biológicos naturais; manter a viabilidade económica das operações agrícolas; melhorar a qualidade de vida dos agricultores e da sociedade em geral" (Congresso dos Estados Unidos, 1990 citado em Norman at el., 1997, p.3).

"A agricultura sustentável é uma agricultura que equilibra de forma equitativa as preocupações de solidez ambiental, viabilidade económica e justiça social entre todos os sectores da sociedade" (Allen et al., 1991, p. 37).

"A agricultura sustentável é aquela que produz alimentos em abundância sem esgotar os recursos da terra ou poluir o seu ambiente. É uma agricultura que segue os princípios da natureza para desenvolver sistemas de cultivo e de criação de gado que são, tal como a natureza, auto-sustentáveis. A agricultura sustentável é também a agricultura dos valores sociais, cujo sucesso é indistinguível de

comunidades rurais vibrantes, vidas ricas para as famílias nas explorações agrícolas e alimentos saudáveis para todos" (ATTRA, 2005, p.1).

Assim, a essência da agricultura sustentável pode ser resumida como uma prática agrícola que mantém a produção de alimentos e de biomateriais, beneficiando simultaneamente a sociedade, garantindo o bem-estar económico dos produtores e preservando os recursos naturais e os ecossistemas.

Douglass (1984) identifica três pontos de vista diferentes sobre a sustentabilidade: O primeiro ponto de vista é designado por "sustentabilidade como suficiência alimentar", que procura maximizar a produção alimentar dentro dos limites da rentabilidade. O segundo ponto de vista é a "sustentabilidade como gestão", definida em termos de controlo dos danos ambientais. O terceiro ponto de vista é a "sustentabilidade como comunidade", definida em termos de manutenção ou reconstrução de sistemas rurais económica e socialmente viáveis. Smith e McDonald (1998) concluem que a sustentabilidade agrícola consiste em factores biofísicos, económicos e sociais que operam ao nível do campo, da exploração agrícola, da bacia hidrográfica, da região e do país.

A Comissão Europeia (CE) (2001) aborda as questões fundamentais para uma agricultura e um desenvolvimento rural sustentáveis, que são: a manutenção de um certo nível de capital social (capital natural, humano e artificial); a eficiência da utilização dos recursos; e a equidade intra e intergeracional. Foram consideradas três questões fundamentais no âmbito das dimensões ecológica, económica e social da sustentabilidade, como se mostra no Quadro 3.1.

Quadro 3.1 Principais questões para uma agricultura e um desenvolvimento rural sustentáveis

Agricultura sustentável e desenvolvimento rural		Dimensão ambiental	Dimensão económica	Dimensão social
	Estoque	Manutenção de um nível suficiente de capital (ambiental, artificial, humano); emprego, capital cultural, coesão social		
	Eficiência	- Eficiência ambiental	• Utilização óptima dos factores de produção, em especial da mão de obra,	- Manutenção e criação de emprego -Eficiência institucional (quadro

			aumento da produtividade agrícola • Garantia da disponibilidade dos fornecimentos • Setor agrícola competitivo • Viabilidade das explorações	regulamentar, relações informais e mecanismos de direção)
	Património	- Fixação do nível de referência como base para a aplicação do princípio do poluidor-pagador/pagamento por serviços ambientais	Sobre o espaço: - Contribuição para a viabilidade das zonas rurais / um padrão de desenvolvimento equilibrado / a manutenção de comunidades rurais dinâmicas e activas	Em sectores e espaço: • Um nível de vida justo para as comunidades agrícolas e rurais Sobre grupos sociais: • Igualdade de oportunidades Ética: • Condições de trabalho • Métodos de produção éticos e bem-estar dos animais

Fonte: CE (2001, p.8).

Como se pode ver no quadro 3.1, a dimensão ecológica refere-se à gestão dos recursos naturais com o objetivo de assegurar a sua disponibilidade no futuro. No entanto, inclui também questões como a proteção das paisagens, dos habitats e da biodiversidade, bem como a qualidade da água potável e do ar. A dimensão económica está relacionada com a utilização eficiente dos recursos, a competitividade e a viabilidade do sector, bem como com a sua contribuição para a viabilidade das zonas rurais. Estruturas agrícolas eficientes, tecnologias adequadas e a diversificação das fontes de rendimento das famílias de agricultores são elementos importantes desta dimensão. A eficiência da utilização dos recursos é uma base importante para a viabilidade das zonas rurais. A dimensão social diz respeito a questões de oportunidades de trabalho e de acesso a recursos e serviços para as famílias rurais, em comparação com outros agentes económicos nas zonas rurais. As questões da igualdade de oportunidades e as preocupações éticas da sociedade relativamente aos métodos de produção agrícola podem também ser consideradas como parte da dimensão social da agricultura sustentável (CE, 2001).

Embora não exista consenso quanto à sua definição, a agricultura sustentável refere-se a sistemas de produção a longo prazo que são: a) economicamente viáveis - respondendo de forma eficiente e inovadora à procura atual e futura de um abastecimento adequado, seguro e fiável de alimentos e matérias-primas; b) ambientalmente sãos - conservando a base de recursos naturais da agricultura para as gerações futuras, ao mesmo tempo que mantêm ou melhoram outros ecossistemas influenciados pelas actividades agrícolas; e c) socialmente viáveis - satisfazendo os valores mais amplos da sociedade, tais como o apoio às comunidades rurais e a abordagem de questões culturais/éticas, como as preocupações com o bem-estar dos animais. O Comité Permanente da Agricultura e da Gestão dos Recursos (SCARM) (1998 citado em Spies, 2003, p.34) identifica os componentes básicos da agricultura apresentados na Figura 3.4. Todos os elementos são igualmente importantes para uma agricultura sustentável.

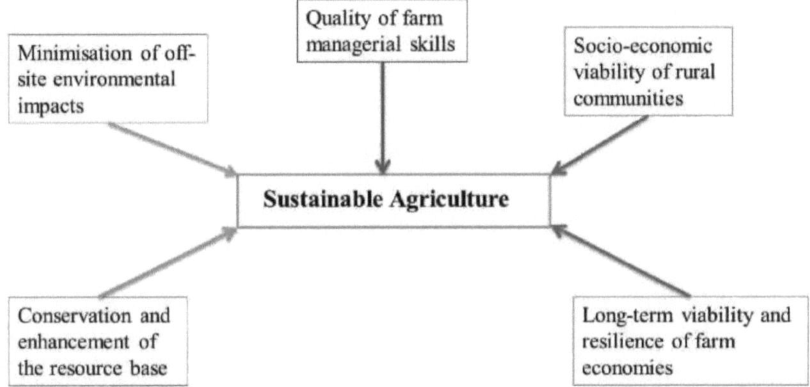

Figura 3.4 Componentes básicos da agricultura sustentável

Fonte: adaptado de SCARM (1998 citado em Spies, 2003).

A agricultura sustentável tem-se centrado principalmente nos sistemas de produção vegetal. Tal deve-se ao facto de o seu impacto no ambiente ser mais óbvio do que o da produção animal. No entanto, a Organização das Nações Unidas para a Alimentação e a Agricultura (FAO) (2006) demonstrou claramente que a atual produção animal está a ter um forte impacto negativo no ambiente através das suas emissões para o ar, a água e o solo. Além disso, são cada vez mais expressas preocupações sobre o bem-estar dos animais, a dimensão das explorações agrícolas e as potenciais ameaças para a saúde humana (doenças zoonóticas e resistência aos antibióticos nos seres humanos decorrente da utilização de antibióticos nos animais). Assim, existe uma clara necessidade de melhorar a sustentabilidade da produção animal.

Vavra (1996) define a produção animal sustentável como um sistema de produção que é indefinidamente capaz de colher a mesma quantidade de produtos animais a partir de uma determinada base de terra. Por outras palavras, os produtos colhidos não diminuem a capacidade da terra para continuar a produzir os produtos no futuro. Goodwin et al. (1994) identificam a produção pecuária sustentável como uma boa criação, em que a saúde e o bem-estar são a primeira prioridade; a redução do stress devido a sistemas de criação mais naturais; uma nutrição óptima que promova a saúde dos animais; um alojamento conforme às necessidades etológicas; a limitação da dimensão dos grupos; a ausência de mutilação; a limitação do tempo de transporte até ao abate (8 horas no máximo); e normas elevadas nos matadouros. Liinamo e Neeteson-van Nieuwenhoven (2003) propõem duas caraterísticas importantes da criação de animais na produção sustentável: a) basear-se numa longa vida económica e produtiva dos animais sem perturbar o seu bem-estar em ambientes específicos; e b) otimizar a relação entradas/saídas e a eficiência alimentar com recursos alimentares sustentáveis.

De Boer (2012) destaca o papel crucial que a inovação desempenha nos nossos actuais sistemas de produção animal. A sua investigação centra-se no impacto global da inovação nos sistemas sustentáveis de produção animal, com especial destaque para o impacto da inovação no ambiente, no bem-estar animal e nos meios de subsistência (Figura 3.5). A inovação é o processo de efetuar mudanças em algo já estabelecido através da introdução de algo novo: estas mudanças podem ser pequenas ou grandes; radicais ou incrementais (O'Sullivan e Dooley, 2009). Pode envolver novas tecnologias ou ideias (Juma et al., 2013). As inovações podem ser encontradas na alimentação, reprodução ou tecnologia agrícola.

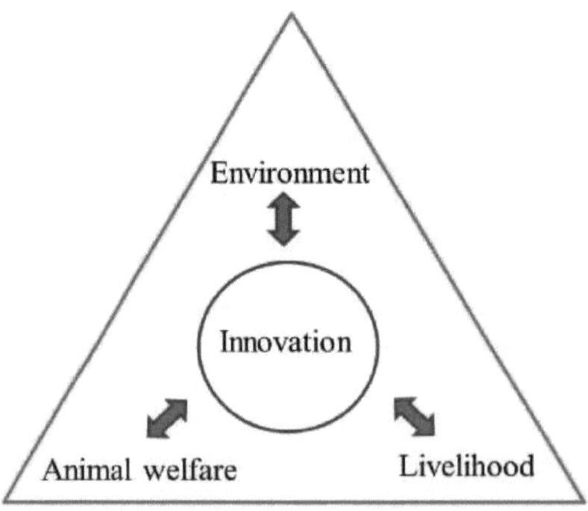

Figura 3.5 O papel da inovação na produção animal sustentável Fonte: de Boer (2012, p.5).

A produção agrícola é um sistema complexo. As melhorias na produção alimentar devem ter em conta o papel da ciência e da inovação, bem como a interligação dos elementos sociais, económicos e ambientais, como mostra a Figura 3.6 (The Royal Society, 2009).

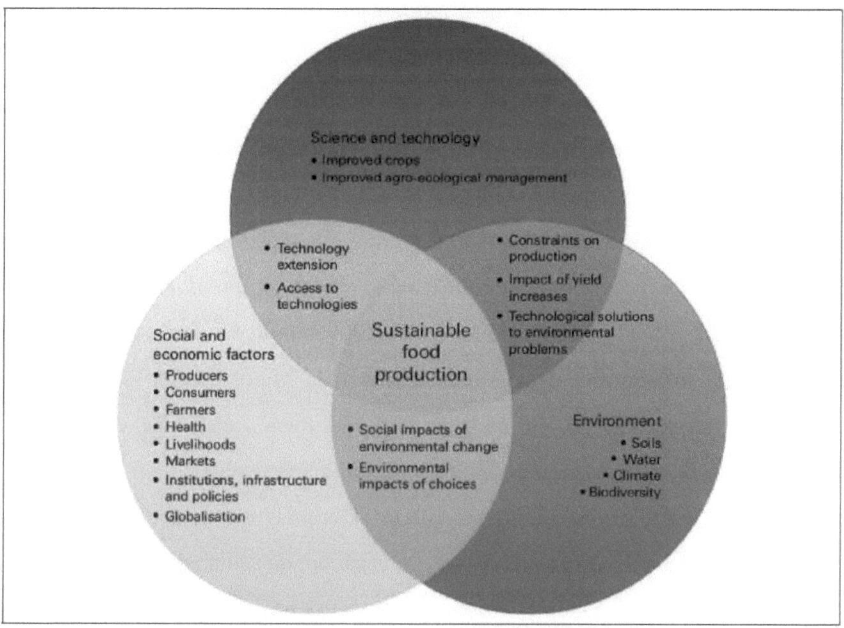

Figura 3.6 A complexidade dos sistemas agrícolas Fonte: The Royal Society (2009, p.5).

A fim de melhorar a sustentabilidade da produção animal, Blaha (2000) sugere que cada prática agrícola num determinado ecossistema deve ser avaliada em termos da sua capacidade de contribuir para um conjunto de objectivos económicos, ambientais e sociais, tais como a produção agrícola duradoura; a gestão da terra, da água, do gado e da vida selvagem; e a melhoria da qualidade de vida dos agricultores, das suas famílias, das comunidades rurais e dos consumidores dos alimentos produzidos. No contexto da produção sustentável de aves de capoeira, as práticas sustentáveis devem considerar simultaneamente as necessidades das aves de capoeira, dos agricultores, do planeta e dos consumidores (Swinkels, 2012).

3.3.2O conceito de intensificação sustentável

O crescimento contínuo da população tem um impacto direto no sector agrícola, uma vez que este tem de produzir mais alimentos na mesma quantidade de terras agrícolas. Este desafio exige um aumento da taxa de produção de alimentos nas terras agrícolas existentes, de forma a reduzir a pressão sobre o ambiente e a não prejudicar a nossa capacidade de continuar a produzir alimentos no futuro. Assim, o termo "intensificação sustentável" tem sido utilizado nos debates sobre o futuro da agricultura; um termo que, juntamente com "segurança alimentar", está a tornar-se mais frequentemente utilizado (Garnett e Godfray, 2012). Em 2009, a Royal Society definiu a intensificação sustentável como uma forma de produção em que *"os rendimentos são aumentados sem impacto ambiental adverso e sem o cultivo de mais terra"* (The Royal Society, 2009 citado em Garnett e Godfray, 2012, p.8). Neste sentido, o principal objetivo da intensificação sustentável é aumentar a produtividade na mesma área de terra cultivada, conservando simultaneamente os recursos e reduzindo os impactos negativos no ambiente. A "intensidade" de produtividade necessária para satisfazer uma procura crescente de alimentos dependerá do progresso da governação, da redução dos resíduos, das alterações alimentares e das políticas de crescimento demográfico (Garnett e Godfray, 2012). Por conseguinte, a intensificação sustentável deve ser vista como um complemento e não como um substituto das acções nestas frentes (Figura 3.7).

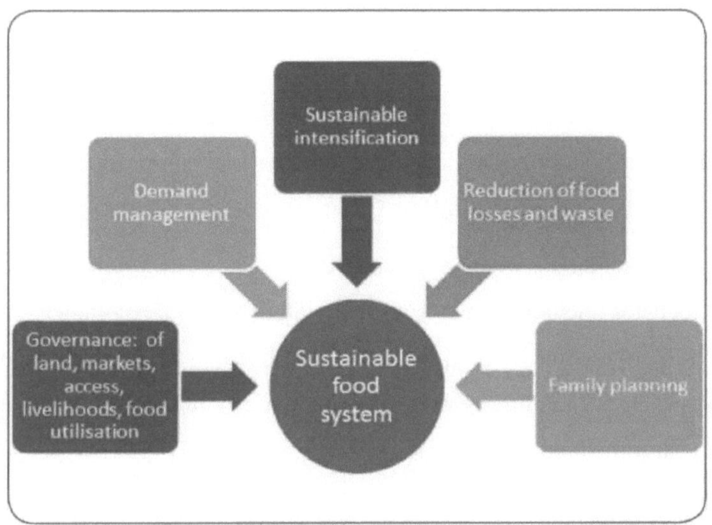

Figura 3.7 Intensificação sustentável em relação à procura de alimentos, resíduos, governação e população

Fonte: Garnett e Godfray (2012, p.15).

Garnett et al. (2013) definem quatro premissas subjacentes à intensificação sustentável:

a) A necessidade urgente de aumentar a produção e moderar a procura de alimentos com utilização intensiva de recursos (como a carne e os produtos lácteos), reduzir o desperdício alimentar e desenvolver sistemas de governação que melhorem a eficiência e a resiliência do sistema alimentar, bem como de tornar os alimentos acessíveis e a preços comportáveis para todos.

b) O aumento da produção deve ser conseguido através da obtenção de rendimentos mais elevados, uma vez que o aumento da área de terra utilizada para a agricultura tem um custo ambiental elevado.

c) A segurança alimentar exige que se preste tanta atenção ao aumento da sustentabilidade ambiental como ao aumento da produtividade.

d) A intensificação sustentável indica um objetivo, mas não especifica a priori como deve ser atingido ou que técnicas agrícolas utilizar. Os méritos de diversas abordagens - convencionais, agro-ecológicas ou orgânicas - devem ser rigorosamente testados e avaliados, tendo em conta os contextos biofísicos e sociais. A construção de uma base de dados científicos sociais e naturais que permita a formulação de estratégias de intensificação sustentável dependentes do contexto é uma prioridade de investigação.

Muitos conceitos relacionados com a intensificação sustentável têm estado presentes nos debates actuais, tais como a intensificação ecológica, a agroecologia, a permacultura, a agricultura biológica, a intensificação ecofuncional, a agricultura inteligente face ao clima e a ecoeficiência. Garnett e Godfray (2012) argumentam que ainda não é claro como poderá ser a intensificação sustentável no terreno; como poderá diferir entre sistemas de produção, em diferentes locais, e dadas as diferentes trajectórias da procura; e como poderão ser equilibrados os compromissos que inevitavelmente surgem. No entanto, McDermott et al. (2010) afirmam que a intensificação sustentável pode fornecer um quadro para explorar a combinação de abordagens que pode funcionar melhor com base nos contextos biofísicos, sociais, culturais e económicos existentes, e começa a surgir um conjunto crescente de trabalhos que exploram o aspeto prático da implementação.

A FAO (2011) propõe uma abordagem ecossistémica para a produção agrícola intensiva sustentável, que é altamente produtiva na mesma área de terra, conservando simultaneamente os recursos, reduzindo os impactos negativos no ambiente e melhorando o capital natural e o fluxo de serviços ecossistémicos. Esta abordagem baseia-se nas contribuições da natureza para o crescimento das culturas, tais como o fornecimento de solo e matéria orgânica, a regulação do fluxo de água, a polinização e o biocontrolo de pragas e doenças causadas por insectos. Oferece um rico conjunto de ferramentas de práticas relevantes, adoptáveis e adaptáveis baseadas nos ecossistemas que podem ajudar os 500 milhões de famílias de pequenos agricultores do mundo a obter maior produtividade, rentabilidade e eficiência na utilização dos recursos, aumentando simultaneamente o capital natural.

Atualmente, o debate sobre a intensificação sustentável é dominado por preocupações ambientais, pelo bem-estar dos animais e pela nutrição humana. O argumento ambiental baseia-se em três princípios (Garnett e Godfray, 2012):

a) As consequências da conversão de mais terras para uso agrícola são tão prejudiciais para o ambiente que qualquer aumento da produção deve ser conseguido com a menor conversão adicional de terras possível.

b) É necessário produzir mais com a mesma quantidade de terra, de modo a reduzir os impactos ambientais negativos diretos da produção alimentar. Para o efeito, será necessário utilizar a água, a energia e outros factores de produção de forma muito mais eficiente (o aumento da produção deve ser acompanhado de um aumento da produtividade) e deve ser dada atenção à sustentabilidade a longo prazo dos agro-ecossistemas. Sempre que possível, devem ser aproveitadas as oportunidades para obter impactos ambientais positivos (por exemplo, a fixação de carbono nas terras agrícolas).

c) Embora seja inevitável um certo crescimento da procura de alimentos, a dimensão desse aumento dependerá do grau de sucesso das políticas do lado da procura na modificação dos regimes alimentares, na redução dos resíduos e na diminuição da taxa de crescimento demográfico. No entanto, confiar nos êxitos obtidos nestes domínios para alcançar a segurança alimentar é tão arriscado como confiar apenas no aumento da produção. São necessárias medidas em todas as frentes para manter o abastecimento alimentar e os preços dos alimentos dentro de margens socialmente aceites; e o papel da intensificação sustentável consiste em obter ganhos de produtividade de uma forma aceitável do ponto de vista ambiental e social.

O bem-estar dos animais e os argumentos éticos a favor da intensificação sustentável centram-se principalmente na saúde dos animais; em estados efectivos desagradáveis, como o medo, a dor e a frustração; e em que medida os animais podem exprimir um comportamento natural nas explorações. O debate sobre questões nutricionais centra-se na subnutrição dos grupos de consumidores com baixos rendimentos, no consumo excessivo dos grupos de consumidores ricos e na qualidade e segurança dos produtos alimentares. Além disso, a questão das culturas geneticamente modificadas na indústria alimentar intensiva tem sido muito criticada.

1.4 Avaliação da sustentabilidade da produção agrícola e avícola

A sustentabilidade é um conceito complexo. É difícil de medir e requer a utilização de indicadores adequados para a sua avaliação (Zinck e Farshad, 1995). Pannell e Schilizzi (1999) defendem que os indicadores de sustentabilidade são instrumentos práticos e razoáveis para medir a sustentabilidade multifacetada. Com o aumento da nossa compreensão da complexa relação entre a agricultura e o ambiente, foram desenvolvidos muitos indicadores como instrumento para representar quantitativamente as questões de sustentabilidade enfrentadas no planeamento prático e na conceção das explorações agrícolas (Bell e Morse, 1999; Cornelissen, 2003; Mollenhorst, 2005). Um bom indicador deve ser imparcial, sensível às mudanças temporais e à variabilidade espacial, preditivo, referenciado a valores-limite; e os dados que mede devem ser transformáveis, integradores e fáceis de recolher e comunicar (Liverman et al., 1988). A Comissão Europeia (CE) (2001) sugere que os indicadores de sustentabilidade devem satisfazer os seguintes critérios: relevância política; solidez concetual; definição a um nível adequado de agregação; eficácia, validade estatística; solidez analítica; viabilidade técnica; e relação custo-eficácia.

Existem dois métodos principais utilizados para a elaboração de indicadores, nomeadamente as abordagens "top-down" e "bottom-up". A abordagem "top-down" desenvolve indicadores através de pessoal profissional. São listados todos os indicadores relevantes, abrangendo todas as dimensões da sustentabilidade que aparecem na literatura, que são depois examinados por peritos (Hardi e Zdan, 1997). Esta abordagem pode revelar tendências entre regiões e ao longo do tempo que poderiam passar despercebidas por uma observação mais casual (Attamimi,

2011). No entanto, esta abordagem tende a tratar todos os sistemas de produção de forma semelhante, sem considerar as distinções nos objectivos, recursos e gestão dos sistemas. Muitas vezes não consegue envolver as comunidades locais como utilizadores finais dos indicadores. A abordagem "ascendente" produz indicadores através da participação das partes interessadas (CE, 2001; Mollenhorst, 2005). Este método é mais adaptado e apropriado para avaliar questões de sustentabilidade a nível das explorações agrícolas, uma vez que todos os indicadores são desenvolvidos de acordo com a disponibilidade de recursos e a sua relevância para o sistema agrícola em causa. No entanto, é difícil determinar o nível de participação das partes interessadas nesta abordagem (Hardi e Zdan, 1997; Mollenhorst, 2005). Além disso, os indicadores derivados de uma abordagem participativa podem, por si só, não ser suficientes para monitorizar a sustentabilidade com precisão (Rigby et al., 2001). Assim, existe uma tendência crescente para o desenvolvimento de uma terceira abordagem, que combina a abordagem descendente com a abordagem ascendente para obter melhores indicadores (Attamimi, 2011).

A abordagem participativa tem sido amplamente adaptada para estudar a sustentabilidade da agricultura. Por exemplo, Vilei (2010) utilizou esta abordagem para estudar a sustentabilidade dos sistemas agrícolas nas Filipinas. Christen et al. (2013 citado em Schulze, 2013) desenvolveram indicadores para avaliar a sustentabilidade da produção agrícola ao nível da exploração, correspondendo aos três elementos da sustentabilidade, incluindo indicadores ecológicos, económicos e sociais, conforme descrito no Quadro 3.2.

Quadro 3.2 Indicadores e domínios de análise dos sistemas de certificação da sustentabilidade na agricultura

Áreas de análise	Indicadores	Análise operacional
Aspectos ecológicos		
Efeitos climáticos Utilização dos	Emissões de gases com efeito de estufa Intensidade	Inventário de emissões Balanço energético, potencial de perda

recursos Biodiversidade Conservação dos solos Poluição da água e do ar	energética Agrobiodiversidade Intensidade fitossanitária Compactação do solo, Erosão, Balanço de húmus Balanço de N	de P Organização operacional/Conceção do processo Índice de tratamento Grau de compactação, Erosão do solo, Processo de formação de húmus Potencial de perda de N
Aspectos económicos		
Rentabilidade Estabilidade da liquidez	Proveitos operacionais, remuneração dos factores Limites do serviço da dívida Taxa de lucro, Investimento líquido, Variação do capital próprio	Valor acrescentado da operação/Remuneração dos factores de produção Serviço da dívida economicamente possível Estabilidade de funcionamento, Investimento operacional, Nível de vida
Aspectos sociais		
Trabalho e emprego Compromisso social Garantia de qualidade	Salários e vencimentos, Carga horária média, Férias, Educação e formação, Segurança no trabalho, Participação dos trabalhadores Comunicação com o público, cooperação, Envolvimento regional Utilização de sistemas de garantia de qualidade	Recompensas para os trabalhadores, horário de trabalho, férias e formação Actividades/iniciativas do empresário Garantia da qualidade dos produtos/Segurança alimentar

Fonte: Christen (2013 citado em Schulze, 2013, pp.28-29).

Attamimi (2011) analisou a sustentabilidade da produção de carne bovina com gado Bali em pequenas fazendas na Ilha Ceram, Indonésia, enquanto Spies (2003) desenvolveu uma estrutura para avaliar a sustentabilidade da produção de suínos e aves em Santa Catarina, Brasil. Spies (2003) desenvolveu um quadro para avaliar a sustentabilidade da produção de suínos e aves de capoeira em Santa Catarina, Brasil. Sugere que, para alcançar a sustentabilidade na indústria de suínos e aves de capoeira, as questões do impacto ambiental, da competitividade económica e da aceitação social devem ser consideradas durante o processo de tomada de decisões, tal como ilustrado na Figura 3.8.

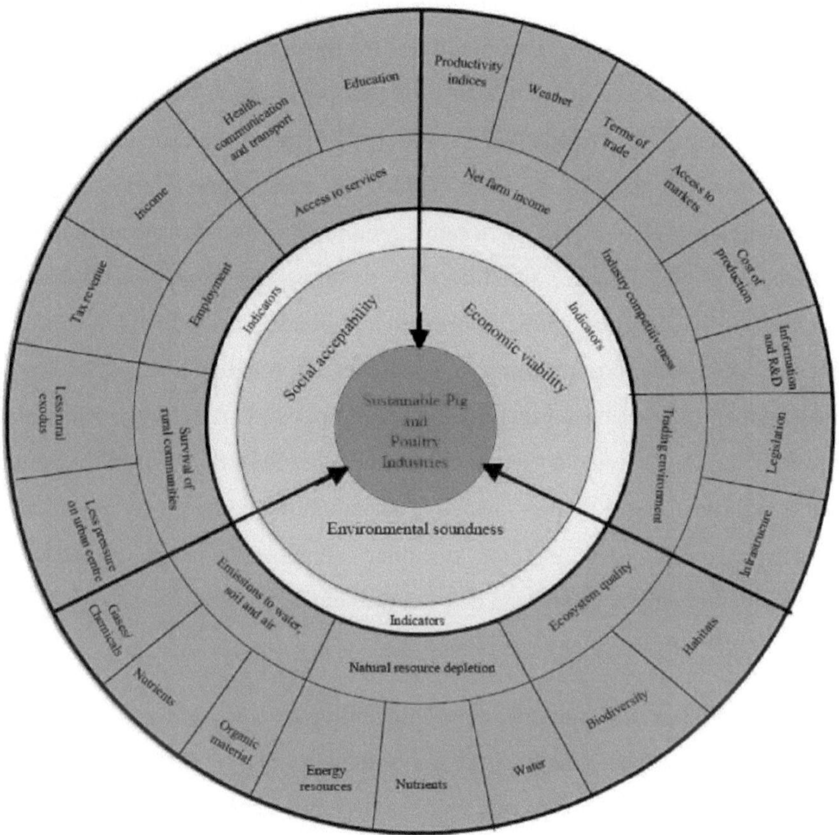

Figura 3.8 Quadro para indústrias sustentáveis de suínos e aves em Santa Catarina, Brasil Fonte: Spies (2003, p.299).

Mollenhorst e de Boer (2004) identificaram questões de sustentabilidade na produção de ovos nos Países Baixos com base numa abordagem participativa que envolveu as partes interessadas e os peritos no processo. As questões foram quantificadas utilizando uma metodologia em quatro etapas: a) descrição da situação; b) identificação e definição de questões económicas, ambientais e sociais relevantes; c) seleção e quantificação de indicadores de sustentabilidade adequados para cada questão; e d) avaliação final da contribuição para o desenvolvimento sustentável. O resultado deste estudo propôs cinco questões principais para a produção sustentável de ovos nos Países Baixos. As questões eram o bem-estar e a saúde dos animais, o ambiente, a qualidade dos ovos, a ergonomia e a economia. Este método foi posteriormente utilizado para desenvolver indicadores de avaliação do desempenho económico, ecológico e social dos sistemas de produção de frangos de carne a nível das explorações nos Países Baixos (Bokkers e de Boer, 2009). Os indicadores de desempenho económico, ecológico e social foram: rendimento líquido da exploração; acidificação e eutrofização, utilização de combustíveis fósseis e alterações climáticas, utilização dos solos; e bem-estar e saúde dos animais, segurança alimentar, qualidade dos produtos e condições de trabalho dos agricultores. Bonaudo et al. (2010) adaptaram o método participativo para estudar e comparar sistemas de produção avícola à escala regional em França e no Brasil. Este estudo apoia o argumento de que, para avaliar a sustentabilidade da produção avícola, devem ser considerados aspectos dinâmicos (concorrência de mercado) e espaciais (caraterísticas do sistema de produção em cada área).

1.5 Conclusão

Apesar das diferentes definições de sustentabilidade, tanto em geral como no sector agrícola, existe uma grande coerência entre as definições. A sustentabilidade é um conceito que engloba aspectos económicos, ambientais e sociais. As três componentes interagem entre si e tendem a ser locais ou específicas de cada sítio, a nível do campo, da exploração agrícola, da comunidade, nacional e internacional.

No presente estudo, a produção sustentável de aves de capoeira é definida como *"uma melhoria de um sistema de produção de aves de capoeira que optimiza os aspectos globais de sustentabilidade, incluindo questões ambientais, económicas, sociais, políticas e de bem-estar dos animais"*. No contexto da produção avícola, a produção sustentável deve ter em conta estes cinco elementos, com base em escalas espaciais e temporais. Todas as partes interessadas devem trabalhar em conjunto para encontrar uma forma eficaz de desenvolver estratégias para melhorar a sustentabilidade da produção avícola.

Capítulo 4: Questões actuais de sustentabilidade na produção avícola

4.1 Introdução

Este capítulo analisa os antecedentes das preocupações mais prevalecentes na sociedade no que respeita à sustentabilidade da produção avícola, através da análise da literatura e de relatórios. Serão discutidos os seguintes tópicos derivados das questões de sustentabilidade anteriormente abordadas, incluindo 4.2) utilização de antibióticos na produção avícola, 4.3) contaminação da carne e dos ovos com microrganismos zoonóticos, 4.4) surto de gripe aviária, 4.5) concentração regional da produção, 4.6) despesca e 4.7) abate de pintos do dia machos poedeiros.

4.2 Utilização de antibióticos na produção de aves de capoeira

A utilização de antibióticos na produção animal suscita preocupações quanto ao risco de bactérias multirresistentes, especialmente *Staphylococcus aureus* resistente à meticilina (MRSA) e bactérias produtoras de β-lactamases de espetro alargado (ESBL), que dificultam o tratamento destas doenças nos seres humanos. O MRSA é um tipo de bactéria frequentemente encontrado na pele humana ou nas membranas mucosas do nariz e da boca (CIWF, 2011a). Provoca a infeção de feridas e é resistente a numerosos antibióticos, incluindo a meticilina, a amoxicilina, a penicilina e a oxacilina. Existem 3 tipos de MRSA: MRSA adquirido no hospital (haMRSA), MRSA adquirido na comunidade (caMRSA) e MRSA associado ao gado (laMRSA). A ESBL é uma enzima produzida por bactérias como a *Escherichia coli*. As bactérias produtoras de ESBL encontram-se normalmente no intestino humano e podem causar infecções na urina, nos pulmões, em feridas e no sangue. As infecções causadas por MRSA e por bactérias produtoras de ESBL podem ser mais difíceis de tratar devido à sua resistência aos antibióticos, uma vez que as opções de tratamento com os antibióticos mais utilizados são limitadas. A investigação mostra que a transferência de bactérias resistentes ou de genes de resistência entre humanos e animais é possível em ambas as direcções (Fischer et al., 2012; Fischer et al., 2013).

Os antibióticos são utilizados na produção animal por três razões: a) para o tratamento de doenças (uso terapêutico), b) para a prevenção de doenças (profilaxia), e c) para a promoção do crescimento (CIWF, 2011b). Os antibióticos têm sido utilizados na alimentação animal para promover o crescimento na indústria avícola desde 1946. A utilização subterapêutica de antibióticos promotores de crescimento ajuda os frangos a ganhar peso. Contudo, a administração regular de doses baixas de antibióticos na produção animal pode aumentar o risco de sobrevivência e evolução de micróbios resistentes, o que, por sua vez, contribui para o aumento das infecções resistentes aos antibióticos nos seres humanos. Consequentemente, a utilização de antibióticos promotores de crescimento foi proibida na Suécia em 1986, na União Europeia em 2006 e na República da Coreia em 2011 (Kemmet, 2015). Os Estados-Membros da União Europeia votaram a favor da proibição do uso profilático de antibióticos na produção animal em 2011. A utilização de antibióticos só é permitida por razões terapêuticas e sob a supervisão de veterinários.

Na Alemanha, de acordo com a Bundesverband für Tiergesundheit (BfT), foram utilizadas quase 900 toneladas de antibióticos na produção animal em 2010. O Estado da Baixa Saxónia comunicou que 83 % das suas explorações de frangos de carne e 92 % das suas explorações de perus utilizaram antibióticos em 2011. Os testes efectuados em 2009 sobre MRSA em amostras de carne de peru concluíram que 42,2% eram positivos, com 22,3% da carne de frango a apresentar resultados positivos para MRSA (Hartung e Kasbohrer, 2011).

As crescentes preocupações nacionais e internacionais sobre a utilização de antibióticos na produção animal resultaram na aplicação de um sistema obrigatório de controlo de antibióticos em 1 de abril de 2014 (Koeleman, 2014). Esta abordagem tem como objetivo reduzir a utilização de antibióticos na produção animal e limitar a propagação de bactérias resistentes, regulando a utilização não terapêutica de antibióticos. Os criadores de bovinos, suínos, frangos e perus têm de comunicar às autoridades veterinárias a utilização de antibióticos, bem como a dimensão das suas manadas e bandos, de seis em seis meses. As autoridades analisam e comparam os dados entre explorações e, se a utilização de antibióticos numa exploração for superior à média, o respetivo proprietário tem de cooperar com os veterinários para reduzir a sua utilização. Se o uso de antibióticos for 25% superior à média, deve ser desenvolvido um plano de ação por escrito (Koeleman, 2014). Se o proprietário da exploração não cumprir o plano de ação, podem ser aplicadas sanções financeiras. Os agricultores e proprietários de explorações agrícolas alemães podem comparar a utilização de antibióticos com outras explorações através de um sistema em linha.

Em setembro de 2015, a Associação Alemã de Avicultura (ZDG) publicou uma nova Carta da Avicultura que tem como objetivo tornar a Alemanha o melhor país do mundo para a avicultura (Linden, 2015a). A questão da utilização de antibióticos na produção avícola é um dos principais tópicos abrangidos por esta Carta, que compromete o sector avícola alemão a apoiar a utilização de antibióticos de uma forma sustentável (ZDG, 2015a).

As actuais vendas de antibióticos terapêuticos na Alemanha continuam a diminuir. De acordo com o Departamento Federal de Proteção do Consumidor e Segurança Alimentar (BVL) (2015a), a quantidade total de antibióticos vendidos pela indústria farmacêutica para uso terapêutico veterinário foi de 1.238 toneladas em 2014 (ver Quadro 4.1).

Quadro 4.1 Vendas de antibióticos veterinários de 2011 a 2014, em toneladas

Classe de medicamentos	Quantidade (toneladas) 2011	Quantidade (toneladas) 2012	Quantidade (toneladas) 2013	Quantidade (toneladas) 2014	Diferença (toneladas) entre 2011 e 2014
Aminoglicosídeos	47	40	39	38	-9

Cefalosporinas, 1ª geração	2.0	2.0	2.0	2.1	+0.1
Cefalosporinas, 3ª geração	2.1	2.5	2.3	2.3	+0.2
Cefalosporinas, 4ª geração	1.5	1.5	1.5	1.4	-0.1
Fluoroquinolonas	8.2	10.4	12.1	12.3	+4.1
Antagonistas do ácido fólico	30	26	24	19	-11
Ácido fusídico*					
Ionóforo*	-	-			
Lincosamidas*	17	15	17	15	-2
Macrólidos	173	145	126	109	-64
Nitrofuranos*					
Nitroimidazol*					
Penicilina	528	501	473	450	-78
Fenicol	6.1	5.7	5.2	5.3	-0.8
Pleuromutilina	14	18	15	13	-1
Antibióticos polipeptídicos	127	124	125	107	-20
Sulfonamida	185	162	152	121	-64
Tetraciclinas	564	566	454	342	-222
Total**	1,706	1,619	1,452	1,238	-468

Fonte: BVL (2015a). *Dados confidenciais **Desvio possível devido a arredondamentos

As principais vendas de antibióticos veterinários incluíram penicilinas (450 toneladas), tetraciclinas (342 toneladas), sulfonamidas (121 toneladas), macrólidos (109 toneladas) e antibióticos polipeptídicos (colistina) (107 toneladas). O volume total de vendas de antibióticos terapêuticos em 2014 diminuiu 15% (214 toneladas) e 27% (468 toneladas) em comparação com 2013 e 2011, respetivamente. No entanto, as vendas de antibióticos com um significado especial para a terapia humana (Antimicrobianos de Importância Crítica de Prioridade Máxima) mantiveram-se quase constantes em comparação com 2013 (aproximadamente 12 toneladas de fluoroquinolonas e 4 toneladas de cefalosporinas de 3rd e 4th geração). As vendas de fluoroquinolonas para uso terapêutico veterinário em 2014 (12,3 toneladas) em comparação com 2011 (8,2 toneladas) aumentaram 4,1 toneladas, um aumento de 50 % em comparação com a quantidade total vendida em 2011.

A Figura 4.1 mostra a distribuição regional das vendas de antibióticos terapêuticos na Alemanha em 2014 (BVL, 2015a). Entre 2011 e 2014, as vendas de antibióticos diminuíram em muitas regiões.

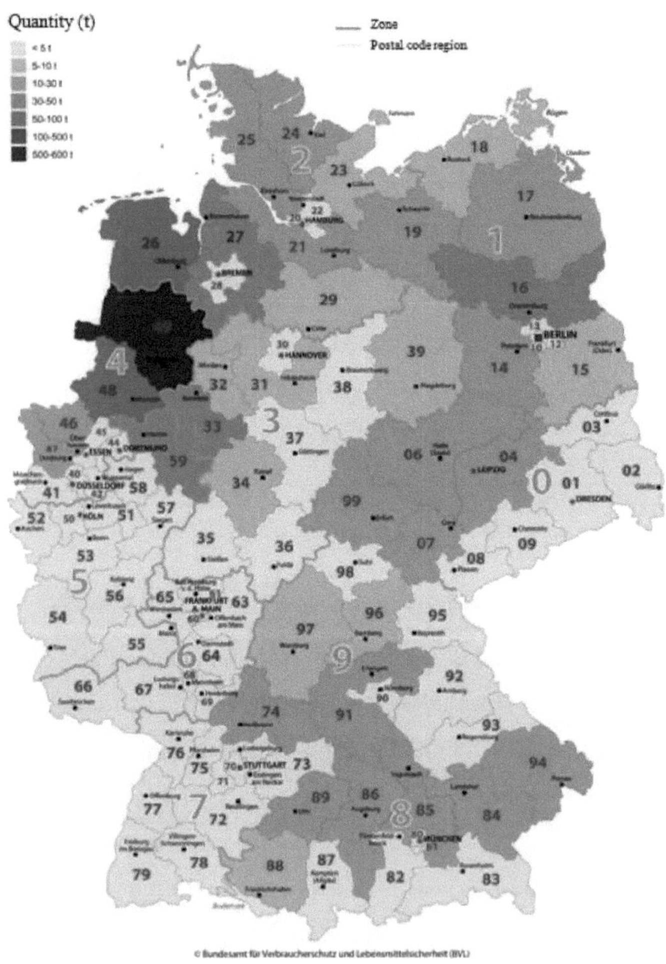

Figura 4.1 Distribuição regional das vendas de antibióticos terapêuticos na Alemanha (2014)

Fonte: BVL (2015a).

A região do código postal 49 registou as vendas de antibióticos mais elevadas de todas as regiões. Esta região é responsável por uma redução de aproximadamente 197 toneladas (de 703 toneladas em 2011 para 506 toneladas em 2014). Nas regiões de código postal 25, 26, 27, 29, 33, 39, 46, 48, 59 e 94, as vendas de antibióticos diminuíram em mais de 10 toneladas. Em particular, registou-se uma forte redução das vendas de antibióticos, de aproximadamente 40 toneladas, na região do código postal 48. No entanto, está documentado um aumento das vendas de antibióticos de cerca de 15 toneladas na região do código postal 16.

Outros países europeus, como a Dinamarca, a Suécia, a Noruega, a Áustria e os Países Baixos, também publicaram regulamentos sobre a utilização de antibióticos na produção animal (Merle et al., 2014).

No entanto, a utilização de antibióticos na produção animal só pode ser reduzida até um certo nível, uma vez que continua a haver necessidade de antibióticos para a prevenção de doenças em animais susceptíveis, especialmente perus. Hafez (2014) afirma que as normas elevadas de gestão das explorações e os controlos de biossegurança não são suficientes para proteger os perus contra certas doenças e síndromes, o que justifica o controlo antimicrobiano. É necessária mais investigação sobre o desenvolvimento da resistência antimicrobiana em várias regiões geográficas, a fim de obter mais conhecimentos sobre os padrões de resistência, especialmente desde a introdução da proibição da utilização de antibióticos como factores de crescimento nos alimentos para animais. Isto ajudaria a avaliar os impactos do controlo da utilização de antibióticos na produção avícola e a tornar as futuras intervenções mais eficazes.

Atualmente, a tendência para criar frangos sem a utilização de antibióticos é amplamente debatida na sociedade. Consequentemente, os principais retalhistas de produtos alimentares e cadeias de fast food estão a fornecer aos consumidores carne de aves de capoeira alternativa sem antibióticos. Esta tendência reflecte a necessidade de o sector da produção de carne continuar a melhorar os seus métodos de produção, reduzindo ou cessando a utilização de antibióticos tanto quanto possível, num esforço para aumentar a aceitação social.

4.3 Contaminação da carne e dos ovos com microrganismos zoonóticos

Os microrganismos zoonóticos são frequentemente relatados como causa de intoxicação alimentar em humanos, muitas vezes contaminando carne de aves e ovos, como *Salmonella* e *Campylobacter. As Salmonella* spp. são gram-negativas e têm uma estrutura em forma de bastonete, sendo comummente encontradas nos intestinos de animais selvagens e domésticos, podendo causar uma inflamação intestinal aguda nos seres humanos (BVL, 2015b). *Os Campylobacter* spp. são gram-negativos, têm uma estrutura em espiral ou em forma de bastonete e encontram-se habitualmente nos intestinos de vários animais selvagens, domésticos e de criação sem a presença de sintomas (BVL, 2015b), podendo causar diarreia, dores e cólicas abdominais, febre e vómitos nos seres humanos (MDH, 2015). Estes dois grupos de micróbios são naturalmente transmissíveis, nomeadamente através de alimentos contaminados, bem como entre animais e seres humanos. As infecções podem variar entre sintomas ligeiros e situações de risco de vida.

Nos países europeus, a prevalência de *Salmonella enterica* serovars Typhimurium e Enteritidis e *Campylobacter jejuni* são as causas mais comuns de doença diarreica nos seres humanos, sendo a campilobacteriose e a salmonelose os dois primeiros casos mais frequentemente confirmados de infeções humanas (EFSA e ECDC, 2014).

De acordo com uma análise da prevalência de zoonoses e surtos de origem alimentar nos 27 Estados-Membros da União Europeia (EFSA e ECDC, 2014) em 2012, a contaminação com *Campylobacter* na carne de frango permaneceu elevada a nível europeu, enquanto os ovos e a carne de frango *contaminados com Salmonella* estavam em declínio evidente. Com base no relatório de segurança alimentar fornecido pela BVL (2015b), na Alemanha, em 2013, o conteúdo cecal dos frangos de carne e as amostras de pele da carcaça (pescoço) colhidas após o abate deram positivo para *Salmonella* spp. em 1,0% e 11,5% das vezes, respetivamente. Não foi efectuado qualquer estudo equivalente na Tailândia. A implementação bem-sucedida de programas de controlo *de salmonelas* na União Europeia resultou numa diminuição de 4,7% dos casos confirmados de salmonelose em seres humanos em 2012, em comparação com 2011 (EFSA e ECDC, 2014), enquanto na Alemanha, os casos confirmados de salmonelose em seres humanos diminuíram cerca de 9% em 2013, em comparação com 2012 (RKI, 2014).

Campylobacter spp. é a infeção mais comum encontrada em amostras de carne de frango na UE (EFSA e ECDC, 2014). Na Alemanha, em 2013, o conteúdo cecal dos frangos de carne e as amostras de pele da carcaça (pescoço) colhidas após o abate deram positivo para *Campylobacter* spp. em 25,3% e 52,3% das vezes, respetivamente (BVL, 2015b). A prevalência de *Campylobacter* spp. em amostras de ceca de frangos e de pele da carcaça (pescoço) colhidas após o abate na Tailândia em 2011 foi de 11,2% e 51%, respetivamente (Chokboonmongkol et al., 2012), o que constitui uma prevalência relativamente elevada em comparação com a *de Salmonella*. No contexto europeu, os casos confirmados de campilobacteriose humana diminuíram 2,7% em 2012 em comparação com 2011 (EFSA e ECDC, 2014). No entanto, registou-se um aumento de 1,1% nos casos confirmados de campilobacteriose humana na Alemanha em 2013, em comparação com 2012 (RKI, 2014).

Embora se tenha registado uma redução nos casos de carne contaminada com *Salmonella*, os riscos de um novo surto e a prevalência de *Campylobacter* continuam a ser desafios cruciais para a indústria avícola. *A Campylobacter* é comum e pode contaminar uma série de géneros alimentícios, como a carne fresca, o leite cru e os produtos lácteos. Os factores climáticos desempenham um papel particularmente importante num surto, uma vez que *a Campylobacter* é termofílica: Não se multiplica fora do animal hospedeiro e não se desenvolve mais na carne ou na pele de aves de capoeira refrigeradas. Além disso, esta bactéria não se desenvolve a uma temperatura inferior a 30°C, com uma temperatura óptima para o crescimento de 42°C, que é próxima da temperatura corporal das aves (Robertson, 2015). Como resultado, as aves de capoeira são consideradas o principal reservatório desta bactéria.

4.4 Surto de gripe aviária

Os vírus da gripe aviária são geralmente bastante comuns na natureza; são mais frequentemente encontrados em aves selvagens aquáticas, como patos, cisnes, gansos, limícolas e gaivotas (Webster et al., 1992; Olsen et al., 2006; Alexander, 2007; de Jong et al., 2009). Estas aves são portadoras de estirpes de baixa patogenicidade da gripe aviária (GABP), que podem ocasionalmente passar para as aves domésticas, como perus e galinhas, e causar sintomas ligeiros da doença (Daly, 2013). A migração de aves selvagens desempenha um papel importante na propagação espacial de vários agentes zoonóticos (Reed et al., 2003), que demonstrou disseminar vírus LPAI ao longo de rotas migratórias na Ásia, África e Américas (Webster et al., 1992; Spackman et al., 2005; Munster et al., 2007). Quando as espécies domésticas de aves de capoeira são infectadas, as estirpes pouco patogénicas (GABP) podem sofrer mutações e transformar-se em estirpes de gripe aviária altamente patogénicas (GAAP), que se espalham pelo corpo do indivíduo e causam a morte em 24-48 horas (Webster, 2004; Webster e Hulse, 2004). Estas estirpes altamente patogénicas são muito contagiosas.

Existem vários subtipos de LPAIs e HPAIs. A classificação dos vírus da gripe aviária é determinada pelas suas glicoproteínas exteriores, que compreendem uma das 16 proteínas hemaglutininas (H) H1-H16 e uma das 9 proteínas neuraminidase (N) N1-N9, o que conduz a uma variedade de estirpes dentro dos subtipos (Brockotter, 2015a). Alguns subtipos do vírus da gripe A, como o H5 e o H7, são altamente patogénicos tanto para os seres humanos como para as aves de capoeira, e suscitam preocupações a nível mundial relativamente a potenciais pandemias.

O vírus H5N1 da gripe aviária altamente patogénica (HPAI) apareceu pela primeira vez nos mercados húmidos e nas explorações avícolas de Hong Kong em

1997 (Daly, 2013). Em 2003, a gripe aviária tinha-se espalhado por toda a Ásia, África e Europa. Por exemplo, o surto do vírus HPAI A, subtipo H7N7, nos Países Baixos, em 2003, levou ao abate de 30 milhões de aves (Stegeman et al., 2004). Em 2004, a Tailândia enfrentou um grave surto de GAAP A, subtipo H5N1, que resultou na perda de mais de 62 milhões de aves (Tiensin et al., 2005). Desde 2003, a gripe aviária é considerada uma ameaça importante para o sector avícola mundial e para a saúde humana. A propagação do vírus causou a morte de mais de 100 milhões de aves até 2005 (Normile, 2005), continuando os surtos de GABP e GAAP a propagar-se pela Europa, América do Norte, Ásia e África.

O vírus da gripe aviária de alta patogenicidade H5N8 espalhou-se por explorações avícolas nos Países Baixos, na Alemanha e no Reino Unido (RU) em novembro de 2014, um subtipo que já tinha sido notificado na Ásia em 2010 (ECDC, 2014), onde o subtipo H5N8 foi detectado pela primeira vez em patos domésticos na China (Wu et al., 2014). A partir do início de 2014, o H5N8 foi detetado em aves de capoeira e aves selvagens na Coreia do Sul, na China e no Japão (ECDC, 2014).

No Canadá, o subtipo H5N2 do vírus da gripe aviária altamente patogénico foi identificado em Fraser Valley, na Colúmbia Britânica, em dezembro de 2014 (Canadian Food Inspection Agency, 2014) e o subtipo H5N1 foi também encontrado nesta área no início de 2015 (Canadian Food Inspection Agency, 2015). Além disso, foram notificados H5N2 e H5N8 em abril e maio de 2015, respetivamente (OIE, 2015).

Em 2015, foram notificados vários surtos de GAAP no Camboja (H5N1), no Irão (H5N1), no Laos (H5N6), em Myanmar (H5N1), na Coreia do Sul (H5N8), em Taiwan (H5N2, H5N3, H5N8), no Vietname (H5N1, H5N6), em Israel (H5N1), Territórios Autónomos Palestinianos (H5N1), Costa do Marfim (H5N1), Gana (H5N1), Líbia (H5N1), Níger (H5N1), Nigéria (H5N1), México (H7N3), Turquia (H5N1), França (H5N1), Alemanha (H7N7), Hungria (H5N8) e Reino Unido (H7N7) (OIE, 2015). A Figura 4.2 apresenta os surtos globais de GAAP entre dezembro de 2014 e novembro de 2015, com o símbolo vermelho a indicar os casos contínuos de surtos em aves domésticas, o laranja escuro a apresentar os casos contínuos de surtos em aves selvagens e os símbolos azul e verde a mostrar os casos resolvidos em aves domésticas e selvagens, respetivamente.

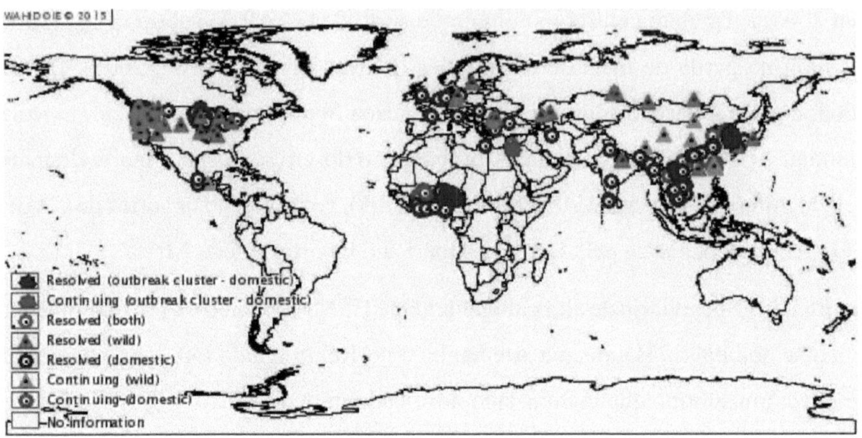

Figura 4.2 Surtos de gripe aviária de alta patogenicidade entre dezembro de 2014 e novembro de 2015

Fonte: OIE (Organização Mundial da Saúde Animal) (2015).

Um surto maciço dos subtipos H5N8 e H5N2 do vírus HPAI ocorreu nos EUA entre dezembro de 2014 e junho de 2015, tendo sido afectados um total de 42,10 milhões de galinhas poedeiras e 7,55 milhões de perus (Windhorst, 2015a). O surto de GAAP em explorações comerciais de perus e poedeiras no Upper Midwest, em abril e junho de 2015, foi considerado a emergência de saúde animal mais grave e dispendiosa alguma vez enfrentada pelo USDA (Shane, 2015). O surto de GAAP nos EUA em 2015 teve um impacto económico significativo no sector avícola. De acordo com Shane (2015), o custo da epidemia de GAAP de 2015 é estimado da seguinte forma:

- mil milhões de dólares para os produtores de ovos e 500 milhões de dólares para os produtores de perus, em custos decorrentes da perda direta de bandos de aves de capoeira, incluindo integradores, agricultores individuais e independentes
- 500 milhões de dólares para os fornecedores dos sectores do peru e dos ovos

e para as comunidades em termos de custos de encerramento de fábricas e despedimentos

- 600 milhões de dólares para o sector público (Serviço de Inspeção Sanitária dos Animais e das Plantas (APHIS) e Estados) em custos de controlo das doenças

- 2 a 3 mil milhões de dólares para os consumidores em resultado do aumento dos preços dos ovos e dos géneros alimentícios que contêm ovoprodutos (depende do tempo necessário para a normalização dos preços)

- 1,2 milhões de dólares de receitas de exportação para os produtores de frangos de carne em consequência dos embargos comerciais impostos por alguns países aos EUA no seu conjunto, o que é contrário ao princípio da regionalização da Organização Mundial da Saúde Animal (OIE).

O estado de Iowa foi o mais gravemente afetado pelo surto de gripe aviária nos EUA em dezembro de 2014 e junho de 2015, com uma perda de 42,5% dos seus lugares de galinhas poedeiras, representando uma perda de aproximadamente 1,2 mil milhões de dólares (Windhorst, 2015a). Embora os produtores de frangos de corte dos EUA não tenham sido afectados pelos surtos de GAAP, perderam os seus mercados de exportação devido aos embargos comerciais impostos por alguns países, como a China, a República da Coreia, o Japão e a África do Sul, causando uma perda estimada de 16% no valor das exportações no primeiro semestre de 2015 (Windhorst, 2015a; Windhorst, 2015b).

Outras consequências de surtos maciços de GAAP incluem a perda de milhões de aves num curto período de tempo devido ao despovoamento e à eliminação de carcaças (Windhorst, 2015a; Wiehoff, 2015). O método de despovoamento utilizado nos surtos dos EUA incluiu uma espuma à base de água e gás de dióxido de carbono, que foi utilizado para abater as aves (Wiehoff, 2015). No entanto, apenas 100.000 aves podem ser mortas com gás de dióxido de carbono por dia (Windhorst, 2015a; Wiehoff, 2015). Como resultado, o processo de eutanásia em grandes granjas para gaiolas de poedeiras de vários níveis com 4 a 5 milhões de aves pode levar várias semanas, o que aumenta o risco de propagação do vírus no ambiente circundante (Windhorst, 2015a). O APHIS propôs desligar os sistemas de ventilação e deixar as aves morrerem por sobreaquecimento e asfixia (Wiehoff, 2015), o que poderia reduzir a propagação do vírus para o ambiente circundante (Windhorst, 2015a). No entanto, este método suscita preocupações quanto ao bem-estar dos animais (Windhorst, 2015a; Wiehoff, 2015). A eliminação das carcaças é também uma questão muito importante no que respeita à propagação do vírus. A incineração, a decomposição e os aterros sanitários eram habitualmente utilizados para eliminar as aves mortas nos EUA (Wiehoff, 2015).

Embora a fonte primária de introdução do vírus nas explorações avícolas afectadas ainda não seja clara, os padrões de migração das aves selvagens foram associados à propagação do vírus H5N1 entre dezembro de 2003 e dezembro de 2006 (Si et al., 2009). O surto de H5N8 na Europa em 2014 pode também estar associado à migração de aves selvagens durante a primavera da Ásia Oriental para zonas de reprodução na Ásia Central, uma vez que a estirpe do vírus era geneticamente próxima de um vírus da República da Coreia (FAO, 2014). Além disso, o surto de GAAP nos EUA em 2015 ocorreu ao longo da rota migratória do Mississipi para as Américas, tendo os Estados de Iowa, Minnesota, Dakota do Sul, Nebraska e Wisconsin sido os mais afectados (Shane, 2015). Por conseguinte, as rotas migratórias das aves selvagens podem desempenhar um papel importante na propagação do vírus a longas distâncias (ver Figura 4.3).

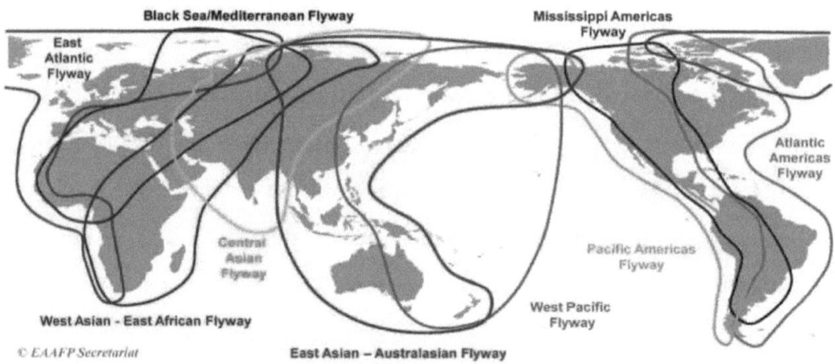

Figura 4.3 Principais rotas migratórias globais para as aves aquáticas

Fonte: Wetlands International (2014).

De acordo com Boere e Stroud (2006), uma rota migratória é definida como "toda a área de distribuição de uma espécie de ave migratória (ou grupos de espécies relacionadas ou populações distintas de uma única espécie) através da qual esta se desloca anualmente dos locais de reprodução para áreas não reprodutoras, incluindo locais intermédios de repouso e alimentação, bem como a área dentro da qual as aves migram". A Wetlands International (2014) reconheceu 9 grandes rotas migratórias globais para as aves aquáticas, incluindo a rota migratória do Atlântico Oriental, a rota migratória do Mar Negro/Mediterrâneo, a rota migratória da Ásia Ocidental e da África Oriental, a rota migratória da Ásia Central, a rota migratória da Ásia Oriental e da Australásia, a rota migratória do Pacífico Ocidental, a rota migratória do Pacífico das Américas, a rota migratória do Mississipi das Américas e a rota migratória do Atlântico das Américas. Como se pode ver na figura 4.3, existem várias zonas de sobreposição entre as principais rotas aéreas que podem desempenhar um papel significativo na propagação do vírus da gripe aviária.

Para além de as aves selvagens introduzirem o vírus nas explorações, os procedimentos de biossegurança na exploração também desempenham um papel significativo na propagação lateral da gripe aviária entre explorações. De acordo com um estudo epidemiológico realizado pela APHIS (2015), apenas 43% das 81 explorações de perus inquiridas afectadas pelo H5N2 nos EUA estavam a realizar auditorias ou avaliações de biossegurança. Fomitos, como seres humanos, equipamento partilhado (por exemplo, carregadores de transporte de animais vivos, pré-carregadores, camiões de ração, reboques de aves de capoeira, camiões, lavadoras) e contentores de mortalidade partilhados foram considerados causas de transmissão da GAAP em vários casos. Além disso, a transmissão por via aérea também pode causar a propagação de vírus da GAAP.

A gripe aviária tem impacto não só nas aves selvagens e domésticas, mas também na saúde humana. Os subtipos H5N1 e H7N9 do vírus da gripe aviária podem ser transmitidos aos seres humanos e provocar doenças graves ou mesmo mortais (Parlamento Europeu, 2015). A Organização Mundial de Saúde (OMS) registou 447 mortes e 840 casos de infeção humana pelo vírus H5N1 da gripe aviária de alta patogenicidade entre 2003 e 1 de maio de 2015 (Clements, 2015b). A figura 4.4 mostra os casos confirmados de gripe aviária humana A (H5N1) comunicados à OMS entre 2003 e 2015.

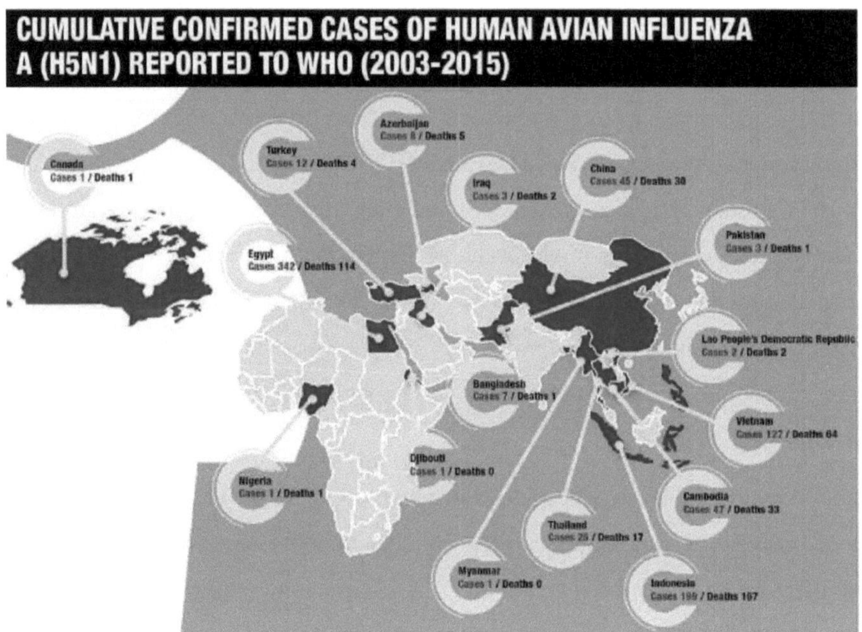

Figura 4.4 Casos confirmados de gripe aviária humana A (H5N1) entre 2003 e 2015 Fonte: Clements (2015b).

O Egito registou o maior número de casos confirmados de infeção em seres humanos, com 342 pacientes, dos quais 114 casos resultaram em mortalidade. O maior número de casos de mortalidade -

167 no total - foram notificados pela Indonésia. No Vietname, foram registadas 127 infecções e 64 casos de mortalidade, enquanto na China foram registados 30 casos de mortalidade. Além disso, um subtipo H7N9 de gripe aviária de baixa patogenicidade que surgiu na China no início de 2013 foi registado como causador

de mais de 100 infecções em seres humanos no país (Clements, 2015c). É evidente que a maioria das infecções e mortes humanas ocorreu em países em desenvolvimento, onde as medidas de biossegurança deficientes, a pobreza, a falta de recursos e a ignorância desempenham um papel importante na propagação da gripe aviária, especialmente no caso do Egito (Clements, 2015b).

Pode concluir-se que a atual propagação da gripe aviária pode estar associada à migração de aves selvagens infectadas (Alexander, 2007; de Jong et al., 2009), aos baixos níveis de controlo da biossegurança (Ssemantimba et al., 2013), à pobreza e à falta de recursos (Clements, 2015b), bem como à popularidade da criação intensiva (Daly, 2013). Grandes bandos de aves de crescimento rápido criadas numa exploração avícola intensiva aumentam o risco de aparecimento e propagação de vírus da gripe devido às condições óptimas nos galinheiros e à baixa imunidade das aves à doença. As áreas de produção avícola intensiva localizadas perto de bacias hidrográficas ou ao longo das rotas de migração de aves aquáticas selvagens são consideradas zonas de alto risco para surtos de gripe aviária (Grabkowsky, 2010). De acordo com um estudo realizado por Ssematimba et al. (2013) sobre os riscos de introdução do vírus nas explorações avícolas, as formas de contacto mais arriscadas são entre as aves durante o desbaste e o repovoamento do bando, entre os seres humanos e as aves quando acedem aos aviários e entre diferentes explorações avícolas localizadas na proximidade umas das outras. O risco global colocado pelos seres humanos, pelo equipamento e pelo contacto apenas nas instalações foi considerado médio tanto para as explorações de frangos de carne como para as explorações de poedeiras. Uma melhoria das medidas de biossegurança seria, por conseguinte, benéfica para controlar a propagação da gripe aviária.

4.5 Concentração regional da produção

As zonas de produção intensiva de aves de capoeira enfrentam os seguintes problemas complexos: um excesso de nutrientes orgânicos, maiores riscos de epidemias e maiores emissões de gases com efeito de estufa sob a forma de óxido nitroso provenientes da criação em grande escala (Klohn e Windhorst, 1998; Mose et al., 2007). O estrume das aves de capoeira pode ser utilizado para produzir biocombustíveis ou fertilizar as culturas. No entanto, quando é utilizado em excesso e mal gerido, os nutrientes presentes no estrume das aves podem poluir as águas subterrâneas e superficiais, resultando em eutrofização e numa elevada concentração de nitratos nas águas subterrâneas que, em última análise, são utilizadas para produzir água potável (Edwards e Daniel, 1992; Pelletier, 2008). A intensificação da criação de aves de capoeira pode aumentar o risco de aparecimento de doenças infecciosas devido às alterações na produção que modificam os padrões de transmissão de doenças (Slingenbergh et al., 2004). A emissão de odores e o aumento das populações de moscas e insectos nas explorações avícolas são problemáticos para os residentes que vivem nas proximidades.

No entanto, a concentração espacial da avicultura pode ter efeitos positivos, como os efeitos positivos dos clusters e das cadeias de valor regionais. As unidades individuais de produtores interligados, as fábricas de alimentos para animais, os matadouros e as unidades de transformação estão situados na proximidade uns dos outros, o que pode reduzir os custos de produção. Juntamente com uma infraestrutura de transportes bem desenvolvida, este facto pode aumentar significativamente a competitividade (Gerber et al., 2008).

Assim, o desafio consiste em saber como equilibrar as vantagens e desvantagens dos diferentes padrões de concentração. Os vários níveis de política, desde o governo local ao central, podem contribuir para otimizar os resultados da distribuição ao longo do tempo.

4.6 Desengorduramento

A retirada da bicagem, também designada por corte do bico, é frequentemente efectuada numa tentativa de reduzir o risco de problemas de bem-estar e de saúde causados pela debicagem das penas e pelo canibalismo em bandos de perus de engorda e galinhas poedeiras. As causas da debicagem de penas são multifactoriais, mas estão mais frequentemente associadas à procura de alimentos (Blokhuis, 1986; Dixon et al., 2008; Ramadan e von Borell, 2008).

O procedimento de desbastar o bico consiste em utilizar uma lâmina em brasa ou um feixe de infravermelhos para danificar o bico até ao ponto em que a sua ponta se desprende. A apara do bico com lâmina quente utiliza uma lâmina do tipo guilhotina aquecida a 750°C ou mais, que corta e cauteriza o tecido do bico quando os pintos têm 5 a 10 dias de idade. Pode ser necessário efetuar um segundo corte do bico das aves com 5 a 8 semanas de idade, se o bico cortado voltar a crescer (Cheng, 2010; Jendral e Robinson, 2004). O corte de bico por infravermelho é um processo automatizado realizado no incubatório em pintinhos de um dia (Dennis e Cheng, 2010). Os pintos são imobilizados usando um suporte de cabeça e a energia infravermelha é focada na ponta do bico. Um feixe de calor de alta intensidade (radiante de 50 a 60 Watt) é direcionado através da camada córnea do bico para o tecido basal gerador de córnea, onde impede o crescimento da camada germinativa (Cheng, 2010). Após o tratamento, a camada córnea permanece intacta durante mais 7 a 10 dias, altura em que a ponta do bico tratado amolece lentamente e sofre erosão (Cheng, 2010; Dennis e Cheng, 2010).

No entanto, a apara do bico utilizando o método tradicional com lâmina quente ou o novo procedimento com infravermelhos pode ter um impacto negativo no bem-estar das aves de capoeira (Kuenzel, 2007; Marchant-Forde et al, 2008), incluindo traumatismos durante o procedimento, dor devido a danos nos tecidos e lesões nervosas, perda de funções normais devido a uma capacidade reduzida de detetar materiais com o bico e perda de integridade num animal vivo (Pickett, 2009).

Nalguns países europeus, foram manifestadas preocupações quanto ao facto de a proibição de aparar o bico poder resultar em níveis mais elevados de debicagem de penas e canibalismo em perus e galinhas poedeiras. No entanto, estudos sugerem que a alimentação das galinhas com uma dieta rica em fibras poderia reduzir a probabilidade de debicagem das penas (van Krimpen et al., 2005) e evitar o canibalismo nas galinhas poedeiras (Hetland et al., 2004). A utilização de espécies adequadas e uma boa conceção e gestão da exploração poderiam também evitar a debicagem das penas e o canibalismo (Pickett, 2009).

Os países escandinavos, a Suíça e a Áustria já proibiram a desparasitação na indústria avícola. Outros países europeus, como a Alemanha, o Reino Unido e os Países Baixos, estão atualmente a discutir uma proibição. Na Alemanha, alguns retalhistas, incluindo a REWE e a EDEKA, já começaram a vender ovos de galinhas poedeiras não aparadas no Estado da Baixa Saxónia. Estes ovos são produzidos por um projeto de criação modelo que visa acabar com o corte do bico até ao final de 2016, com base nas crescentes preocupações suscitadas pelo bem-estar dos animais na Alemanha.

4.7 Abate de pintos do dia machos poedeiras

Milhões de pintos machos de um dia são abatidos todos os anos em todo o mundo por não serem comercialmente rentáveis. Até aos anos 60, as galinhas eram criadas nos quintais das pessoas: As galinhas punham ovos e, quando a sua produtividade diminuía, eram utilizadas como galinhas estufadas, enquanto os pintos machos eram utilizados para a produção de frangos de carne (Frohlingsdorf, 2013). Atualmente, com o aumento da população mundial e a crescente procura de ovos e de carne de aves de capoeira, a indústria respondeu com o desenvolvimento de diferentes raças, com raças poedeiras criadas apenas para a produção de ovos e outras criadas apenas para a produção de carne. Como resultado, os pintos machos das poedeiras são descartados porque não põem ovos e não são adequados para a produção de carne.

No entanto, em muitos países desenvolvidos, como a Alemanha, os Países Baixos, o Reino Unido, os EUA, a Austrália e a Nova Zelândia, estão a ser levantadas preocupações crescentes sobre o bem-estar dos animais. O abate de pintos machos do dia tem sido criticado tanto em debates públicos como em discussões políticas devido a preocupações éticas. Por conseguinte, a indústria de produção de ovos tem vindo a investigar mais aprofundadamente esta questão, a fim de encontrar uma solução que beneficie tanto a sociedade como a própria indústria. Foram identificados potenciais métodos alternativos, tais como a utilização de raças combinadas (dupla finalidade: adequadas para a produção de ovos e de carne) e a determinação in ovo do sexo do embrião, antes da incubação ou numa fase inicial da fase de incubação dos ovos, para evitar a dor e o sofrimento potenciais dos métodos de eutanásia atualmente utilizados (Leenstra et al., 2008; Windhorst, 2013b; Bruijnis et al., 2014; Weissmann et al., 2014). No entanto, atualmente, estas alternativas ainda não são utilizadas na prática.

Nos países em desenvolvimento, como a Tailândia, os pintos machos são criados para a produção de carne e vendidos no mercado local, bem como exportados para os países vizinhos, uma vez que a carne de frango macho é muito popular nesta região (Soisontes, 2015). No entanto, esta questão continua a ser um desafio para os países produtores de ovos, especialmente na Europa, porque os mercados ainda são limitados e os custos de produção são elevados.

4.8 Conclusão

Além das questões mencionadas acima, outras questões de sustentabilidade na produção avícola também são discutidas na literatura, como a exportação de carne de aves para África (Veauthier, 2014) e a possibilidade de reduzir as importações de soja através da produção de soja doméstica em países europeus (Veauthier et al., 2013).

Capítulo 5: Produção de aves de capoeira na Alemanha e na Tailândia

5.1 Introdução

Este capítulo apresenta as estruturas, os dados de produção, a concentração regional e os modelos organizacionais da produção avícola na Alemanha e na Tailândia, com base numa análise qualitativa e quantitativa de dados primários e secundários. As secções seguintes estão organizadas da seguinte forma: 5.2 Estrutura da produção de aves de capoeira na Alemanha; 5.3 Estrutura da produção de aves de capoeira na Tailândia; 5.4 Concentração geográfica da produção de aves de capoeira; 5.5 Produção e comércio; 5.6 Modelos organizacionais na indústria avícola; 5.7 Comparação da produção de aves de capoeira entre a Alemanha e a Tailândia; e 5.8 Conclusão.

5.2 Estrutura da produção de aves de capoeira na Alemanha

5.2.1Estrutura da produção de frangos de carne

Em 2013, a Alemanha tinha 4.500 explorações de frangos de carne com lugares para um total de cerca de 97 milhões de aves, como mostra o Quadro 5.1. Cerca de 66% dos locais para frangos de corte (capacidade de produção por um ciclo) estavam localizados na Baixa Saxónia, enquanto a maioria das explorações de frangos de corte estava localizada na Baviera (1.900 explorações), seguida pela Baixa Saxónia com 1.100 explorações. A dimensão média dos bandos na Alemanha era de 21 588 aves por exploração, com as maiores dimensões registadas na Baixa Saxónia, Mecklenburg-Vorpommern, Saxónia-Anhalt e Renânia do Norte-Vestefália, com uma média de 58 507, 45 520, 29 030 e 12 965 aves por exploração, respetivamente.

Quadro 5.1 Distribuição regional da produção alemã de frangos de carne (2013)

Estado	Número de frangos de carne em 1.000	Quota (%)	Número de explorações de	Número médio de frangos de carne por

			frangos de carne	exploração
Baden-Wurttemb erg	950	1.0	300	3,167
Baviera	5,658	5.8	1,900	2,978
Berlim	n.d.	n.d.	n.d.	n.d.
Brandenburgo	n.d.	n.d.	n.d.	n.d.
Bremen	n.d.	n.d.	n.d.	n.d.
Hamburgo	n.d.	n.d.	n.d.	n.d.
Hesse	n.d.	n.d.	200	n.d.
Meclemburgo-Pomerânia Ocidental	4,552	4.7	100	45,520
Baixa Saxónia	64,358	66.3	1,100	58,507
Renânia do Norte-Vestefália	5,186	5.3	400	12,965
Renânia-Palatinado	36	0.0	n.d.	n.d.
Sarre	n.d.	n.d.	n.d.	n.d.
Saxónia	n.d.	n.d.	100	n.d.
Saxónia-Anhalt	2,903	3.0	100	29,030
Schleswig-Holstein	1,541	1.6	200	7,705
Turíngia	273	0.3	n.d.	n.d.
Total	97,146	100	4,500	21,588

Fonte: MEG (2015). *n.d. = sem dados

De acordo com o MEG (2015), em 2013, aproximadamente 62% das explorações de frangos de carne tinham lugares para menos de 100 aves por exploração, com cerca de 84% das explorações desta dimensão localizadas na Baviera. 15,6% das explorações de frangos de carne tinham lugares para entre 10.000 e 49.999 aves, com 36,4% e 25% destas explorações localizadas na Baixa Saxónia e na Renânia do Norte-Vestefália, respetivamente. As explorações que tinham lugares para mais de 49 999 aves situavam-se principalmente na Baixa Saxónia, com uma percentagem de 45,5%.

A figura 5.1 mostra a distribuição regional dos estabelecimentos de frangos de carne na Alemanha em 2013. Os frangos de carne estão claramente concentrados no estado da Baixa Saxónia.

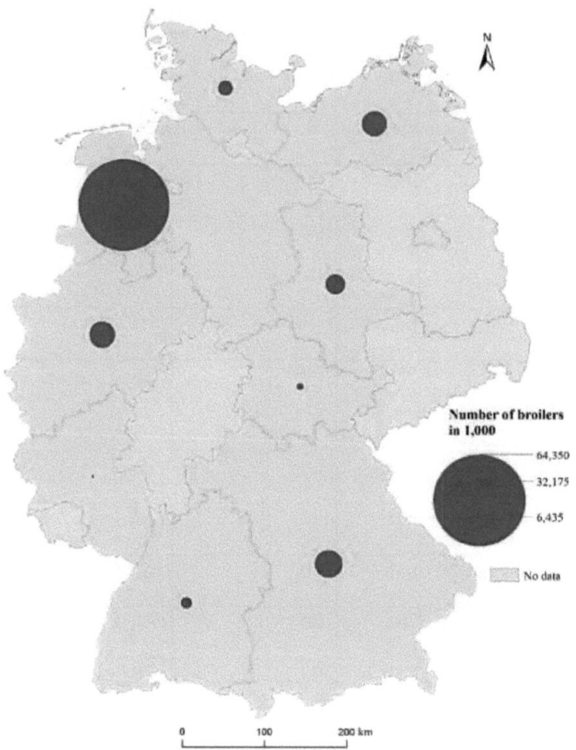

Figura 5.1 Distribuição regional de frangos de corte na Alemanha por estado (2013) Fonte: MEG (2015); conceção do autor.

5.2.2 Estrutura da produção de perus

Em 2013, a Alemanha tinha 1.900 explorações de perus com lugares para um total de aproximadamente 13 milhões de aves, conforme apresentado no Quadro 5.2.

Quadro 5.2 Distribuição regional da produção alemã de perus (2013)

Estado	Número de perus em 1.000	Quota (%)	Número de explorações de	Número médio de perus por exploração

			perus	
Baden-Wurttemb erg	1,002	7.6	200	5,010
Baviera	812	6.1	n.d.	n.d.
Berlim	n.d.	n.d.	n.d.	n.d.
Brandenburgo	1,383	10.4	100	13,830
Bremen	n.d.	n.d.	n.d.	n.d.
Hamburgo	n.d.	n.d.	n.d.	n.d.
Hesse	106	0.8	n.d.	n.d.
Meclemburgo-Pomerânia Ocidental	590	4.5	100	5,900
Baixa Saxónia	6,424	48.5	500	12,848
Renânia do Norte-Vestefália	1,537	11.6	200	7,685
Renânia-Palatinado	n.d.	n.d.	n.d.	n.d.
Sarre	0	0.0	0	0
Saxónia	196	1.5	100	1,960
Saxónia-Anhalt	963	7.3	100	9,630
Schleswig-Holstein	57	0.4	n.d.	n.d.
Turíngia	163	1.2	n.d.	n.d.
Total	13,256	100	1,900	6,977

Fonte: MEG (2015). *n.d. = sem dados

Cerca de 48,5% dos perus estavam concentrados na Baixa Saxónia, seguida da Renânia do Norte-Vestefália, Brandenburgo e Baden-Württemberg, com uma quota de 11,6%, 10,4% e 7,6%, respetivamente. Com 500 explorações, a Baixa Saxónia era o país com mais explorações de perus na Alemanha, seguida de Baden-Württemberg e da Renânia do Norte-Vestefália, com 200 explorações de perus cada. A dimensão média dos bandos era de 6 977 aves por exploração, tendo Brandenburgo registado a dimensão mais elevada, com uma média de 13 830 aves por exploração.

De acordo com o MEG (2015), quase 58% das explorações de perus tinham lugares para menos de 100 aves por exploração em 2013. 26,3% das explorações de perus tinham lugares para mais de 9 999 aves, com 50% e 40% dessas explorações localizadas na Renânia do Norte-Vestefália e na Baixa Saxónia, respetivamente. Cerca de 15,8% das explorações de perus tinham lugares para entre 1.000 e 9.999 aves.

A figura 5.2 mostra a distribuição regional dos locais de perus na Alemanha em 2013. O estado da Baixa Saxónia domina claramente a produção de perus no país.

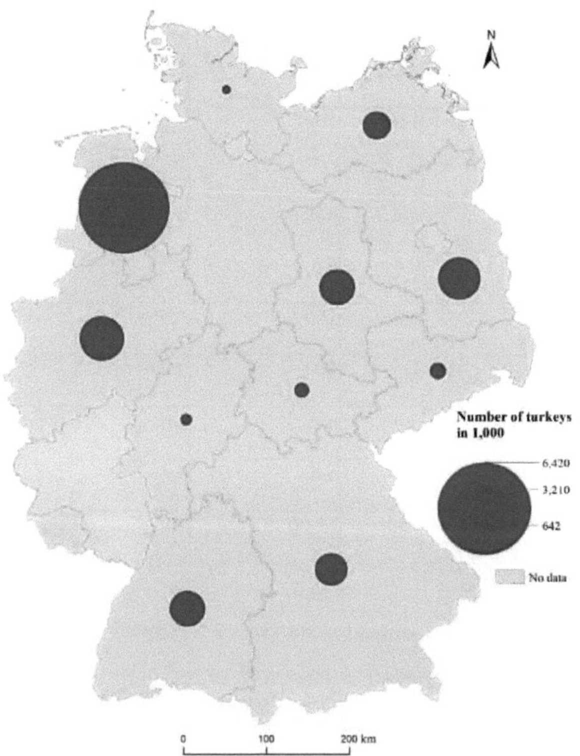

Figura 5.2 Distribuição regional de perus na Alemanha por estado (2013) Fonte: MEG (2015); Desenho do autor.

5.2.3 Estrutura da criação de galinhas poedeiras

Em 2013, a Alemanha tinha 54.100 explorações de poedeiras com lugares para um total de aproximadamente 48 milhões de aves, como ilustrado na Tabela 5.3. A Baixa Saxónia dominou o campo com uma quota de 38,7% da capacidade total de galinhas poedeiras. A Baviera registou o maior número de explorações de poedeiras, com 26 200 instalações. A dimensão média dos bandos na Alemanha foi de 887 aves por exploração, tendo a Saxónia-Anhalt, o Meclemburgo-Pomerânia Ocidental, o Brandeburgo e a Baixa Saxónia registado as maiores dimensões de bandos, com uma média de 7 948, 4 332, 3 883 e 3 645 aves por exploração, respetivamente. A dimensão mais pequena dos bandos de galinhas poedeiras foi registada na Baviera, com uma média de 146 aves por exploração.

Quadro 5.3 Distribuição regional da criação de galinhas poedeiras na Alemanha (2013)

Estado	Número de galinhas poedeiras em 1.000	Quota (%)	Número de explorações de poedeiras	Número médio de galinhas poedeiras por exploração
Baden-Württemb erg	2,538	5.3	8,400	302
Baviera	3,837	8.0	26,200	146
Berlim	n.d.	n.d.	n.d.	n.d.
Brandenburgo	3,495	7.3	900	3,883
Bremen	n.d.	n.d.	n.d.	n.d.
Hamburgo	n.d.	n.d.	n.d.	n.d.
Hesse	983	2.1	3,200	307
Mecklemburgo-Ocidental Pomerânia	2,599	5.4	600	4,332
Baixa Saxónia	18,589	38.7	5,100	3,645
Renânia do Norte-Vestefália	3,598	7.5	3,600	999
Renânia-Palatinado	901	1.9	1,400	644

Sarre	125	0.3	200	625
Saxónia	3,830	8.0	1,600	2,394
Saxónia-Anhalt	3,974	8.3	500	7,948
Schleswig-Holstein	1,536	3.2	1,500	1,024
Turíngia	1,974	4.1	800	2,468
Total	47,987	100	54,100	887

Fonte: MEG (2015). *n.d. = sem dados

De acordo com o MEG (2015), a maioria das explorações de poedeiras (91,5%) tinha lugares para menos de 100 aves por exploração em 2013. Apenas 4,6% das explorações de poedeiras tinham lugares para entre 100 e 999 aves. Apenas 0,4% das explorações de poedeiras tinham lugares para mais de 49 999 aves, principalmente na Baixa Saxónia, que representava 2% do total de explorações.

A figura 5.3 mostra a distribuição regional dos efectivos de galinhas poedeiras na Alemanha em 2013. Os bandos de galinhas poedeiras estão claramente concentrados no estado da Baixa Saxónia.

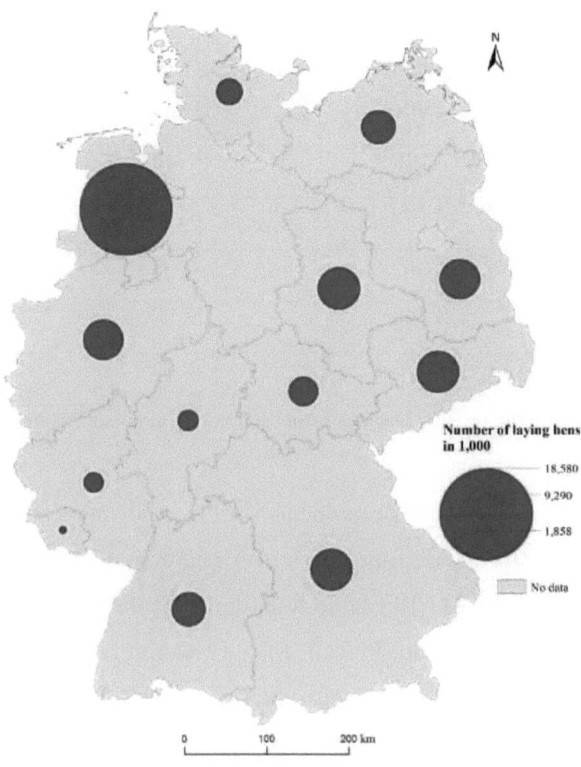

Figura 5.3 Distribuição regional de galinhas poedeiras na Alemanha por estado (2013) Fonte: MEG (2015); Conceção do autor.

5.3 Estrutura da produção de aves de capoeira na Tailândia

5.3.1 Estrutura da produção de frangos de carne

Em 2013, a Tailândia tinha 6.735 explorações comerciais de frangos de corte com lugares para um total de 149,9 milhões de aves, como mostra a Tabela 5.4. Cerca de 65,8% dos locais de frangos de corte estavam concentrados na região Central, seguida pela região Nordeste com 18,2%. A maioria das granjas de frango de corte estava localizada na região Central (3.020 granjas), onde o tamanho do lote também era o maior, com uma média de 32.652 aves por granja. A região Sul apresentou o menor tamanho de lote, com uma média de 9.577 aves por granja.

Quadro 5.4 Distribuição regional da produção tailandesa de frangos de carne (2013)

Região	Número de frangos de carne em 1.000	Quota (%)	Número de explorações comerciais de frangos de carne	Número médio de frangos de carne por exploração
Norte	13,844	9.2	1,046	13,235
Nordeste	27,317	18.2	1,609	16,977
Central	98,610	65.8	3,020	32,652
Sul	10,130	6.8	1,060	9,557
Total	149,900	100	6,735	22,257

Fonte: Gabinete de Economia Agrícola (2013); Departamento de Desenvolvimento Pecuário (2014).

A Tabela 5.5 apresenta as cinco principais províncias com o maior número de locais de frangos de corte em 2013. Chon Buri teve o maior número de locais de frangos de corte no país, representando 18,6% do total de locais de frangos de corte, seguido por Rayong, Chachoengsao, Prachin Buri e Nakhon Nayok com uma quota de 7,2%, 7,2%, 6,7% e 5,9%, respetivamente. As cinco principais províncias representavam aproximadamente 45,5% do total de estabelecimentos de frangos de carne na Tailândia. 1.144 explorações de frangos de corte estavam localizadas nessas cinco províncias, com um tamanho médio de lote de 59.633 aves por exploração. Nakhon Nayok tinha o maior tamanho de lote entre as cinco principais províncias, com uma média de 131.132 aves por granja.

Tabela 5.5 As 5 principais províncias com o maior número de estabelecimentos de frangos de carne (2013)

Classificação	Província	Número de frangos de carne em 1.000	Quota (%)	Número de explorações comerciais de frangos de carne	Número médio de frangos de carne por exploração
1	Chon Buri	27,836	18.6	415	67,075
2	Rayong	10,790	7.2	194	55,616
3	Chachoengsao	10,761	7.2	188	57,237

4	Prachin Buri	10,048	6.7	280	35,884
5	Nakhon Nayok	8,786	5.9	67	131,132
Total das 5 principais províncias		68,220	45.5	1,144	59,633
Total da Tailândia		149,900	100	6,735	22,257

Fonte: Gabinete de Economia Agrícola (2013); Departamento de Desenvolvimento Pecuário (2014).

A Figura 5.4 mostra a distribuição regional dos locais de criação de frangos de corte na Tailândia em 2013. Os frangos de corte estão concentrados na região central, especialmente nas províncias de Chon Buri, Rayong e Chachoengsao.

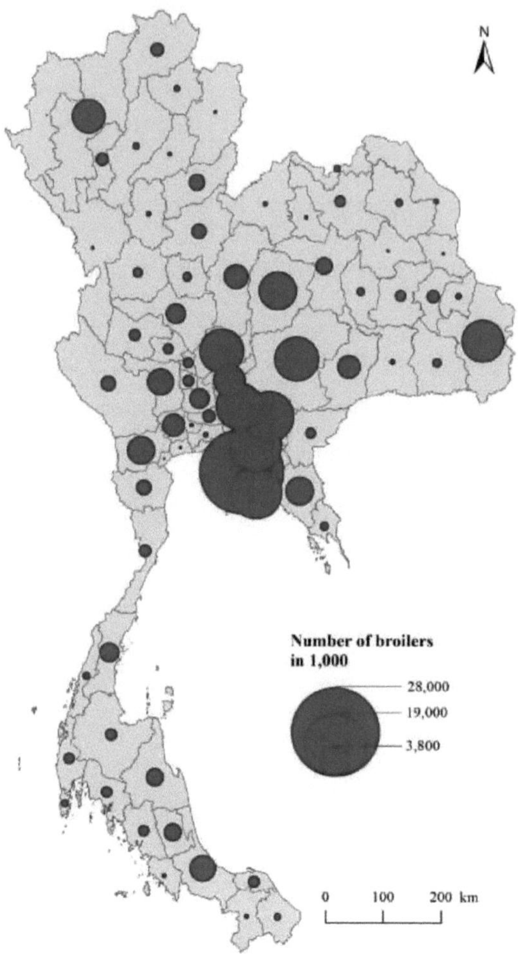

Figura 5.4 Distribuição regional de frangos de corte na Tailândia por província (2013) Fonte: Gabinete de Economia Agrícola (2013); Conceção do autor.

5.3.2Estrutura da criação de galinhas poedeiras

Em 2013, a Tailândia tinha 1.925 granjas de poedeiras comerciais com lugares para um total de aproximadamente 44,3 milhões de aves, conforme apresentado na Tabela 5.6. Cerca de 56,7% dos lugares para galinhas poedeiras estavam concentrados na região Central. A dimensão média dos bandos era de 23.013 aves por exploração na Tailândia, sendo a região Centro a que registava a maior dimensão de bandos, com uma média de 45.926 aves por exploração. As regiões Nordeste e Norte registaram o maior número de explorações de poedeiras, com 601 e 600, respetivamente. A região Sul registou o menor número de explorações de poedeiras (177), enquanto a região Norte registou a menor dimensão do bando, com uma média de 10.522 aves por exploração.

Quadro 5.6 Distribuição regional da criação de galinhas poedeiras na Tailândia (2013)

Região	Número de galinhas poedeiras em 1.000	Quota (%)	Número de explorações de poedeiras comerciais	Número médio de galinhas poedeiras por exploração
Norte	6,313	14.3	600	10,522
Nordeste	7,938	17.9	601	13,208
Central	25,121	56.7	547	45,926
Sul	4,928	11.1	177	27,842
Total	44,301	100	1,925	23,013

Fonte: Gabinete de Economia Agrícola (2013); Departamento de Desenvolvimento Pecuário (2014).

A Tabela 5.7 mostra as cinco principais províncias com o maior número de galinhas poedeiras na Tailândia em 2013. Chachoengsao relatou a maior quantidade de galinhas poedeiras no país, o que representou 10%, seguido por Nakhon Nayok (7,4%), Phra Nakhon Si Ayutthaya (7,2%), Chon Buri (5,9%) e Suphan Buri (5,7%). No total, 36,3% dos efectivos de galinhas poedeiras da Tailândia foram ocupados por 257 explorações comerciais destas cinco províncias. Entre as cinco primeiras, Chon Buri tinha o maior número de explorações de galinhas poedeiras (106 explorações), enquanto Suphan Buri e Nakhon Nayok tinham a maior dimensão de bando, com uma média de 363.201 e 204.946 aves por exploração, respetivamente.

Quadro 5.7 As 5 principais províncias com o maior número de galinhas poedeiras (2013)

Classificação	Província	Número de galinhas	Quota	Número de explorações de	Número médio de galinhas poedeiras

		poedeiras em 1.000	(%)	poedeiras comerciais	por exploração
1	Chachoengsao	4,448	10.0	91	48,881
2	Nakhon Nayok	3,279	7.4	16	204,946
3	Phra Nakhon Si Ayutthaya	3,198	7.2	37	86,421
4	Chon Buri	2,620	5.9	106	24,722
5	Suphan Buri	2,542	5.7	7	363,201
Total das 5 principais províncias		16,088	36.3	257	62,598
Total da Tailândia		44,301	100	1,925	23,013

Fonte: Gabinete de Economia Agrícola (2013); Departamento de Desenvolvimento Pecuário (2014).

A figura 5.5 ilustra a distribuição regional dos efectivos de galinhas poedeiras na Tailândia. Os bandos de galinhas poedeiras estão claramente concentrados nas províncias centrais de Chachoengsao, Nakhon Nayok e Phra Nakhon Si Ayutthaya.

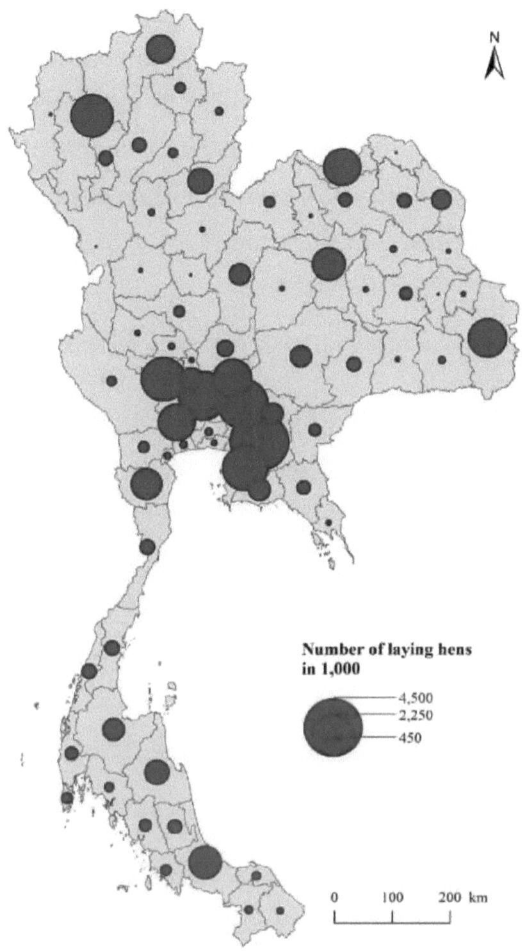

Figura 5.5 Distribuição regional de galinhas poedeiras na Tailândia por província (2013) Fonte: Gabinete de Economia Agrícola (2013); projeto do autor.

5.3.3 Outras produções de aves de capoeira na Tailândia

A produção de outros tipos de aves de capoeira na Tailândia é apresentada no Quadro 5.8, incluindo galinhas nativas, patos de carne e patos poedeiros. Em 2013, a Tailândia tinha cerca de 65 milhões de galinhas nativas, 9,6 milhões de patos de carne e 5,6 milhões de patos de postura. As galinhas nativas e os patos de carne estavam concentrados principalmente na região Nordeste, representando

50,3% e 52,5% do total de galinhas nativas e patos de carne da Tailândia, respetivamente. A região Norte registou o número mais elevado de locais de criação de patos poedeiros, com uma contribuição de 54,4%. A região central registou o menor número de estabelecimentos de galinhas nativas, com uma quota de 9,8%. A região Sul apenas registou um pequeno número de lugares de galinhas nativas, patos de carne e patos poedeiros, com quotas de 14,9%, 5,5% e 5,0%, respetivamente.

Quadro 5.8 Distribuição regional da criação de galinhas, patos de carne e patos poedeiros nativos da Tailândia (2013)

Região	Número de galinhas autóctones em 1.000	Quota (%)	Número de patos de carne em 1.000	Quota (%)	Número de patas poedeiras em 1.000	Quota (%)
Norte	16,192	24.9	504	5.2	3,063	54.4
Nordeste	32,744	50.3	5,056	52.5	441	7.8
Central	6,395	9.8	3,544	36.8	1,841	32.7
Sul	9,710	14.9	527	5.5	281	5.0
Total	65,041	100	9,631	100	5,626	100

Fonte: Gabinete de Economia Agrícola (2013).

Figure 5.6 mostra a distribuição regional dos locais de produção de aves de capoeira na Tailândia em 2013, incluindo galinhas poedeiras, frangos de carne, galinhas nativas, patos de carne e patos poedeiros. A região Central domina a produção de frangos de corte e galinhas poedeiras, enquanto a produção de galinhas nativas está mais concentrada nas regiões Nordeste, Norte e Sul.

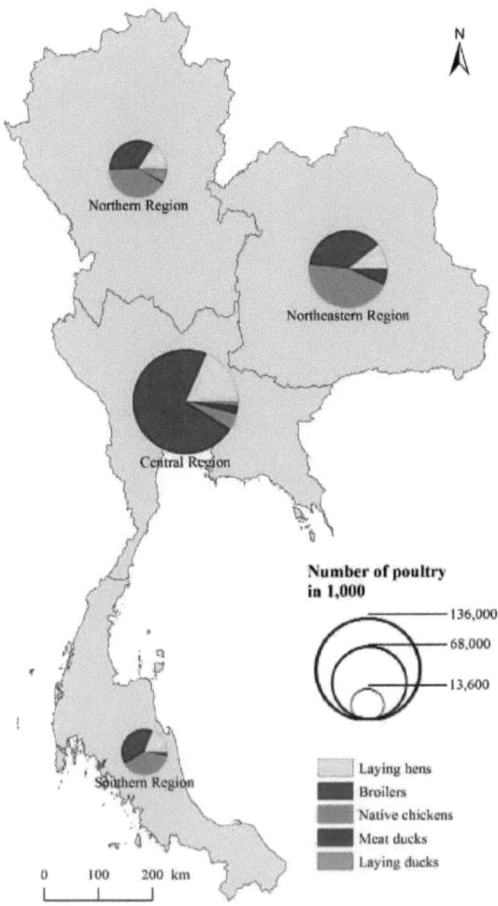

Figura 5.6 Distribuição regional das aves de capoeira na Tailândia por região (2013) Fonte: Gabinete de Economia Agrícola (2013); Conceção do autor.

Figure 5.7 mostra a distribuição regional dos locais de criação de patos poedeiros na Tailândia em 2013. Os bandos de patos poedeiros estão claramente concentrados nas províncias de Kamphaeng Phet, Phichit e Phitsanulok.

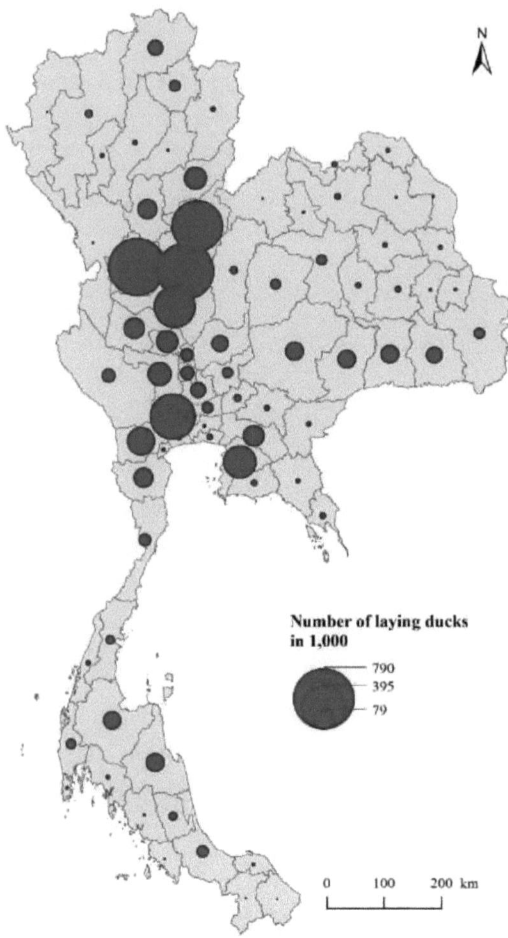

Figura 5.7 Distribuição regional de patos poedeiros na Tailândia por província (2013) Fonte: Gabinete de Economia Agrícola (2013); Conceção do autor.

Figure 5.8 apresenta a distribuição regional dos locais de produção de patos de carne na Tailândia em 2013. Os patos de carne estão claramente concentrados nas províncias de Khon Kaen, Prachin Buri e Nakhon Ratchasima.

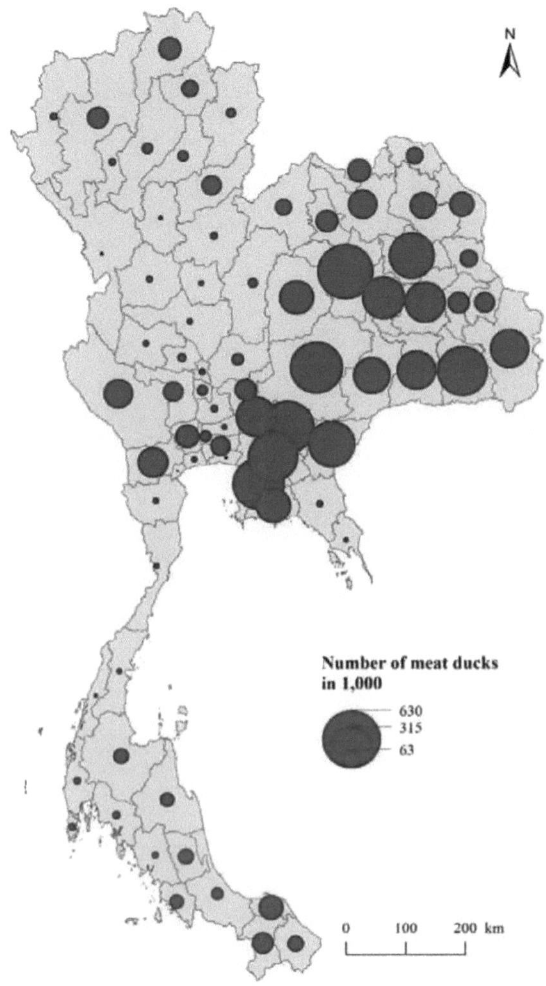

Figura 5.8 Distribuição regional de patos de carne na Tailândia por província (2013) Fonte: Gabinete de Economia Agrícola (2013); Conceção do autor.

Figure 5.9 ilustra a distribuição regional dos locais de criação de galinhas autóctones na Tailândia em 2013. As galinhas nativas estão claramente concentradas nas províncias de Nakhon Ratchasima, Ubon Ratchathani e Nakhon Si Thammarat.

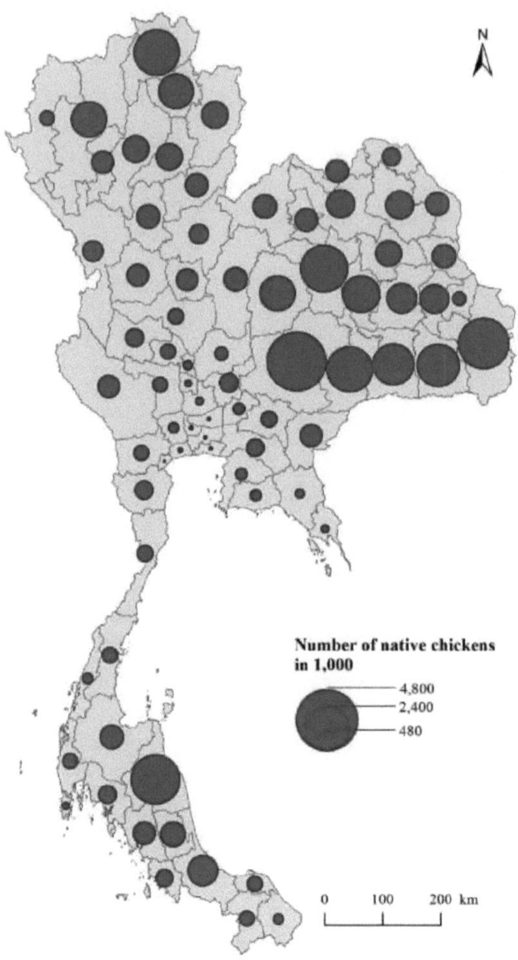

Figura 5.9 Distribuição regional de galinhas nativas na Tailândia por província (2013) Fonte: Gabinete de Economia Agrícola (2013); Conceção do autor.

5.4 Concentração geográfica da produção de aves de capoeira

A concentração geográfica ou regional mede a distribuição geográfica de um sector ou de uma indústria num determinado território (Ceapraz, 2008). A fim de medir a concentração geográfica da produção avícola na Alemanha e na Tailândia, são traçadas curvas de Lorenz e calculados coeficientes de Gini para determinar se a distribuição da produção avícola é a mesma nos dois países.

A concentração da produção refere-se à desigualdade ou diferença com que a produção é distribuída entre regiões ou países. A desigualdade da produção é frequentemente apresentada pela curva de concentração, comummente designada por "curva de Lorenz". A curva de Lorenz foi introduzida por Max Lorenz em 1905 para apresentar a distribuição de um determinado atributo - neste caso, a produção de aves de capoeira - pelas várias regiões de um país.

Em primeiro lugar, a percentagem da produção de aves de capoeira por região é ordenada da mais pequena para a maior. A percentagem acumulada por região produtora é então traçada em relação à percentagem acumulada da produção representada por essas regiões. Se todas as regiões tiverem uma produção idêntica, a curva é uma linha reta que passa pela diagonal (linha de igualdade). No entanto, uma diferença na produção de aves de capoeira de região para região faz com que a curva de concentração desça abaixo da linha de igualdade. Quanto maior for a desigualdade, maior será a área entre a curva e a linha de igualdade (McBride, 1997).

O coeficiente de Gini está associado à curva de Lorenz. [th]É a medida exacta da desigualdade (Morgan, 1962) e tem o nome do seu criador, Corrado Gini (1912), um estatístico e sociólogo italiano do início do século XX. Em relação à curva de Lorenz, o coeficiente de Gini é definido como o rácio da área que se situa entre a curva de Lorenz e a linha de igualdade (assinalada com *A* no diagrama) sobre a área total sob a linha de igualdade (assinalada com *A* e *B*), que $G = \frac{A}{(A+B)}$, como apresentado na Figura 5.10 (McBride, 1997). Por conseguinte, o coeficiente de Gini é uma fração positiva entre *0* e *1*. No que se refere à produção avícola, um valor de Gini de *0* indica que todas as regiões de produção de um país representam uma parte igual da produção, ao passo que um valor de Gini de *1* significa que a produção está totalmente concentrada numa única região do país. Pyratt et al. (1980) e McBride (1997) propuseram o cálculo do valor do coeficiente de Gini utilizando a seguinte fórmula:

$$G = \frac{2COV(Y,F(Y))}{\overline{Y}}$$

em que G é o coeficiente de Gini; $\overline{Y}$ é o nível médio de produção; $F(Y)$ é a distribuição cumulativa da produção; e $COV(Y, F(Y))$ é a covariância entre a produção Y e o valor da função de densidade cumulativa para este nível de produção.

Nesta análise, o coeficiente de Gini é calculado com base no rácio da área que se situa entre a curva de Lorenz e a linha de igualdade sobre a área total sob a linha de igualdade, tal como apresentado na Figura 5.10.

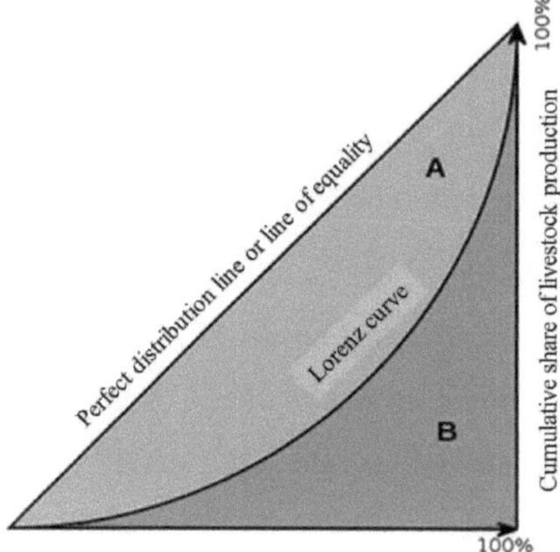

Figura 5.10 Exemplo da curva de Lorenz para o cálculo do coeficiente de Gini, que é igual à área A dividida pela soma das áreas assinaladas com A e B. O coeficiente de Gini é também $2*A$ devido ao facto de $A + B = 0,5$ (uma vez que os eixos vão de 0 a 1).

Fonte: adaptado de Wikipedia (2015).

Nesta análise, os dados a nível provincial do recenseamento de 2013 sobre a produção avícola na Tailândia (Office of Agricultural Economics, 2013) e os dados a nível estatal do recenseamento de 2013 sobre a produção avícola na Alemanha (MEG, 2015) são utilizados para traçar curvas de Lorenz e calcular coeficientes de Gini, a fim de examinar a concentração geográfica da produção avícola nestes dois países. Os tipos de produção de aves de capoeira medidos neste estudo incluem:

a) Criação de frangos de carne, galinhas poedeiras e perus na Alemanha;

b) Criação de frangos de carne, galinhas poedeiras e frangos nativos, bem como criação de patos de carne e patos poedeiros na Tailândia.

O cálculo do coeficiente de Gini foi efectuado com base nos dados dos locais de criação de aves de capoeira (capacidade de produção por um ciclo) de ambos os países em 2013.

5.4.1 Concentração geográfica da produção avícola por estado federado na Alemanha

O recenseamento de 2013 sobre a produção avícola recolheu dados sobre 16 estados da Alemanha. Contudo, devido à indisponibilidade de dados fiáveis, os Estados de Berlim, Bremen e Hamburgo foram excluídos da presente análise. Além disso, não estão disponíveis dados sobre a produção de frangos de carne nos Estados de Brandeburgo, Hesse, Sarre e Saxónia e sobre a criação de perus no Estado da Renânia-Palatinado. Assim, para analisar e apresentar a concentração geográfica ou regional da produção de aves de capoeira na Alemanha, são utilizados dados sobre os efectivos de frangos de 9 Estados, de perus de 12 Estados e de galinhas poedeiras de 13 Estados.

De acordo com a análise dos coeficientes de Gini, a maior parte da produção avícola estava altamente concentrada em certas regiões da Alemanha em 2013 (ver Quadro 5.9). Os coeficientes de Gini para a criação de frangos de corte, perus e galinhas poedeiras são 0,7412, 0,6290 e 0,4761, respetivamente. Isto implica um nível relativamente elevado de desigualdade entre os Estados na criação de frangos de carne e de perus. Consequentemente, existe um elevado nível de concentração numa única região. A criação de galinhas poedeiras também tem uma densidade potencialmente elevada numa determinada região.

Quadro 5.9 Coeficientes de Gini estimados para a concentração geográfica da produção de aves de capoeira na Alemanha (2013)

Grande produção avícola	Coeficiente de Gini
Frangos de carne	0.7412
Perus	0.6290
Galinhas poedeiras	0.4761

Fonte: Cálculo do autor com base em MEG (2015).

A figura 5.11 mostra a linha de distribuição (curva de Lorenz) da produção avícola na Alemanha (2013). Quanto maior a área entre a curva de Lorenz e a linha de igualdade, maior é o grau de concentração geográfica (regional) da produção avícola. No que diz respeito aos locais de produção de aves de capoeira por estado com base nas curvas de Lorenz, a produção de frangos e perus está altamente concentrada numa única região, enquanto a criação de galinhas poedeiras também tem uma concentração potencialmente elevada numa determinada região.

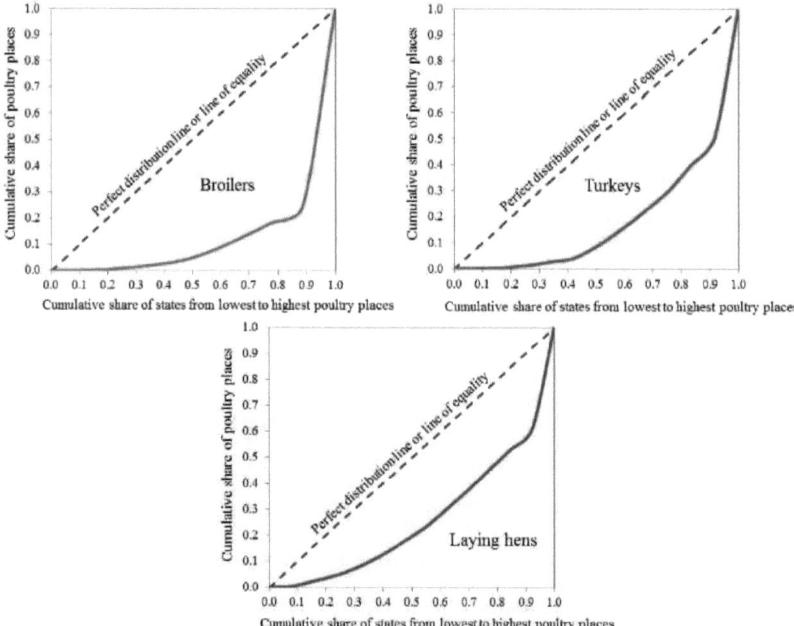

Figura 5.11 Curvas de Lorenz para a concentração geográfica da produção de aves de capoeira na Alemanha (2013)

Fonte: Cálculo e conceção do autor com base em MEG (2015).

5.4.2 Concentração geográfica da produção de aves de capoeira por província na Tailândia

A fim de analisar e apresentar a concentração geográfica da produção avícola na Tailândia, incluindo frangos de carne, galinhas poedeiras, galinhas nativas, patos de carne e patos poedeiros, as curvas de Lorenz e os coeficientes de Gini foram calculados com base nos dados dos locais de criação de aves de capoeira fornecidos pelo recenseamento de 2013 da produção avícola em 77 províncias da Tailândia.

De acordo com a análise dos coeficientes de Gini, a concentração geográfica da produção avícola em 2013 na Tailândia foi particularmente elevada em certas províncias, conforme apresentado no Quadro 5.10. Os coeficientes de Gini para pata poedeira, frango de corte, galinha poedeira, pato de carne e criação de galinhas nativas são 0,7563, 0,7352, 0,6778, 0,6394 e 0,5196, respetivamente. Isto indica que a produção de patos poedeiros é o tipo de produção de aves de capoeira mais concentrado geograficamente na Tailândia, seguido pelos frangos de carne, galinhas poedeiras, patos de carne e galinhas nativas, respetivamente.

Quadro 5.10 Coeficientes de Gini estimados para a concentração geográfica da produção de aves de capoeira na Tailândia (2013)

Grande produção avícola	Coeficiente de Gini
Patos poedeiros	0.7563
Frangos de carne	0.7352
Galinhas poedeiras	0.6778
Patos de carne	0.6394
Galinhas autóctones	0.5196

Fonte: Cálculo do autor com base em Office of Agricultural Economics (2013).

A Figura 5.12 apresenta a linha de distribuição (curva de Lorenz) para a produção de aves de capoeira por província na Tailândia (2013). As curvas de Lorenz mostram que a produção de frango nativo é o tipo de produção de aves de capoeira mais igualmente distribuído na Tailândia. Em contraste, a criação de patos poedeiros e de frangos de corte são os dois tipos de produção de aves de capoeira mais concentrados geograficamente, pois demonstram uma área maior entre a curva de Lorenz e a linha de igualdade.

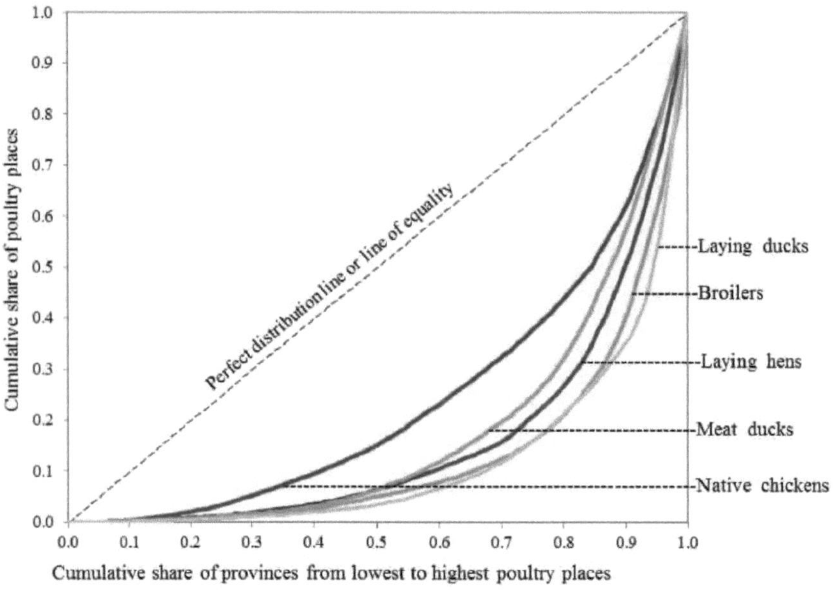

Figura 5.12 Curvas de Lorenz para a concentração geográfica da produção de aves de capoeira na Tailândia (2013)

Fonte: Cálculo do autor e conceção baseada em Office of Agricultural Economics (2013).

5.4.3 Discussão do coeficiente de Gini como instrumento de sustentabilidade

O coeficiente de Gini é uma medida útil da distribuição dentro de uma determinada população, especialmente em termos de medição das desigualdades (Bellù e Liberati, 2006). Para além de medir a concentração da produção agrícola num determinado período de tempo, o coeficiente de Gini pode também indicar como a distribuição da produção mudou ao longo do tempo. Assim, é possível comparar o nível de concentração da produção e verificar se a distribuição está a aumentar ou a diminuir. No entanto, o coeficiente de Gini apresenta resultados diferentes quando aplicado a indivíduos em vez de grupos populacionais. Quando se comparam países diferentes, a população tem de ser definida de forma coerente e cuidadosa para garantir que a interpretação é clara e válida (Garret, 2010).

A análise da concentração regional utilizando o coeficiente de Gini no presente estudo poderia fornecer uma imagem mais exacta da produção avícola na Alemanha e na Tailândia, em combinação com os dados quantitativos da distribuição regional, tal como apresentado nas Figuras 5.1, 5.2 e 5.3 para o caso da Alemanha e nas Figuras 5.4, 5.5, 5.7, 5.8 e 5.9 para o caso da Tailândia. De acordo com o resultado da análise do coeficiente de Gini para a produção avícola na Alemanha, a criação de frangos de carne, perus e galinhas poedeiras estava relativamente concentrada numa única região (o Estado da Baixa Saxónia), como se pode ver nas figuras 5.1, 5.2 e 5.3. Os valores do coeficiente de Gini para o caso da Tailândia mostraram que a concentração geográfica da produção de aves de capoeira era também relativamente elevada em certas regiões, consoante o tipo de aves de capoeira, como se pode ver claramente nas figuras 5.4, 5.5, 5.7, 5.8 e 5.9.

No contexto da sustentabilidade, a elevada concentração da produção avícola em determinadas regiões, representada pelos valores do coeficiente de Gini, indica potencialmente uma forte atividade económica nessa região (Gerber et al., 2008) ou os possíveis riscos em áreas de agricultura intensiva, incluindo problemas ambientais (Klohn e Windhorst, 1998; Mose et al., 2007), surtos de doenças infecciosas (Slingenbergh et al., 2004) e conflitos de utilização dos solos na orla urbana ou em áreas onde existe um desenvolvimento residencial rural significativo (Henderson e Epps, 2000). Assim, o coeficiente de Gini é um instrumento útil para abordar questões de sustentabilidade, especialmente no que respeita às preocupações ambientais suscitadas pela elevada concentração regional da produção avícola. Além disso, o coeficiente de Gini pode ser usado como dado fundamental para melhorar a gestão do uso da terra (Zheng et al., 2013) e o consumo de água (Cullis e van Koppen, 2007) na agricultura, o que poderia beneficiar o sector agrícola, o ambiente e a sociedade envolvente.

5.5 Produção e comércio em 2013

5.5.1 Alemanha

De acordo com o MEG (2014), a Alemanha produziu 1,48 milhões de toneladas de carne de aves e 12,59 bilhões de ovos com casca para consumo em 2013, conforme apresentado na Tabela 5.11. A taxa de autossuficiência da produção de carne de aves de capoeira e ovos com casca foi de

109,1 % e 71,0 %, respetivamente. A Alemanha importou 531 291 toneladas de carne de aves de capoeira, 43 % das quais provenientes dos Países Baixos, 16 % da Polónia e apenas 2 % do exterior da UE. Além disso, foram importados 5 895,7 milhões de ovos com casca, principalmente dos Países Baixos (74%) e da Polónia (13%). A Alemanha exportou um total de 496 618 toneladas de carne de aves de capoeira, das quais 25% se destinaram aos Países Baixos e 9% à França e à Áustria, respetivamente. A Alemanha também exportou 1.969 milhões de ovos com casca em 2013, com 53% sendo transportados para os Países Baixos. Entretanto, foram importadas 72.826 toneladas de ovoprodutos, principalmente dos Países Baixos (77%). As principais empresas avícolas na Alemanha são o PHW-Group (frangos e perus), Rothkotter-Group (frangos), Sprehe- Group (frangos), Heidemark (perus) e Deutsche Frühstücksei (galinhas poedeiras).

Quadro 5.11 Produção e comércio de produtos de aves de capoeira na Alemanha (2013)

Produtos de aves de capoeira	Produção	Comércio		Taxa de autossuficiência (%)
		Importação	Exportação	
Carne de aves de capoeira (toneladas)	1,481,000	531,291	496,618	109.1
Ovos de galinha, com casca (1.000)	12,593	5,895.7	1,969	71.0
Ovoprodutos (toneladas)	-	72,826	26,157	-

Fonte: MEG (2014).

5.5.2 Tailândia

Em 2013, a Tailândia produziu 1,51 milhões de toneladas de carne de aves de capoeira e 11,15 mil milhões de ovos com casca para consumo, como mostra o Quadro 5.12. A taxa de autossuficiência da produção de carne de aves de capoeira e de ovos com casca foi de 153,9% e 101,7%, respetivamente. A Tailândia exportou um total de 525 682 toneladas de carne de aves de capoeira, das quais 46,5% se destinaram à UE e 40,2% ao Japão. A Tailândia importou 1 933 toneladas de ovoprodutos, principalmente de Itália e de França, e exportou um total de 3 882 toneladas de ovoprodutos, principalmente para o Japão. Além disso, cerca de 85% das exportações totais de ovos com casca destinaram-se a Hong Kong. As principais empresas avícolas da Tailândia são a Charoen Pokphand Foods PCL, o Betagro Group, o GFPT Group e o Laemthong Corporation Group.

Quadro 5.12 Produção e comércio de produtos de aves de capoeira na Tailândia (2013)

Produtos de aves de capoeira	Produção	Comércio		Taxa de autossuficiência (%)
		Importação	Exportação	
Carne de aves de capoeira (toneladas)	1,513,415	9,892	525,682	153.9
Ovos de galinha, com casca (1.000)	11,148	-	197	101.7
Ovoprodutos (toneladas)	-	1,933	3,882	-

Fonte: Gabinete de Economia Agrícola (2013); Gabinete de Economia Agrícola (2014); Associação tailandesa de exportadores de produtos de carne de frango (2013).

5.6 Modelos de organização na indústria avícola

Três modelos organizacionais comuns dominam o sector avícola, nomeadamente a entidade única, a integração horizontal e a integração vertical (Windhorst, 2013c).

5.6.1 Entidade única

Trata-se de explorações agrícolas individuais, que mantêm relações de mercado livres e abertas com os seus fornecedores e clientes e não têm alianças estratégicas horizontais ou verticais com outras organizações (Manning e Baines, 2004). A exploração é propriedade do gestor da exploração. Todo o trabalho é efectuado pelos membros da família e por alguns trabalhadores adicionais. As decisões comerciais são tomadas pelo gestor, que também assume o risco económico. A aquisição de recursos e a comercialização dos produtos são efectuadas pelo gestor da exploração. O número de empresas deste tipo é muito reduzido no sector avícola, porque a maioria das empresas está envolvida na integração horizontal ou vertical. O mais provável é que ocorram na produção de produtos biológicos, onde a comercialização direta (lojas agrícolas, mercados semanais de agricultores) ainda desempenha um papel importante (Windhorst, 2013c).

Este modelo tem vantagens e desvantagens (Manning e Baines, 2004):

a) Vantagens:

- Entidade única que pode reagir rapidamente às mudanças no mercado e pode ser flexível na implementação de novos protocolos;
- Independência na tomada de decisões;
- Potencial para que a organização tenha uma identidade nacional, regional ou individual; e
- Capacidade de estabelecer contactos pessoais com fornecedores ou clientes.

b) Desvantagens:

- Condições de aquisição mais fracas devido ao poder de compra limitado em comparação com as compras em grupo;
- Pode não ser capaz de reduzir os custos fixos da mão de obra direta (empregados) e indireta, por exemplo, marketing, garantia de qualidade, custos técnicos, vendas e departamentos financeiros que afectam a margem de lucro;

- Incapacidade de ultrapassar as barreiras comerciais e, assim, competir à escala mundial;
- Impossibilidade de aceder aos mercados porque a continuidade do abastecimento não pode ser assegurada;
- Incapacidade de aceder a financiamento de capital para expandir a empresa, pelo que as opções de crescimento são mais limitadas; e
- Incapacidade de aceder à tecnologia e às potenciais economias de custos que esta pode proporcionar.

5.6.2 Integração horizontal

A integração horizontal é definida como a formação de explorações individuais que produzem produtos semelhantes ou diferentes componentes de um produto, com o objetivo de aquisição conjunta de equipamento e/ou comercialização de produtos. Esta forma de integração é particularmente comum na produção de frangos de carne, em que os grupos de produtores se reúnem para comprar gás, alimentos para animais e camas, ou para negociar acordos de compra com instalações de abate e de transformação. No entanto, a integração horizontal é raramente encontrada na produção de ovos no norte da Alemanha (Windhorst, 2013c).

Esta forma de organização tem vantagens e desvantagens (Manning e Baines, 2004):

a) *Vantagens:*

- Redução dos custos logísticos e administrativos para as organizações individuais;
- Melhoria das condições de aquisição através do poder de compra do grupo;
- Redução dos custos fixos da mão de obra indireta, por exemplo, marketing, garantia de qualidade, custos técnicos, vendas e departamentos financeiros;
- Melhoria do acesso aos mercados, uma vez que a continuidade do

abastecimento pode ser assegurada; e

- A integração horizontal pode ultrapassar os obstáculos financeiros ao comércio.

b) Desvantagens:

- Perda de independência na tomada de decisões;
- Potencial perda de contacto estreito entre organizações individuais e os seus fornecedores ou clientes devido à centralização da tomada de decisões;
- Potencial para perder a identidade nacional, regional ou individual de uma organização; e
- As decisões são tomadas em benefício da associação horizontal e não das empresas individuais.

5.6.3Integração vertical

A integração vertical é uma forma de organização em que todas as unidades de uma cadeia de produção (cadeia de abastecimento) de produção agrícola estão ligadas e sob o controlo de uma única empresa (Klohn e Windhorst, 2003). O incubatório, a fábrica de rações e as unidades de transformação pertencem e são controladas pela empresa integradora. As granjas de matrizes ou de frangos de corte também podem pertencer ao integrador. No entanto, muitos integradores operam com base em contratos que ligam a granja de frangos de corte ou de matrizes ao integrador. O integrador fornece os pintos de um dia e a ração, e as aves pertencem ao integrador em todos os momentos. Os agricultores recebem uma taxa fixa pelo seu contributo em termos de mão de obra, alojamento e custos variáveis (van Horne, 2007). É igualmente possível que os agricultores comprem os pintos do dia, os criem e vendam os frangos de carne ao integrador. Este comércio é financiado com base no peso vivo dos frangos. A produção é organizada à escala industrial. A integração vertical utiliza trabalhadores migrantes e acumula uma elevada percentagem de capital estrangeiro, a fim de manter os custos baixos. Estas empresas têm geralmente uma elevada quota de mercado (Windhorst, 2013c).

Os principais benefícios deste modelo organizacional são os seguintes (Manning e Baines, 2004; Howells e Wood, 1993):

a) Benefícios do controlo:

- Continuidade do abastecimento;
- Acesso à informação de gestão;
- Comunicação e cooperação livres;
- Possibilidades de personalização do produto;
- Influência direta sobre os "resultados" de fabrico, como a qualidade, a entrega e o custo.

b) Benefícios económicos:

- Repartição das despesas gerais;
- Coordenação como um sistema único (melhor conhecimento de todos os aspectos das operações);
- Redução dos custos logísticos;
- Redução das mudanças na gestão do sistema;
- Velocidade do fluxo de dados.

No entanto, este modelo também tem os seus pontos fracos (Parlamento Europeu, 2010):

- Os agricultores perdem a oportunidade de obter elevados níveis de rendimento quando as condições de mercado são favoráveis;
- As possibilidades de os agricultores se tornarem empresários são limitadas;
- Os agricultores estão totalmente dependentes do integrador, que é o decisor da maioria das escolhas de gestão;
- Os agricultores enfrentam flutuações potencialmente grandes no rendimento devido a alterações nos preços dos factores de produção e da produção;

• Exige grandes investimentos de capital, o que tende a criar uma dependência dos agricultores em relação aos empréstimos e uma vulnerabilidade às variações das taxas de juro;

• Não existe um forte incentivo para maximizar a eficiência na cadeia de produção.

Na Alemanha e na Tailândia, as principais empresas avícolas, como os grupos PHW e CP, estão geralmente integradas verticalmente. A figura 5.13 mostra a estrutura organizativa da integração vertical na cadeia de produção alemã de frangos de carne, enquanto a figura 5.14 apresenta o modelo de integração vertical na cadeia de produção alemã de ovos.

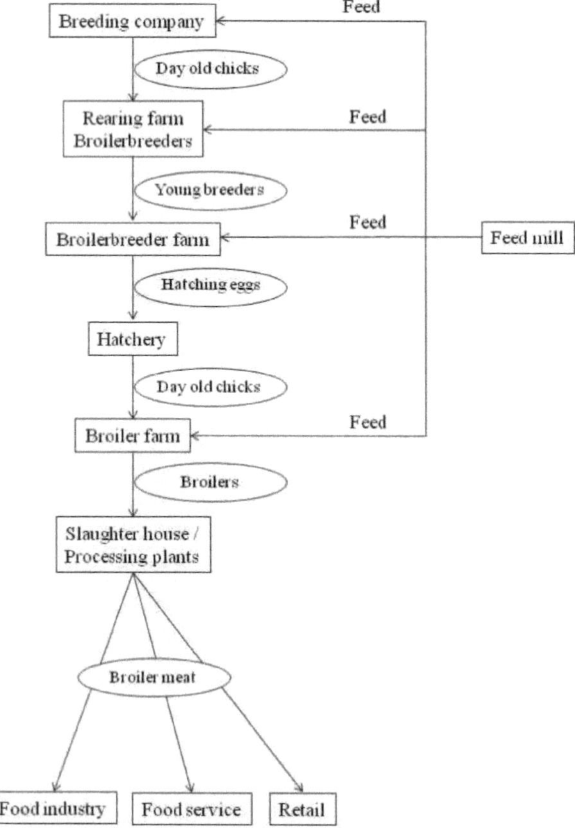

Figura 5.13 Modelo de integração vertical na produção alemã de frangos de carne Fonte:

adaptado de van Horne (2007).

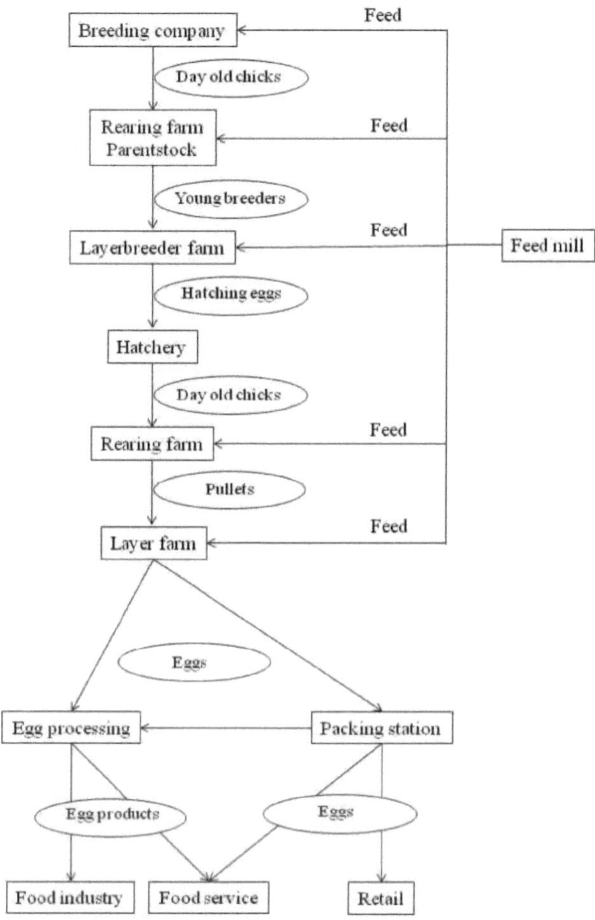

Figura 5.14 Modelo de integração vertical na produção alemã de ovos Fonte: adaptado de van Horne (2007).

A figura 5.15 ilustra o modelo de integração vertical na cadeia de produção tailandesa de frangos de carne.

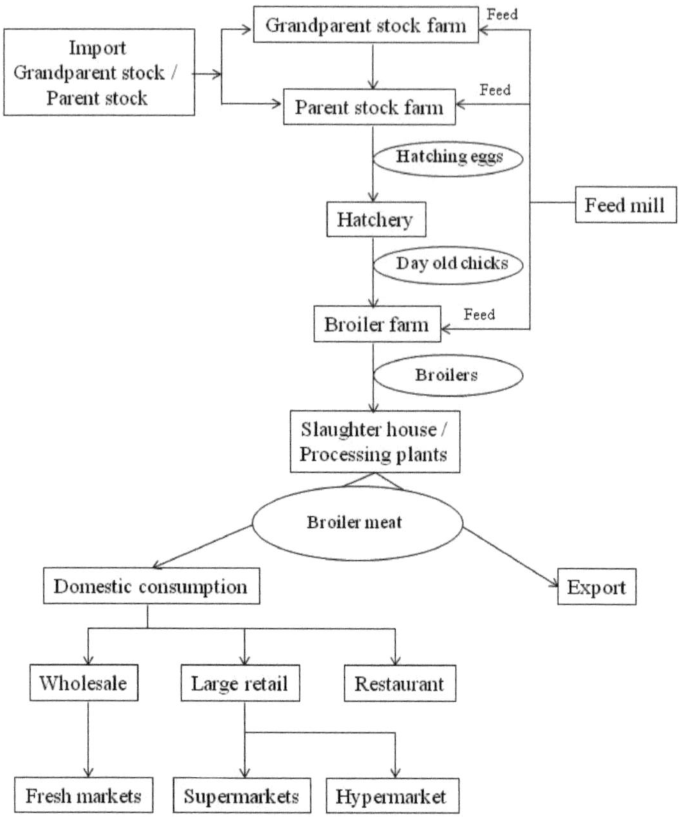

Figura 5.15 Modelo de integração vertical na produção tailandesa de frangos de carne Fonte: adaptado de Na Ranong (2008).

A figura 5.16 mostra o modelo de integração vertical na cadeia de produção de ovos da Tailândia.

Figura 5.16 Modelo de integração vertical na produção tailandesa de ovos Fonte: adaptado de Na Ranong (2008) e Heft-Neal (2008).

5.7 Comparação da produção de aves de capoeira entre a Alemanha e a Tailândia

O quadro 5.13 apresenta uma panorâmica da produção de aves de capoeira na Alemanha e na Tailândia em 2013.

Quadro 5.13 Dados comparativos sobre a produção de aves de capoeira na Alemanha e na Tailândia (2013)

Item	Alemanha	Tailândia
Produção de carne de aves de capoeira (toneladas)	1,481,000	1,513,415
Consumo de carne de aves de capoeira, em kg (por	19.4	15.4

cabeça/ano)		
Exportação de carne de aves de capoeira (toneladas)	496,618	525,682
Importação de carne de aves de capoeira (toneladas)	531,291	9,892
Principal destino de exportação da carne de aves de capoeira	UE	UE e Japão
Produção de ovos, com casca (1.000)	12,593	11,148
Consumo de ovos, com casca (por cabeça/ano)	224	168
Taxa de autossuficiência da produção de carne de aves de capoeira (%)	109.1	153.9
Taxa de autossuficiência da produção de ovos com casca (%)	71.0	101.7
Número de lugares de frangos de carne em 1.000	97,146	149,900
Número médio de frangos de carne por exploração	21,588	22,257
Número de lugares de galinhas poedeiras em 1.000	47,987	44,301
Número médio de galinhas poedeiras por exploração	887	23,013
Coeficiente de Gini para frangos de carne	0.7412	0.7352
Coeficiente de Gini para galinhas poedeiras	0.4761	0.6778
Modelo organizacional principal	Integração vertical	Integração vertical
Produtor líder de carne de aves de capoeira	Grupo PHW	CPF
Principal produtor de ovos	alemão Frühstücksei	CPF

Fonte: MEG (2014); MEG (2015); Gabinete de Economia Agrícola (2013); Gabinete de Economia Agrícola (2014).

Aproximadamente 1,51 milhões e 525,682 milhões de toneladas de carne de aves de capoeira foram produzidas e exportadas pela Tailândia, respetivamente, enquanto a Alemanha produziu (1,48 milhões de toneladas) e exportou (496,618 toneladas) um pouco menos de carne de aves de capoeira do que a Tailândia. A quantidade importada de carne de aves de capoeira foi muito mais elevada na Alemanha (531 291 toneladas) do que na Tailândia (9 892 toneladas). Os principais destinos das exportações de carne de aves de capoeira da Tailândia são a UE e o Japão; a UE é também o principal mercado de destino da carne de aves de capoeira alemã.

A Alemanha (12,59 mil milhões) produziu cerca de 1,44 milhões de ovos com casca a mais do que a Tailândia (11,15 mil milhões). A taxa de consumo de carne de aves de capoeira (19,4 kg/habitante/ano) e de ovos (224 ovos com casca/habitante/ano) é mais elevada na Alemanha do que na Tailândia (15,4 kg/habitante/ano, 168 ovos com casca/habitante/ano). A taxa de autossuficiência da produção de carne de aves de capoeira em ambos os países é superior a 100%, 109,1% para a Alemanha e 153,9% para a Tailândia. A Tailândia produziu um pouco mais de ovos com casca do que o consumo interno (101,7% da taxa de autossuficiência), enquanto a Alemanha tem uma taxa de autossuficiência de apenas 71,0%.

A Tailândia (149,90 milhões) tinha um número mais elevado de estabelecimentos de frangos de carne do que a Alemanha (97,15 milhões). No entanto, a Alemanha (47,99 milhões) tinha mais lugares para galinhas poedeiras do que a Tailândia (44,30 milhões). A dimensão média dos bandos de frangos de carne e de poedeiras é mais elevada na Tailândia (22 257 frangos de carne por exploração, 23 013 galinhas poedeiras por exploração) do que na Alemanha (21 588 frangos de carne por exploração, 887 galinhas poedeiras por exploração).

A concentração regional da produção de frangos de carne e de ovos é relativamente elevada na Tailândia, tal como expresso pelos valores do coeficiente de Gini de 0,7352 e 0,6778 para a criação de frangos de carne e de galinhas poedeiras, respetivamente. A concentração regional da produção de frangos de carne é também elevada na Alemanha, com um coeficiente de Gini de 0,7412, enquanto a concentração da criação de galinhas poedeiras é também potencialmente elevada numa única região, com um coeficiente de Gini de

0,4761.

O principal modelo de organização da produção de carne de aves de capoeira e de ovos nos dois países é a integração vertical. O PHW-Group e a Deutsche Frühstücksei são as principais empresas de produção de carne de aves de capoeira e de ovos na Alemanha, respetivamente. A CPF é a principal empresa de produção de carne de aves de capoeira e de ovos na Tailândia.

5.8 Conclusão

A produção avícola está altamente concentrada na região noroeste da Alemanha e no centro da Tailândia. As principais empresas avícolas de ambos os países estão integradas verticalmente, a fim de obterem uma vantagem competitiva nos mercados. A crescente especialização e concentração da produção avícola num pequeno número de regiões tornou-se um problema sério para a sociedade. Os investigadores académicos e os decisores políticos, em particular, vêem motivos de preocupação devido aos impactos crescentes no ambiente, na saúde humana e no bem-estar dos animais.

Capítulo 6: Preocupações com a sustentabilidade na produção avícola: um estudo comparativo Delphi entre a Alemanha e a Tailândia

6.1 Introdução

Este capítulo apresenta os resultados do estudo Delphi sobre preocupações de sustentabilidade na produção avícola na Alemanha e na Tailândia. Este estudo foi realizado de março a junho de 2014 e de agosto a novembro de 2014 para os estudos de caso na Alemanha e na Tailândia, respetivamente.

6.2 O processo Delphi

Foi efectuado um estudo Delphi em duas fases para identificar e classificar os principais problemas de sustentabilidade na produção avícola na Alemanha e na Tailândia, com base na opinião de peritos e em provas científicas, tal como descrito no capítulo 2. Na elaboração do questionário Delphi, foram tidos em conta os aspectos económicos, ambientais, sociais, políticos e de bem-estar dos animais. Foram distribuídas cópias deste questionário a sete peritos, como teste preliminar para verificar a sua validade. Com base nos seus comentários, foram efectuadas as alterações necessárias e foi desenvolvida uma versão final do questionário Delphi. Em seguida, a primeira ronda de questionários foi enviada a 32 e 36 participantes para os estudos de caso na Alemanha e na Tailândia, respetivamente, representando diferentes sectores da indústria avícola, incluindo organizações não governamentais (ONG), grupos de defesa do bem-estar dos animais, investigadores, o sector privado (retalhistas e empresas relacionadas com a indústria avícola), funcionários governamentais e políticos. Os inquiridos dispuseram de um período de duas semanas para preencher os questionários de cada ronda. O período de tempo para cada ronda foi de aproximadamente 15 minutos. As respostas foram depois analisadas utilizando a frequência, a percentagem, a média, o desvio padrão e o coeficiente de concordância de

Kendall.

6.3 Resultados do estudo de caso na Alemanha

6.3.1Composição do painel Delphi

Os peritos foram selecionados com base na sua experiência na indústria avícola alemã. Houve 29 e 26 respostas às duas rondas de questionários deste estudo Delphi, resultando numa taxa média de resposta de cerca de 90% (ver Quadro 6.1). A maioria das respostas veio do sector privado, de funcionários governamentais e de investigadores, com 9, 7 e 6 participantes nas duas rondas de investigação, respetivamente. 26 peritos responderam a ambas as rondas. Esta estabilidade entre as respostas contribuiu para a validade da investigação, uma vez que os mesmos peritos avaliaram todas as questões relativas à sustentabilidade da produção avícola em ambas as rondas. Devido ao pequeno número de peritos de ONG, grupos de proteção dos animais e políticos, as opiniões destes três grupos não foram utilizadas nos resultados finais da identificação das preocupações de sustentabilidade por grupos de partes interessadas.

Quadro 6.1 Taxas de resposta dos membros do painel e das rondas para o estudo de caso na Alemanha

Grupo (tamanho inicial)	Convites enviados para participar no painel Delphi (45)	1st round (32)	2nd round (29)
ONG	2	1	1
Grupos de proteção dos animais	2	2	2
Investigadores	9	7	6
Setor privado	10	10	9
Funcionários do governo	7	7	7
Políticos	2	2	1
Respostas	32	29	26

Taxa de resposta	71.11%	90.63%	89.66%

Fonte: Projeto do autor.

6.3.2Identificação das principais preocupações de sustentabilidade na produção avícola

As 26 preocupações iniciais de sustentabilidade na produção avícola foram identificadas com base na literatura e em relatórios. As 15 questões adicionais foram propostas pelos membros do painel Delphi na primeira ronda de inquéritos. Foi identificado e classificado um total de 41 questões, incluindo aspectos ambientais, económicos, sociais, políticos e de bem-estar animal. O quadro 6.2 resume os resultados da primeira e da segunda ronda de inquéritos Delphi:

(a) Tamanho da amostra (N);

(b) O valor médio (VM) e o desvio padrão (DP) para cada questão;

(c) Coeficiente de concordância de Kendall (W) para os primeiros 26 números da primeira e segunda rondas e para o conjunto dos 41 números da segunda ronda.

Quadro 6.2 Resumo dos resultados da primeira e segunda rondas Delphi para a Alemanha

Preocupações/questões de sustentabilidade na produção avícola	Primeira ronda			Segunda ronda		
	N	Média	SD	N	Média	SD
1. Acidificação, eutrofização e potencial de aquecimento global	29	3.17	1.04	26	3.19	0.98
2. Gestão do estrume	29	3.31	1.11	26	3.46	1.14
3. Utilização de pesticidas na produção de alimentos para aves de capoeira	29	3.00	1.31	26	3.15	1.22
4. Utilização dos recursos	29	3.52	1.12	26	4.00	0.85
5. Biodiversidade	29	3.10	1.11	26	3.54	0.86
6. Salários do trabalho	29	2.76	1.06	26	3.12	0.91
7. Competitividade do sector/Rendimento agrícola	29	3.76	1.06	26	3.54	0.90
8. Alimentação eléctrica	29	3.48	0.99	26	3.42	0.86
9. Procura dos consumidores	29	3.41	1.21	26	3.38	1.20
10. Papel dos retalhistas de produtos alimentares	29	3.69	1.20	26	4.27	0.87
11. Criação de animais	29	3.79	1.05	26	3.77	1.03
12. Eficiência da conversão alimentar	29	3.34	1.47	26	3.27	1.31
13. Pressão sobre/dos centros urbanos	29	3.07	0.96	26	2.85	1.08
14. Trabalhadores de matadouros	29	3.14	1.16	26	3.54	0.90

15. Contaminação da carne e dos ovos com microrganismos zoonóticos	29	3.31	1.39	26	3.46	1.33
16. Utilização de antibióticos na produção de aves de capoeira	29	4.21	1.15	26	4.50	0.99
17. Surto de gripe aviária e outras doenças altamente infecciosas	29	3.66	1.08	26	3.81	0.80
18. Imagem negativa da indústria avícola retratada pelos meios de comunicação social	29	3.72	1.19	26	3.81	1.30
19. Comunicação entre produtores e consumidores	29	3.55	1.06	26	3.73	0.92
20. Rotulagem dos géneros alimentícios	29	2.90	1.14	26	2.81	1.17
21. Introdução de novas leis e regulamentos/quadro jurídico	29	4.00	1.04	26	3.88	1.24
22. Transportes	29	3.31	1.00	26	3.31	0.74
23. Abate (procedimento/processo)	29	3.24	1.02	26	3.31	0.84
24. Desengorduramento	29	3.97	1.09	26	4.08	1.09
25. Abate de pintos machos das poedeiras	29	3.97	1.32	26	4.54	0.86
26. Sistema de alojamento	29	3.86	1.09	26	3.88	0.99
27. Concentração regional da produção/Produção em massa	3	5	0.00	26	4.04	1.08
28. Espaço por animal/densidade do efetivo	1	5	-	26	3.92	1.02
29. Responsabilidade do consumidor	1	5	-	26	3.73	0.96
30. Aceitação social	1	5	-	26	3.92	1.02
31. O papel das ONG e dos grupos de activistas	1	4	-	26	3.58	1.39
32. Falta de esforços para prevenir deficiências evitáveis no sector	1	5	-	26	3.54	1.10
33. Excesso de produção nacional de carne de aves de capoeira	1	4	-	26	3.08	1.23
34. Cultura por encomenda (engorda)	1	3	-	26	2.50	1.10
35. Taxa de mortalidade das aves de capoeira	1	5	-	26	3.46	1.10
36. Taxa de crescimento das aves de capoeira	2	4.5	0.71	26	3.65	1.13
37. Situação atual das leis e regulamentos ambientais	1	5	-	26	3.46	1.36
38. Classificação do valor dos alimentos	1	4	-	26	3.81	0.85
39. Diversidade genética das aves de capoeira autóctones	1	4	-	26	3.19	1.36
40. Comércio internacional de produtos de aves de capoeira	1	4	-	26	3.46	1.03
41. Eficiência da utilização de subprodutos de aves de capoeira	1	4	-	26	3.27	1.08
Coeficiente de concordância de Kendall (W) (*p < *0,01)*	W' (1-26) = 0.141			W' (1-26) = 0.208 W' (1-41) = 0.185		

Fonte: Projeto do autor.

A comparação dos valores médios entre a primeira e a segunda ronda revelou apenas pequenas alterações nas questões mais importantes relativas à produção avícola e não foram propostas novas questões potencialmente importantes na segunda ronda de questionários, pelo que o inquérito Delphi pôde ser encerrado após o segundo questionário.

Apesar da redução da dimensão do painel, de 29 para 26, verifica-se uma redução óbvia do desvio-padrão e um aumento do coeficiente de concordância de Kendall (W) ao longo das duas rondas Delphi, o que revela um nível crescente de concordância entre os membros do painel. Os resultados finais mostram que os valores do desvio-padrão variaram entre 0,80 e 1,39, o que revela que o nível de consenso entre os painéis de peritos para cada questão variou entre razoável e elevado (ver Quadro 2.7). Os valores do coeficiente de concordância de Kendall (W) aumentaram na segunda ronda do inquérito em comparação com a primeira ronda, indicando uma diminuição da incerteza entre os painéis de peritos que avaliaram o conjunto completo de questões em causa.

As 41 principais questões que preocupam a sociedade no que respeita à sustentabilidade da produção avícola identificadas pelo estudo Delphi foram colocadas por ordem de classificação segundo o valor médio do inquérito da ronda final (segunda ronda) na Figura 6.1. Os valores médios das questões preocupantes variaram entre 2,50 e 4,54, com base numa escala de Likert de cinco pontos, em que 1 é *"nada preocupado"*, 2 é *"ligeiramente preocupado"*, 3 é *"algo preocupado"*, 4 é *"bastante preocupado"* e 5 é *"muito preocupado"*. Todas as questões relativas podem ser classificadas em 5 níveis de preocupação com base no valor médio (VM) (ver Quadro 2.6).

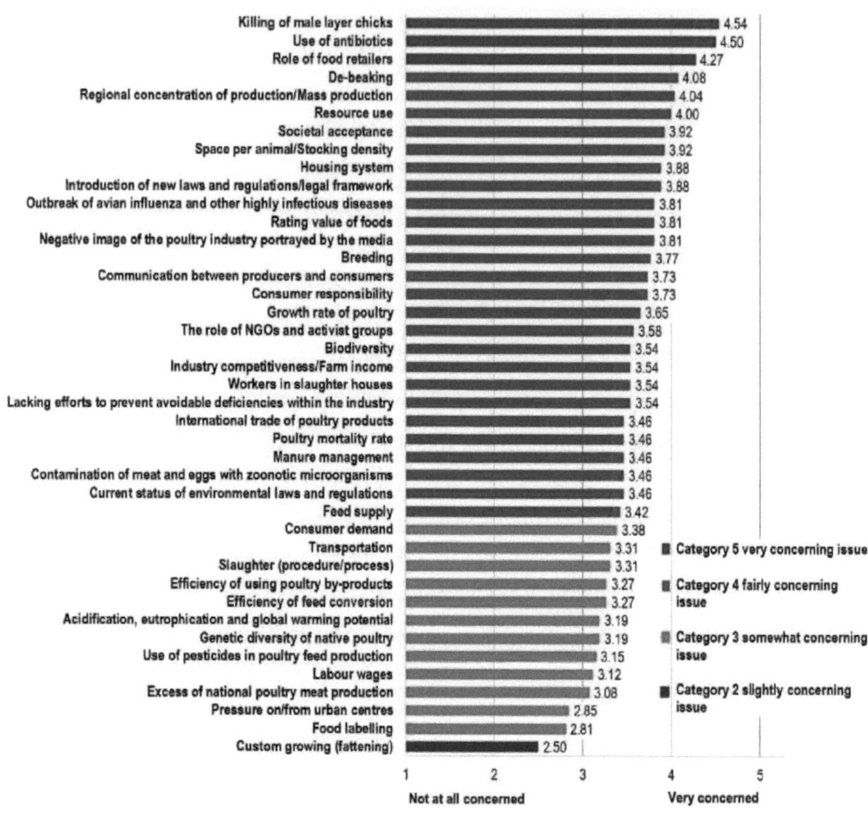

Figura 6.1 Níveis de preocupação com questões de sustentabilidade na produção avícola na Alemanha, classificados por valor médio na ronda final do inquérito Delphi (2ª ronda). O eixo x varia de um valor médio de 1 (questão nada preocupante) a 5 (questão muito preocupante).

Fonte: Projeto do autor.

Com base na Figura 6.1, pode concluir-se que as principais preocupações em matéria de sustentabilidade na produção avícola na Alemanha, identificadas pelo estudo Delphi, estão ordenadas da seguinte forma

(a) Categoria 5: questão muito preocupante

- *Abate de pintos machos das poedeiras*
- *Utilização de antibióticos na produção de aves de capoeira*
- *Papel dos retalhistas do sector alimentar*

(b) Categoria 4: questão bastante preocupante

- Desbaste

- *Concentração regional da produção/produção em massa*
- *Utilização dos recursos*
- *Aceitação social*
- *Espaço por animal/densidade pecuária*
- *Sistema de alojamento*
- *Introdução de novas leis e regulamentos/quadro jurídico*
- *Surto de gripe aviária e outras doenças altamente infecciosas*
- *Valor de classificação dos alimentos*
- *Imagem negativa da indústria avícola retratada pelos meios de comunicação social*
- *Reprodução*
- *Comunicação entre produtores e consumidores*
- *Responsabilidade do consumidor*
- *Taxa de crescimento das aves de capoeira*
- *O papel das ONG e dos grupos de activistas*
- *Biodiversidade*
- *Competitividade do sector/rendimento agrícola*
- *Trabalhadores de matadouros*
- *Falta de esforços para prevenir deficiências evitáveis no sector*
- *Comércio internacional de produtos de aves de capoeira*
- *Taxa de mortalidade das aves de capoeira*
- *Gestão do estrume*

- *Contaminação da carne e dos ovos com microrganismos zoonóticos*
- *Situação atual das leis e regulamentos ambientais*
- *Fornecimento de alimentos para animais*

(c) Categoria 3: questão algo preocupante

- *Procura dos consumidores*
- *Transporte*
- *Abate (procedimento/processo)*
- *Eficiência da utilização de subprodutos de aves de capoeira*
- *Eficiência da conversão de alimentos*
- *Acidificação, eutrofização e potencial de aquecimento global*
- *Diversidade genética das aves de capoeira autóctones*
- *Utilização de pesticidas na produção de alimentos para aves de capoeira*
- *Salários do trabalho*
- *Excesso de produção nacional de carne de aves de capoeira*
- *Pressão sobre/dos centros urbanos*
- *Rotulagem dos géneros alimentícios*

(d) Categoria 2: questão ligeiramente preocupante

- Cultura por encomenda (engorda)

O maior número de questões preocupantes registou-se nas categorias 4 e 3, com 25 e 12 questões, respetivamente. Apenas 3 questões foram consideradas muito preocupantes e apenas uma questão foi considerada ligeiramente preocupante.

As 41 principais questões que preocupam a produção avícola podem ser classificadas nas 5 dimensões da sustentabilidade, incluindo os aspectos ambientais, sociais, económicos, políticos e de bem-estar animal, conforme apresentado na Figura 6.2. O maior número de questões preocupantes foi registado na dimensão social, com 15 questões, seguindo-se as dimensões económica, ambiental, de bem-estar animal e política, com 13, 9, 7 e 2 questões, respetivamente.

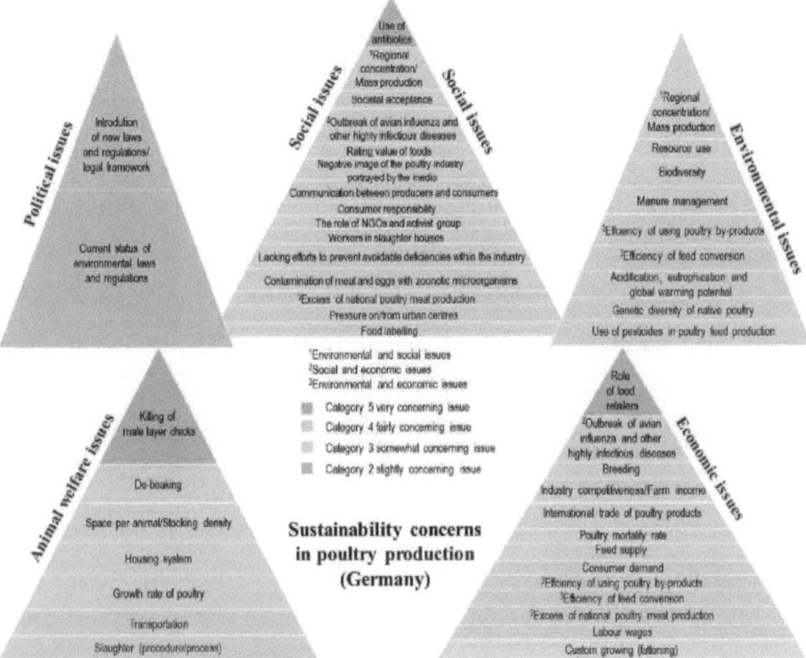

Figura 6.2 Principais questões na produção avícola na Alemanha, categorizadas nas 5 dimensões da sustentabilidade, ordenadas por ordem, com a ponta da pirâmide a representar o nível mais elevado de preocupação.

Fonte: Projeto do autor.

Cinco preocupações uniam duas dimensões diferentes, incluindo a *concentração regional/produção em massa* (dimensões ambiental e social), o *surto de gripe aviária e outras doenças altamente infecciosas* (dimensões social e económica), *o excesso de produção nacional de carne de aves de capoeira* (dimensões social e económica), *a eficiência da utilização de subprodutos de aves de capoeira* (dimensões ambiental e económica) e *a eficiência da conversão alimentar* (dimensões ambiental e económica). A *utilização de antibióticos* na produção de aves de capoeira foi a questão mais preocupante (categoria 5) na dimensão social, tendo *o abate de pintos machos poedeiros* e *o papel dos retalhistas de alimentos* sido classificados como questões muito preocupantes (categoria 5) nas dimensões do bem-estar animal e económica, respetivamente. As duas questões mais preocupantes na dimensão política foram ambas consideradas questões bastante preocupantes (Categoria 4), incluindo *a introdução de novas leis e regulamentos/quadro jurídico* e *a situação atual das leis e regulamentos ambientais*.

regulamentos. Foram levantadas preocupações ambientais sobre a questão da *concentração regional da produção/produção em massa* (categoria 4), tendo a *utilização de pesticidas na produção de alimentos para aves de capoeira* sido considerada uma questão menos preocupante (categoria 3) no âmbito desta dimensão. Para além do *abate dos pintos machos das poedeiras*, a *retirada da carne* e o *espaço por animal/densidade de ocupação* foram considerados como questões bastante preocupantes (Categoria 4) no âmbito da dimensão do bem-estar dos animais. Enquanto o *papel dos retalhistas de produtos alimentares* era uma questão muito preocupante (categoria 5) no âmbito da dimensão económica, *os salários da mão de obra* (categoria 3) e *a produção por encomenda* (categoria 2) foram considerados menos preocupantes nesta dimensão. A dimensão social incluía o maior número de questões preocupantes, sendo a *utilização de antibióticos* uma questão muito preocupante (Categoria 5) e as questões da *pressão sobre/dos centros urbanos* e *da rotulagem dos géneros alimentícios* questões menos preocupantes (Categoria 3).

O nível de consenso entre os membros do painel na ronda final do Delphi (Ronda 2) sobre a identificação das questões mais importantes no âmbito das cinco dimensões da sustentabilidade, tal como indicado pelo coeficiente de concordância de Kendall (W), variou entre 0,138 e 0,272, como mostra o Quadro 6.3. O painel Delphi registou um maior grau de certeza/nível de consenso na classificação das questões relativas ao bem-estar dos animais (W=0,272), em comparação com as outras quatro dimensões. As opiniões foram quase iguais no que se refere às questões ambientais (W=0,139) e políticas (W=0,138), e às questões económicas (W=0,196) e sociais (W=0,193).

Quadro 6.3 W de Kendall nas dimensões da sustentabilidade

	N = 26	
Aspectos da sustentabilidade	Número de emissões (*46)	Kendall's W
Dimensão ambiental	9	0.139**
Dimensão económica	13	0.196**
Dimensão política	2	0.138
Dimensão social	15	0.193**
Dimensão do bem-estar dos animais	7	0.272**

Fonte: Projeto do autor. *Cinco questões foram categorizadas em dois aspectos. **$p < 0.01$

6.3.3 Identificação das principais preocupações de sustentabilidade na produção avícola por grupos de partes interessadas

Para diferenciar ainda mais os resultados das principais preocupações de sustentabilidade na produção avícola, o valor médio da ronda final (Ronda 2) do estudo Delphi foi analisado pelos seis grupos de partes interessadas, incluindo ONG, grupos de bem-estar animal, investigadores, sector privado, funcionários governamentais e políticos, conforme apresentado no Quadro 6.1. O número de inquiridos em cada um dos grupos de partes interessadas variou entre um e nove peritos por grupo. No entanto, neste estudo, apenas analisámos e comparámos os resultados entre três grupos de partes interessadas - investigadores (6 participantes), sector privado (9 participantes) e funcionários públicos (7 participantes), porque os restantes três grupos de partes interessadas - ONG (1 participante), grupos de proteção dos animais (2 participantes) e políticos (1 participante) - tinham uma amostra demasiado pequena para representar os resultados do grupo.

As questões mais preocupantes relativas à sustentabilidade da produção avícola avaliadas por três grupos de partes interessadas estão resumidas na Figura 6.3. As questões foram classificadas com base no valor médio. Os níveis de consenso dentro de cada grupo de partes interessadas foram mais elevados do que o consenso de todo o painel Delphi (W=0,185). A certeza dos membros do painel é mais elevada no sector privado (W=0,338) do que nos funcionários públicos (W=0,308) e nos investigadores (W=0,281).

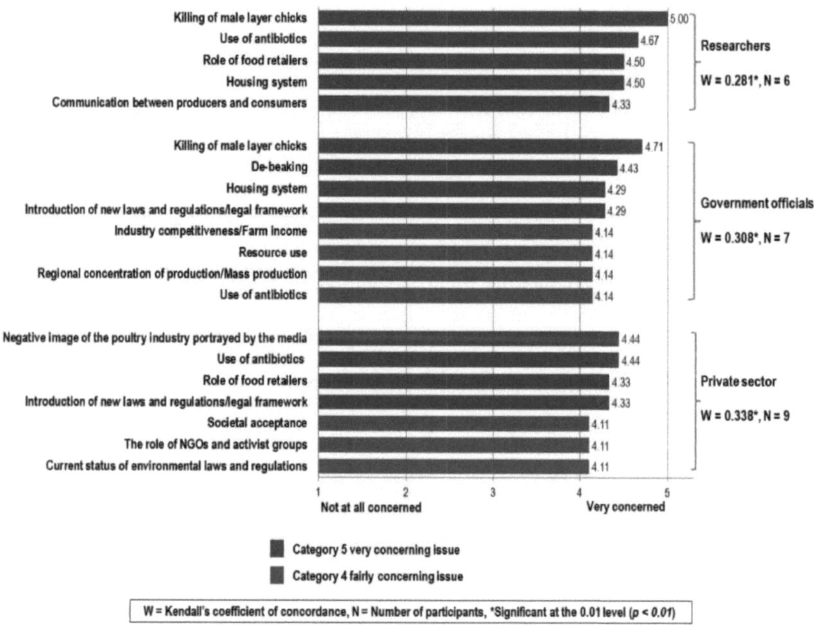

Figura 6.3 As questões mais preocupantes identificadas pelos três grupos de partes interessadas, incluindo investigadores, funcionários governamentais e sector privado, classificadas por valor médio na ronda final do inquérito Delphi (2ª ronda). O eixo x varia entre o valor médio 1 (questão nada preocupante) e 5 (questão muito preocupante).

Fonte: Projeto do autor.

Os investigadores e os funcionários governamentais atribuíram a classificação mais elevada *ao abate de pintos machos* (Categoria 5), enquanto o sector privado considerou a *imagem negativa da indústria avícola retratada pelos meios de comunicação social* como a questão mais preocupante (Categoria 5). A *utilização de antibióticos* na produção avícola foi considerada como uma questão muito preocupante (Categoria 5) pelos grupos de investigadores e do sector privado, e como uma questão bastante preocupante (Categoria 4) pelos funcionários governamentais. O sector privado e os investigadores classificaram o *papel dos retalhistas de alimentos* na Categoria 5, mas esta questão não foi considerada entre as cinco questões mais preocupantes pelos funcionários governamentais. O *sistema de habitação* foi classificado como uma questão muito preocupante (Categoria 5) pelos investigadores e funcionários públicos, mas não foi considerado entre as cinco questões mais preocupantes pelo sector privado. Apenas os funcionários do governo consideraram a questão da *desocupação* como uma questão muito preocupante (Categoria 5). A questão política, a *introdução de novas leis e regulamentos/quadro jurídico*, foi classificada como muito preocupante (Categoria 5) pelos funcionários públicos e pelos grupos do sector privado. Os investigadores foram o único grupo que considerou *a comunicação entre produtores e consumidores* como uma questão muito preocupante (Categoria 5). As questões da *competitividade da indústria/rendimento agrícola, utilização dos recursos* e *concentração regional da produção/produção em massa* foram consideradas bastante preocupantes (Categoria 4) pelos funcionários governamentais, enquanto *a aceitação social, o papel das ONG e dos grupos de activistas* e *a situação atual das leis e regulamentos ambientais* foram consideradas bastante preocupantes (Categoria 4) para o sector privado.

6.4 Resultados do estudo de caso na Tailândia

6.4.1 Composição do painel Delphi

Foram convidados 50 peritos com base na sua experiência e envolvimento na indústria avícola tailandesa, incluindo representantes de ONG, grupos de defesa dos animais, investigadores, sector privado (retalhistas e empresas relacionadas com a indústria avícola), políticos e funcionários governamentais. Cerca de 72% dos peritos convidados concordaram em participar neste estudo Delphi. Os representantes das ONG, dos grupos de proteção dos animais e dos políticos recusaram participar no inquérito porque as ONG, os grupos de proteção dos animais e os políticos da Tailândia não concentraram as suas actividades na indústria avícola durante o inquérito de 2014. Por conseguinte, este painel Delphi era constituído por três grupos, incluindo investigadores, o sector privado e funcionários governamentais. Houve 33 e 28 respostas às duas rondas de questionários, respetivamente, resultando numa taxa de resposta de cerca de 92% para o primeiro inquérito e de cerca de 85% para o segundo inquérito (ver Quadro 6.4). O grupo de investigadores foi o que forneceu mais respostas, com 14 participantes, seguido dos grupos de funcionários públicos e de representantes do sector privado, com 8 e 6 respondentes nas duas rondas de investigação, respetivamente. No total, 28 peritos participaram em três grupos: investigadores, funcionários públicos e sector privado envolvidos nas duas rondas.

Quadro 6.4 Taxas de resposta entre os membros do painel e as rondas para o estudo de caso na Tailândia

Grupo (dimensão inicial)	Convites enviados para participar no painel Delphi (50)	1st redondo (36)	2nd round (33)
ONG	0	0	0
Grupos de proteção dos animais	0	0	0
Investigadores	21	19	14
Setor privado	7	6	6
Funcionários do governo	8	8	8
Políticos	0	0	0
Respostas	36	33	28
Taxa de resposta	72%	91.67%	84.85%

Fonte: Projeto do autor.

6.4.2Identificação das principais preocupações de sustentabilidade na produção avícola

As 41 preocupações de sustentabilidade na produção avícola enumeradas nos inquéritos iniciais baseiam-se numa análise da literatura e nos resultados do estudo de caso na Alemanha. As 14 questões adicionais foram propostas pelos peritos na primeira ronda de inquéritos. No total, foram identificadas e classificadas 55 questões, incluindo aspectos económicos, sociais, ambientais, políticos e de bem-estar dos animais. O Quadro 6.5 resume os resultados da primeira e segunda rondas Delphi, incluindo os seguintes aspectos

(a) Tamanho da amostra (N);

(b) O valor médio (VM) e o desvio padrão (DP) para cada questão;

(c) O coeficiente de concordância de Kendall (W) para os primeiros 41 números da primeira e da segunda ronda e para o conjunto dos 55 números da segunda ronda.

Quadro 6.5 Resumo dos resultados da primeira e segunda rondas Delphi para a Tailândia

Preocupações/questões de sustentabilidade na produção avícola	Primeira ronda			Segunda ronda		
	N	Média	SD	N	Média	SD
1. Acidificação, eutrofização e potencial de aquecimento global	33	2.58	0.94	28	2.57	0.69
2. Gestão do estrume	33	2.79	1.11	28	2.86	0.89
3. Utilização de pesticidas na produção de alimentos para aves de capoeira	33	3.42	1.23	28	3.64	0.83
4. Utilização dos recursos	33	3.15	1.03	28	3.21	0.79
5. Biodiversidade	33	2.52	1.06	28	2.36	0.87
6. Salários do trabalho	33	3.79	0.86	28	3.61	0.69
7. Competitividade do sector/Rendimento agrícola	33	3.27	1.13	28	3.54	0.79
8. Alimentação eléctrica	33	3.30	1.05	28	3.32	0.72
9. Procura dos consumidores	33	2.85	0.97	28	3.07	0.54
10. Papel dos retalhistas de produtos alimentares	33	2.88	0.93	28	3.04	0.79
11. Criação de animais	33	3.30	1.38	28	3.75	1.14
12. Eficiência da conversão alimentar	33	2.79	1.22	28	3.11	0.92
13. Pressão sobre/dos centros urbanos	33	3.55	1.15	28	3.79	0.83
14. Trabalhadores de matadouros	33	3.12	0.96	28	3.18	0.61
15. Contaminação da carne e dos ovos com microrganismos zoonóticos	33	3.48	1.28	28	4.32	0.82
16. Utilização de antibióticos na produção de aves de capoeira	33	3.58	1.17	28	4.36	0.73
17. Surto de gripe aviária e outras doenças altamente infecciosas	33	4.03	1.21	28	4.57	0.63
18. Imagem negativa da indústria avícola retratada pelos meios de comunicação social	33	3.67	1.19	28	4.11	0.57

19. Comunicação entre produtores e consumidores	33	3.15	0.91	28	3.39	0.83
20. Rotulagem dos géneros alimentícios	33	2.76	1.06	28	2.71	0.94
21. Introdução de novas leis e regulamentos/quadro jurídico	33	3.21	1.05	28	3.43	0.74
22. Transportes	33	2.94	0.97	28	3.18	0.77
23. Abate (procedimento/processo)	33	2.70	1.13	28	2.93	0.86
24. Desengorduramento	33	2.76	1.00	28	2.79	0.83
25. Abate de pintos machos das poedeiras	33	1.00	0.00	28	1.00	0.00
26. Sistema de alojamento	33	2.61	1.25	28	2.46	1.07
27. Concentração regional da produção/Produção em massa	33	3.24	1.28	28	3.39	0.99
28. Espaço por animal/densidade do efetivo	33	2.82	1.16	28	2.71	1.01
29. Responsabilidade do consumidor	33	3.45	1.03	28	3.68	0.98
30. Aceitação social	33	3.12	1.05	28	3.18	1.06
31. O papel das ONG e dos grupos de activistas	33	3.00	1.12	28	2.86	0.97
32. Falta de esforços para prevenir deficiências evitáveis no sector	33	3.00	1.17	28	2.89	0.92
33. Excesso de produção nacional de carne de aves de capoeira	33	2.73	0.91	28	2.43	0.74
34. Cultura por encomenda (engorda)	33	3.21	1.19	28	3.25	1.00
35. Taxa de mortalidade das aves de capoeira	33	2.76	0.97	28	2.86	0.85

Quadro 6.5 (continuação)

Preocupações/questões de sustentabilidade na produção avícola	Primeira ronda			Segunda ronda		
	N	Média	SD	N	Média	SD
36. Taxa de crescimento das aves de capoeira	33	2.73	1.01	28	3.00	0.94
37. Situação atual das leis e regulamentos ambientais	33	3.39	0.97	28	3.32	0.72
38. Classificação do valor dos alimentos	33	3.06	1.06	28	3.50	0.75
39. Diversidade genética das aves de capoeira autóctones	33	2.88	1.05	28	3.14	0.97
40. Comércio internacional de produtos de aves de capoeira	33	3.52	1.09	28	3.96	0.69
41. Eficiência da utilização de subprodutos de aves de capoeira	33	2.94	1.12	28	2.68	0.98
42. Desenvolvimento de produtos de valor acrescentado	1	3.00	-	28	2.86	0.97
43. Política pública para a indústria avícola	3	3.67	0.58	28	3.54	0.84
44. Bem-estar das aves de capoeira durante a fase de crescimento	1	2.00	-	28	2.89	0.99
45. Bem-estar das aves de capoeira nos matadouros	2	4.00	1.41	28	3.39	0.96
46. Qualidade da carne e dos produtos de aves de capoeira	2	3.50	0.71	28	3.36	0.99
47. Forragens de plantas geneticamente modificadas	1	3.00	-	28	3.07	1.09
48. A criação da Comunidade Económica da ASEAN (CEA)	2	5.00	0.00	28	3.93	1.05
49. Controlo de doenças a partir de países vizinhos	1	5.00	-	28	4.43	0.84
50. Perceção da carne e dos produtos de aves de capoeira	1	4.00	-	28	3.36	0.78

51. Regulamentação comunitária e islâmica relativa ao processo de abate	1	5.00	-	28	3.71	1.05
52. Normas aplicáveis aos produtos de aves de capoeira exigidas pelos países importadores	1	4.00	-	28	4.25	0.75
53. Utilização de espécies de galinhas autóctones	1	4.00	-	28	3.46	0.88
54. Compartimentação da produção avícola	1	3.00	-	28	3.36	0.83
55. Papel da agricultura familiar de pequena escala	1	4.00	-	28	3.71	0.71
Coeficiente de concordância de Kendall (W) (*p < *0,01*)	W (1-41) = 0.191			W (1-41) = 0.394 W* (1-55) = 0.360		

Fonte: Projeto do autor.

A partir do quadro 6.5, pode concluir-se que houve uma ligeira alteração dos valores médios na primeira e na segunda ronda sobre as principais preocupações da sociedade em relação aos inquéritos à produção avícola. Na segunda ronda, não foram propostas novas questões potenciais. Por conseguinte, o inquérito Delphi pode ser concluído após a segunda ronda.

A dimensão do painel baixou de 33 para 28 nas duas rondas Delphi. Os valores do desvio-padrão diminuíram obviamente na segunda ronda em comparação com o inquérito da primeira ronda, o que explica um maior nível de consenso entre os peritos relativamente a cada questão. Os resultados da ronda final mostram que os valores do desvio-padrão variaram entre 0,00 e 1,14, o que significa que o nível de consenso entre os membros do painel de peritos para cada questão variou entre razoável e elevado (ver Quadro 2.7). 47 das 55 questões registaram um elevado nível de concordância (DP<1) entre os membros do painel, especialmente a questão *do abate de pintos machos poedeiros*, com a qual 100% dos inquiridos concordaram (DP=0). Os valores do coeficiente de concordância de Kendall (W) aumentaram de 0,191 na primeira ronda de inquéritos para 0,394 para as 41 questões iniciais e para 0,360 para as 55 questões totais na segunda ronda de inquéritos, o que indica um claro aumento do consenso entre os peritos que avaliam o conjunto completo de questões.

As 55 principais preocupações com a sustentabilidade na produção avícola identificadas pelo painel Delphi estão classificadas por valor médio para o inquérito da ronda final (2ª ronda) na Figura 6.4.

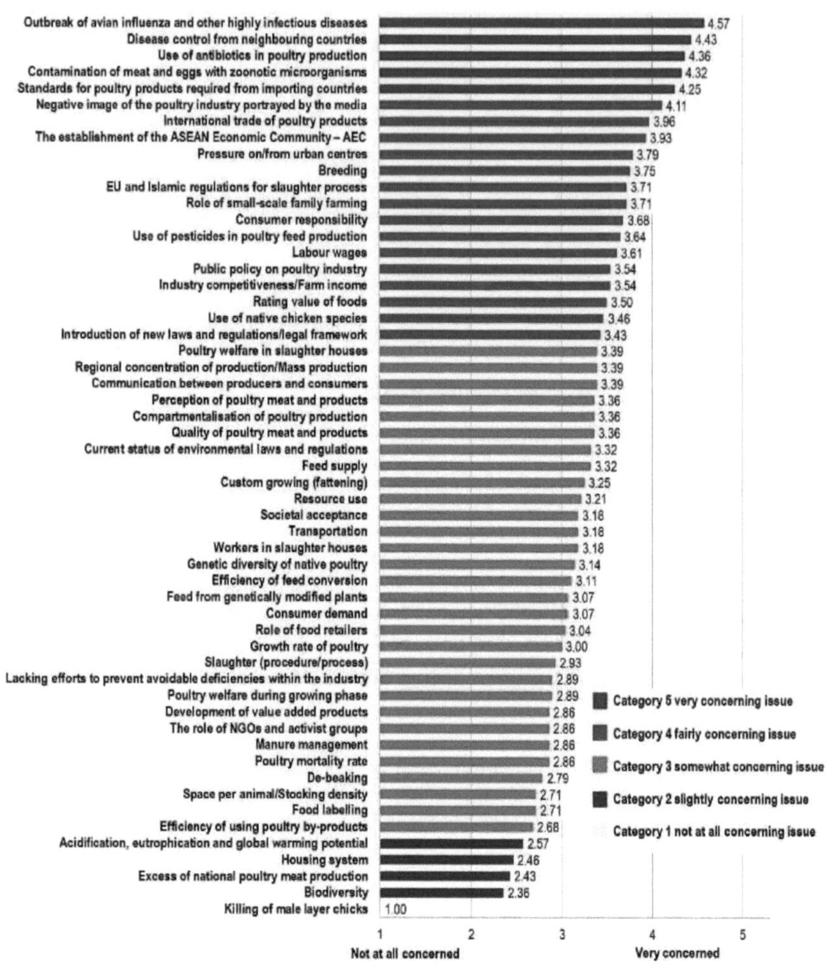

Figura 6.4 Níveis de preocupação com questões de sustentabilidade na produção avícola na Tailândia, classificados por valor médio na ronda final do inquérito Delphi (2ª ronda). O eixo x varia de um valor médio de 1 (questão nada preocupante) a 5 (questão muito preocupante).

Fonte: Projeto do autor.

Em resultado do estudo Delphi sobre as principais preocupações em matéria de sustentabilidade na produção avícola na Tailândia, as questões identificadas pelos membros do painel são classificadas nas cinco categorias baseadas na Figura 6.4, como se segue:

(a) *Categoria 5: questão muito preocupante*

- *Surto de gripe aviária e outras doenças altamente infecciosas*
- *Controlo de doenças a partir de países vizinhos*
- *Utilização de antibióticos na produção de aves de capoeira*
- *Contaminação da carne e dos ovos com microrganismos zoonóticos*
- *Normas para produtos de aves de capoeira exigidas pelos países importadores*

(b) Categoria 4: questão bastante preocupante

- *Imagem negativa da indústria avícola retratada pelos meios de comunicação social*
- *Comércio internacional de produtos de aves de capoeira*
- *A criação da Comunidade Económica da ASEAN - AEC*
- *Pressão sobre/dos centros urbanos*
- *Reprodução*
- *Regulamentação da UE e islâmica relativa ao processo de abate*
- *Papel da agricultura familiar de pequena escala*
- *Responsabilidade do consumidor*
- *Utilização de pesticidas na produção de alimentos para aves de capoeira*
- *Salários do trabalho*
- *Política pública para o sector avícola*
- *Competitividade do sector/rendimento agrícola*
- *Valor de classificação dos alimentos*
- *Utilização de espécies de galinhas autóctones*
- *Introdução de novas leis e regulamentos/quadro jurídico*

(c) Categoria 3: questão algo preocupante

- *Bem-estar das aves de capoeira nos matadouros*

- *Concentração regional da produção/produção em massa*
- *Comunicação entre produtores e consumidores*
- *Perceção da carne e dos produtos de aves de capoeira*
- *Compartimentação da produção avícola*
- *Qualidade da carne e dos produtos de aves de capoeira*
- *Situação atual das leis e regulamentos ambientais*
- *Fornecimento de alimentos para animais*
- *Cultura personalizada (engorda)*
- *Utilização dos recursos*
- *Aceitação social*
- *Transporte*
- *Trabalhadores de matadouros*
- *Diversidade genética das aves de capoeira autóctones*
- *Eficiência da conversão de alimentos*
- *Alimentos para animais provenientes de plantas geneticamente modificadas*
- *Procura dos consumidores*
- *Papel dos retalhistas do sector alimentar*
- *Taxa de crescimento das aves de capoeira*
- *Abate (procedimento/processo)*
- *Falta de esforços para prevenir deficiências evitáveis no sector*
- *Bem-estar das aves de capoeira durante a fase de crescimento*
- *Desenvolvimento de produtos de valor acrescentado*
- *O papel das ONG e dos grupos de activistas*
- *Gestão do estrume*

- *Taxa de mortalidade das aves de capoeira*
- *Desengorduramento*
- *Espaço por animal/densidade pecuária*
- *Rotulagem dos géneros alimentícios*
- *Eficiência da utilização de subprodutos de aves de capoeira*

(d) Categoria 2: questão ligeiramente preocupante

- *Acidificação, eutrofização e potencial de aquecimento global*
- *Sistema de alojamento*
- *Excesso de produção nacional de carne de aves de capoeira*
- *Biodiversidade*

(e) Categoria 1: não tem nada a ver com a questão

- Abate de pintos machos das poedeiras

A maioria das questões foi considerada um pouco preocupante (categoria 3), compreendendo 30 das 55 questões, enquanto 15 questões foram consideradas bastante preocupantes (categoria 4). Cinco questões foram consideradas muito preocupantes (categoria 5). Apenas 4 questões foram consideradas ligeiramente preocupantes (Categoria 2) e apenas uma questão foi considerada nada preocupante (Categoria 1).

As 55 principais questões que preocupam a produção avícola na Tailândia podem ser classificadas nas 5 dimensões da sustentabilidade, incluindo os aspectos económicos, ambientais, políticos, sociais e de bem-estar dos animais, como se apresenta na Figura 6.5. O maior número de questões preocupantes encontra-se na dimensão económica, com 21 questões, seguida da dimensão social, com 19 questões. As dimensões ambiental e do bem-estar dos animais foram ambas responsáveis por 9 questões, enquanto 4 questões se inseriam na dimensão política. Sete questões abrangiam duas dimensões diferentes, incluindo a *concentração regional/produção em massa* (dimensões ambiental e social), o *surto de gripe aviária (GA) e outras doenças altamente infecciosas* (dimensões social e económica), *o excesso de produção nacional de carne de aves de capoeira* (dimensões social e económica), *a eficiência da utilização de subprodutos de aves de capoeira* (dimensões ambiental e económica), *a eficiência da conversão alimentar* (dimensões ambiental e económica), *o controlo de doenças provenientes de países vizinhos* (dimensões social e económica) e *a criação da Comunidade Económica da ASEAN (AEC)* (dimensões política e económica).

Figura 6.5 Principais questões na produção avícola na Tailândia, categorizadas nas 5 dimensões da sustentabilidade, classificadas por ordem, com a ponta da pirâmide a representar o nível mais elevado de preocupação.

Fonte: Projeto do autor.

O *surto de gripe aviária e outras doenças altamente infecciosas* e *o controlo de doenças provenientes de países vizinhos* foram as duas questões mais preocupantes (Categoria 5) nas dimensões social e económica, enquanto o *excesso de produção nacional de carne de aves de capoeira* (Categoria 2) foi considerado apenas ligeiramente preocupante nestas duas dimensões. As questões *da utilização de antibióticos na produção de aves de capoeira* e *da contaminação da carne e dos ovos por microrganismos zoonóticos* foram também consideradas muito preocupantes (Categoria 5) na dimensão social, enquanto as *normas aplicáveis aos produtos de aves de capoeira exigidas pelos países importadores* foram consideradas muito preocupantes (Categoria 5) na dimensão económica. Três questões da dimensão política, incluindo *a criação da Comunidade Económica da ASEAN (CEA)*, *as políticas públicas para a indústria avícola* e *a introdução de novas leis e regulamentos/quadro jurídico*, foram consideradas bastante preocupantes (categoria 4). As questões relativas ao bem-estar dos animais foram classificadas principalmente como algo preocupantes (categoria 3), tais como o *bem-estar das aves de capoeira nos matadouros*, *o transporte*, *a taxa de crescimento das aves de capoeira* e *a retirada da casca*, ao passo que *o sistema de alojamento* (categoria 2) e *o abate de pintos machos poedeiros* (categoria 1) não foram considerados como preocupações no âmbito desta dimensão. As preocupações ambientais, incluindo a *utilização de pesticidas na produção de alimentos para aves de capoeira* (categoria 4), *a concentração regional da produção/produção em massa* (categoria 3), *a utilização de recursos* (categoria 3), *a acidificação, a eutrofização e o potencial de aquecimento global* (categoria 2) e *a biodiversidade* (categoria 2) foram consideradas questões menos preocupantes. No âmbito da dimensão social, a *imagem negativa da indústria avícola retratada pelos meios de comunicação social* e *a pressão exercida pelos centros urbanos* foram consideradas questões bastante preocupantes (categoria 4), enquanto o *papel das ONG e dos grupos de activistas* e a *rotulagem dos alimentos* foram considerados questões menos preocupantes (categoria 3) no âmbito desta dimensão. Para além das *normas para os produtos avícolas exigidas pelos países importadores*, as questões do *comércio internacional de produtos avícolas*, da *criação*, *do papel da agricultura familiar de pequena escala*, *dos salários dos trabalhadores* e da *utilização de espécies de galinhas autóctones* foram consideradas questões bastante preocupantes (Categoria 4) no âmbito da dimensão económica.

O nível de concordância entre os membros do painel de peritos na ronda final do inquérito Delphi (Ronda 2) sobre a identificação das questões mais importantes no âmbito das cinco dimensões da sustentabilidade, tal como indicado pelo coeficiente de concordância de Kendall (W), variou entre 0,173 e 0,431, como se mostra na Tabela 6.6. Verificou-se um maior consenso entre os membros do painel quando classificaram as questões de bem-estar animal (W=0,431) e sociais (W=0,411), em comparação com as outras três dimensões. As opiniões foram menos seguras quando se classificaram as questões económicas (W=0,352) e ambientais (W=0,286), enquanto as questões políticas receberam o nível mais baixo de consenso (W=0,173) no painel de peritos.

Quadro 6.6 W de Kendall nas dimensões da sustentabilidade

	N = 28	
Aspectos da sustentabilidade	Número de emissão (*62)	Kendall's W
Aspeto ambiental	9	0.286**
Aspeto económico	21	0.352**
Aspeto político	4	0.173**
Aspeto social	19	0.411**
Aspeto do bem-estar dos animais	9	0.431**

Fonte: Projeto do autor. *Sete questões foram categorizadas em dois aspectos. **$p < 0.01$

6.4.3 Identificação das principais preocupações de sustentabilidade na produção avícola por grupos de peritos

A fim de analisar e comparar as opiniões dos grupos de partes interessadas na Tailândia, o valor médio da ronda final (Ronda 2) do estudo Delphi foi analisado por três grupos de partes interessadas, incluindo investigadores, sector privado e funcionários públicos, conforme apresentado no Quadro 6.4. Participaram nesta fase 14 investigadores, 6 representantes do sector privado e 8 funcionários públicos.

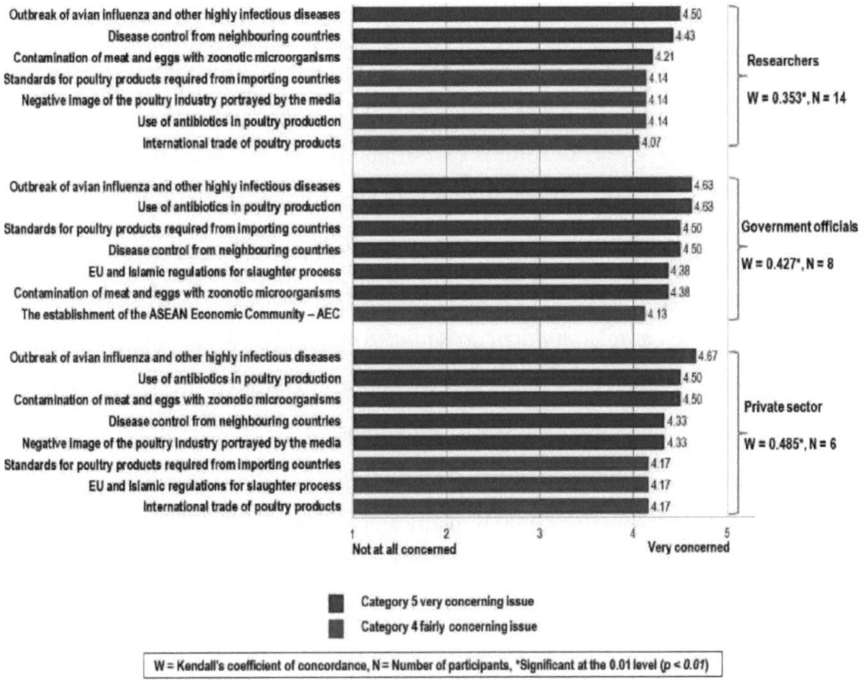

Figura 6.6 As questões mais preocupantes identificadas pelos três grupos de partes interessadas, incluindo investigadores, funcionários governamentais e sector privado, classificadas por valor médio na ronda final do inquérito Delphi (2ª ronda). O eixo x varia entre o valor médio 1 (questão nada preocupante) e 5 (questão muito preocupante).

Fonte: Projeto do autor.

A Figura 6.6 mostra as questões mais preocupantes no que respeita à sustentabilidade da produção avícola na Tailândia, conforme determinado pelos três grupos de peritos. O valor médio foi utilizado para classificar as questões. O nível de consenso entre os peritos foi mais elevado no grupo do sector privado (W=0,485) do que entre os grupos de funcionários governamentais (W=0,427) e de investigadores (W=0,353). Os três grupos de partes interessadas manifestaram preocupações substanciais relativamente ao *surto de gripe aviária e de outras doenças altamente infecciosas*, ao *controlo das doenças por parte dos países vizinhos* e à *contaminação da carne e dos ovos com microrganismos zoonóticos* (categoria 5). Tanto o sector privado como os funcionários governamentais classificaram a *utilização de antibióticos na produção de aves de capoeira* como sendo de categoria 5, ao passo que esta questão era menos preocupante (categoria 4) para o grupo de investigadores. As *normas para os produtos avícolas exigidas pelos países importadores* foram classificadas como uma questão muito preocupante (Categoria 5) pelos funcionários governamentais, enquanto o sector privado e os investigadores apenas a consideraram uma questão bastante preocupante (Categoria 4). A questão da *imagem negativa da indústria avícola retratada pelos meios de comunicação social* foi classificada na categoria 5 pelo sector privado e na categoria 4 pelos investigadores, mas não foi considerada entre as questões mais preocupantes pelos funcionários governamentais. O sector privado e os grupos de investigadores consideraram *o comércio internacional de produtos de aves de capoeira* como uma questão bastante preocupante (Categoria 4). A *regulamentação comunitária e islâmica relativa ao processo de abate* foi classificada na categoria 5 pelos funcionários governamentais e na categoria 4 pelo sector privado. Os funcionários governamentais foram o único grupo que considerou que *a criação da Comunidade Económica da ASEAN (CEA)* poderia constituir uma preocupação (Categoria 4) para a produção de aves de capoeira na Tailândia.

6.5 Comparação dos resultados entre a situação atual da produção avícola na Alemanha e na Tailândia

Nesta secção, foram comparados os resultados dos estudos Delphi sobre as preocupações de sustentabilidade na produção avícola na Alemanha e na Tailândia. Foram apresentadas as opiniões de peritos alemães e tailandeses sobre questões relacionadas com a sustentabilidade da produção avícola no presente e com as actuais condições do sector (2014).

A fim de apresentar uma imagem precisa das preocupações relativas à sustentabilidade da produção avícola nos dois países, as dez questões mais e menos preocupantes, bem como as 41 questões semelhantes, foram classificadas nas cinco dimensões da sustentabilidade: aspectos ambientais, económicos, sociais, políticos e de bem-estar dos animais. Numa fase seguinte, procedeu-se a uma comparação.

A Figura 6.7 destaca as 10 questões mais preocupantes no que respeita à sustentabilidade da produção avícola na Alemanha e na Tailândia. A questão da *utilização de antibióticos na*

A produção de aves de capoeira foi considerada como uma das principais preocupações (Categoria 5) em ambos os países. Os peritos alemães mostraram-se também muito preocupados com o *abate de pintos machos* e com o *papel dos retalhistas de produtos alimentares*, enquanto os peritos tailandeses consideraram que o *surto de gripe aviária e outras doenças altamente infecciosas, o controlo das doenças por parte dos países vizinhos, a contaminação da carne e dos ovos com microrganismos zoonóticos* e *as normas aplicáveis aos produtos avícolas exigidas pelos países importadores* constituíam as principais preocupações (Categoria 5) para a produção avícola na Tailândia.

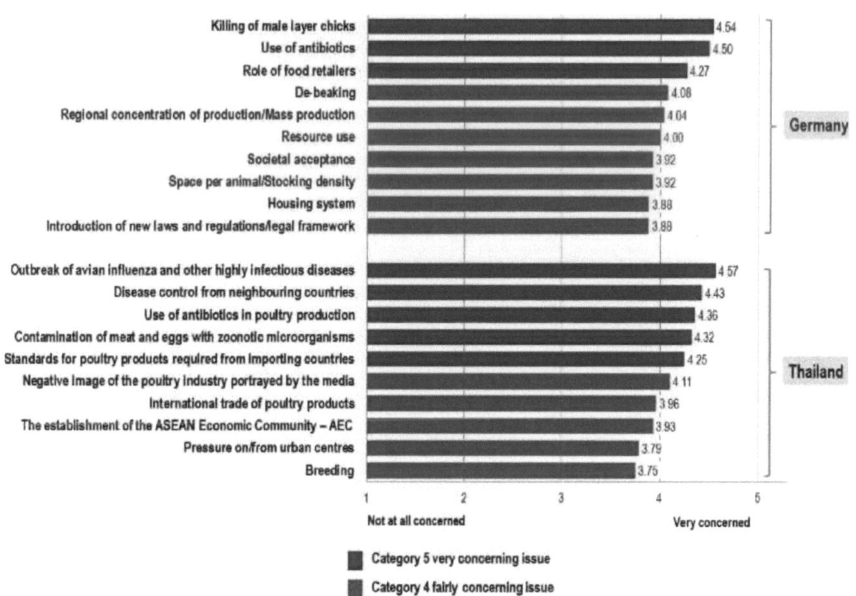

Figura 6.7 As 10 questões mais preocupantes identificadas pelos peritos da Alemanha e da

Tailândia, classificadas por valor médio na ronda final do inquérito Delphi (2ª ronda). O eixo x varia de um valor médio de 1 (questão nada preocupante) a 5 (questão muito preocupante).

Fonte: Projeto do autor.

Os peritos alemães e tailandeses tinham opiniões diferentes sobre as restantes dez questões mais preocupantes para a produção avícola. *A retirada da carne de bovino, a concentração regional da produção/produção em massa, a utilização de recursos, o espaço por animal/densidade de animais, o sistema de alojamento* e a *introdução de novas leis e regulamentos/quadro jurídico* foram bastante preocupantes (categoria 4) na Alemanha. Em contrapartida, a *imagem negativa da indústria avícola retratada pelos meios de comunicação social, o comércio internacional de produtos avícolas, a criação da Comunidade Económica da ASEAN (AEC), a pressão sobre/dos centros urbanos* e *a criação de animais* foram as questões bastante preocupantes (Categoria 4) na Tailândia.

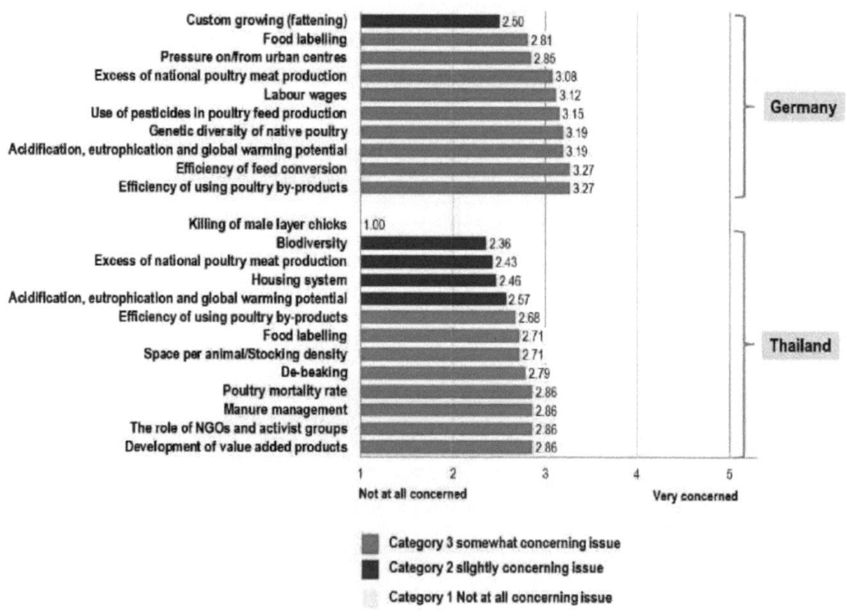

Figure 6.8 As 10 questões menos preocupantes identificadas pelos peritos da Alemanha e da Tailândia, classificadas por valor médio na ronda final do inquérito Delphi (2ª ronda). O eixo x varia de um valor médio de 1 (questão nada preocupante) a 5 (questão muito preocupante).

Fonte: Projeto do autor.

Como se pode ver na Figura 6.8, a questão da *occisão dos pintos machos poedeiros* não era de todo preocupante (Categoria 1) e a *retirada da casca* era algo preocupante (Categoria 3) para a produção avícola na Tailândia. Os peritos alemães consideraram que *a engorda* era apenas ligeiramente preocupante (Categoria 2), enquanto *a biodiversidade* e *o sistema de alojamento* foram considerados ligeiramente preocupantes (Categoria 2) pelos peritos tailandeses. A *eficácia da utilização de subprodutos de aves de capoeira* e a *rotulagem dos alimentos* foram consideradas algo preocupantes (Categoria 3) em ambos os países. Curiosamente, *a acidificação, a eutrofização e o potencial de aquecimento global*, bem como *o excesso de produção nacional de carne de aves de capoeira*, foram considerados algo preocupantes (Categoria 3) para a produção de aves de capoeira na Alemanha, enquanto na Tailândia foram considerados apenas ligeiramente preocupantes (Categoria 2).

A fim de visualizar as opiniões dos peritos dos dois países sobre as preocupações de sustentabilidade na produção avícola, 41 preocupações semelhantes foram classificadas nas cinco dimensões da sustentabilidade, incluindo aspectos ambientais, económicos, sociais, políticos e de bem-estar animal, e depois comparadas.

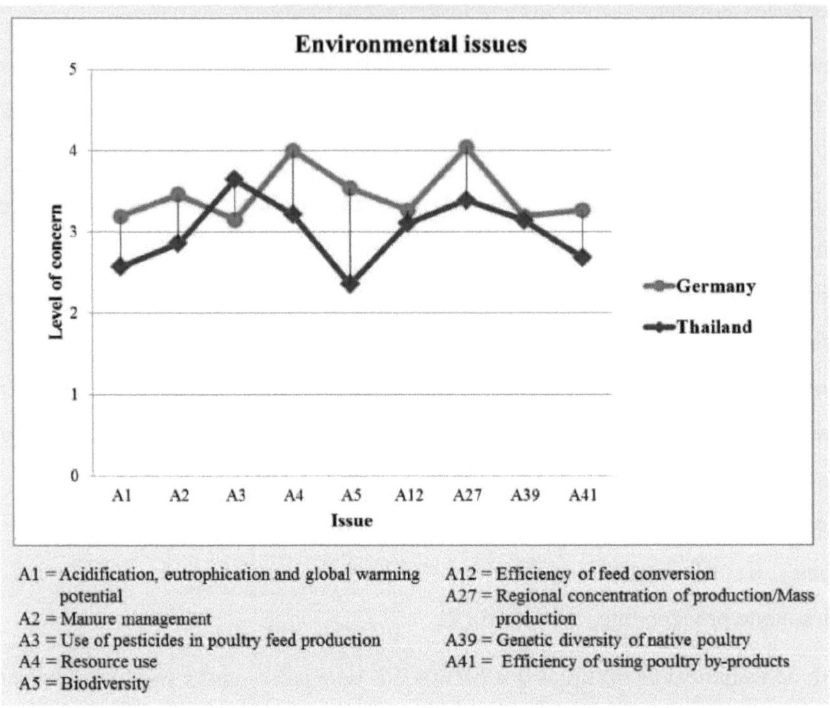

Figura 6.9 Questões ambientais classificadas por peritos da Alemanha e da Tailândia. O eixo y varia de um valor médio de 0 a 5, indicando o nível de preocupação de baixo a alto. O eixo x representa as questões que foram classificadas.

Fonte: Projeto do autor.

Com base na Figura 6.9, pode concluir-se que as questões ambientais, especialmente *a utilização de recursos*, a *biodiversidade* e *a concentração regional da produção/produção em massa,* foram classificadas como mais elevadas na Alemanha do que na Tailândia, exceto a *utilização de pesticidas na produção de alimentos para aves de capoeira*, que suscitou maior preocupação na Tailândia.

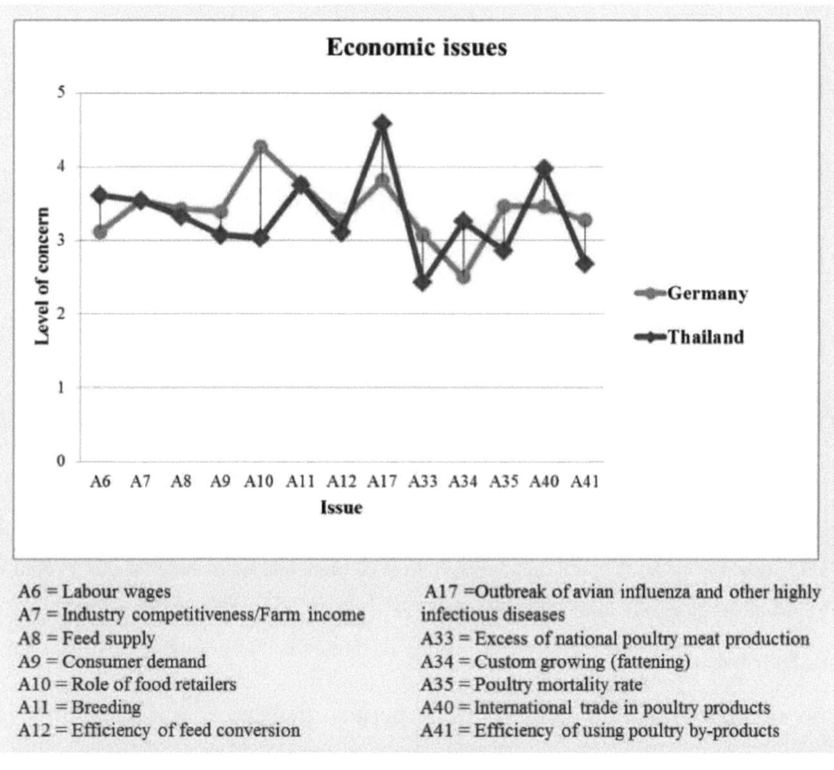

Figura 6.10 Questões económicas classificadas por peritos da Alemanha e da Tailândia. O eixo y varia de um valor médio de 0 a 5, indicando o nível de preocupação de baixo a alto. O eixo x representa as questões que foram classificadas.

Fonte: Projeto do autor.

Se olharmos para as questões económicas apresentadas na Figura 6.10, *o surto de gripe aviária e de outras doenças altamente infecciosas* foi considerado uma questão mais preocupante para a produção avícola na Tailândia do que na Alemanha. Um resultado interessante é o facto de *o papel dos retalhistas de produtos alimentares* ter sido referido pelos peritos alemães, ao passo que para os peritos tailandeses esta questão não suscitou grande preocupação. *A criação por encomenda (engorda)* foi considerada mais preocupante na Tailândia do que na Alemanha.

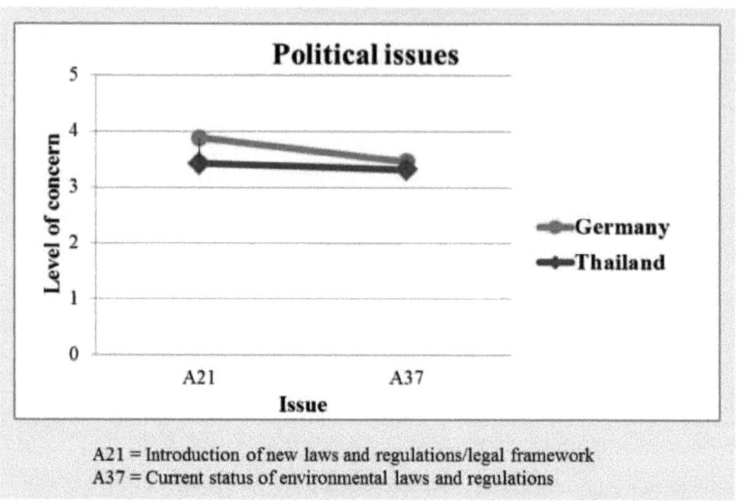

Figura 6.11 Questões políticas classificadas por peritos da Alemanha e da Tailândia. O eixo y varia de um valor médio de 0 a 5, indicando o nível de preocupação de baixo a alto. O eixo x representa as questões que foram classificadas.

Fonte: Projeto do autor.

Como se pode ver na Figura 6.11, os peritos alemães consideraram que a *introdução de novas leis e regulamentos/quadro jurídico* poderia ter um maior impacto na produção avícola do que os peritos tailandeses.

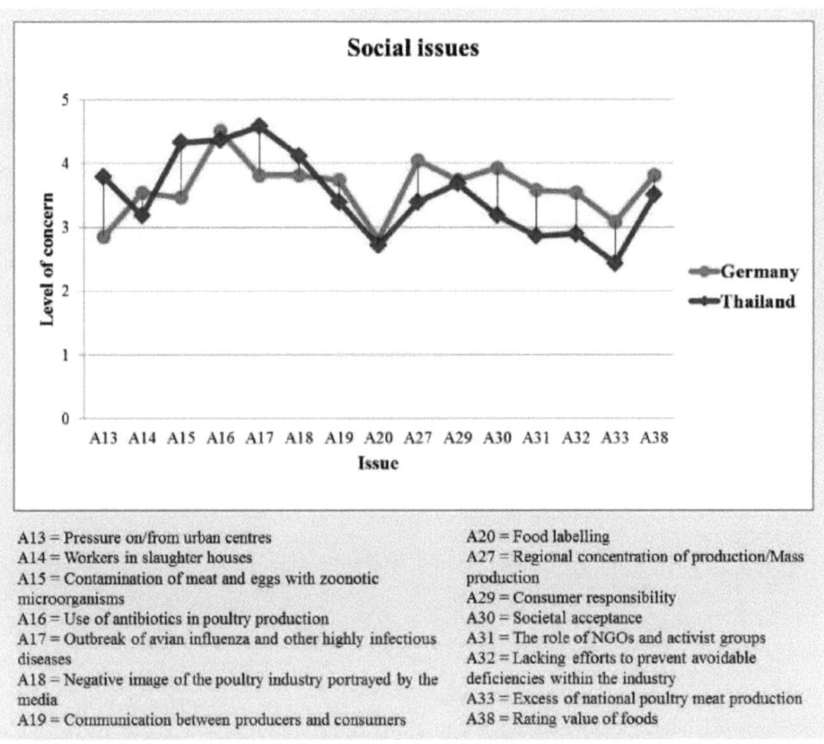

Figura 6.12 Questões sociais classificadas por peritos da Alemanha e da Tailândia. O eixo y varia de um valor médio de 0 a 5, indicando o nível de preocupação de baixo a alto. O eixo x representa as questões que foram classificadas.

Fonte: Projeto do autor.

Os peritos destacaram a *utilização de antibióticos na produção de aves de capoeira* como uma questão social altamente preocupante nos dois países, como mostra a Figura 6.12. A questão da *contaminação da carne e dos ovos com microrganismos zoonóticos* foi mais preocupante na Tailândia do que na Alemanha. O *surto de gripe aviária e de outras doenças altamente infecciosas* tem um impacto económico e social, uma vez que a gripe aviária também pode infetar os seres humanos e causar problemas de saúde. Outras questões, como os *trabalhadores dos matadouros*, a *imagem negativa da indústria avícola retratada pelos meios de comunicação social, a comunicação entre produtores e consumidores, a rotulagem dos alimentos, a responsabilidade dos consumidores* e *a classificação dos alimentos* foram consideradas igualmente preocupantes em ambos os países. No entanto, *a concentração regional da produção/produção em massa, a aceitação social, o papel das ONG e dos grupos de activistas* e *a falta de esforços para prevenir deficiências evitáveis na indústria* foram considerados mais preocupantes na Alemanha do que na Tailândia. O *excesso de produção nacional de carne de aves de capoeira* foi mais discutido na Alemanha do que na Tailândia, devido ao recente escândalo da exportação de carne de aves de capoeira de baixa qualidade para países africanos.

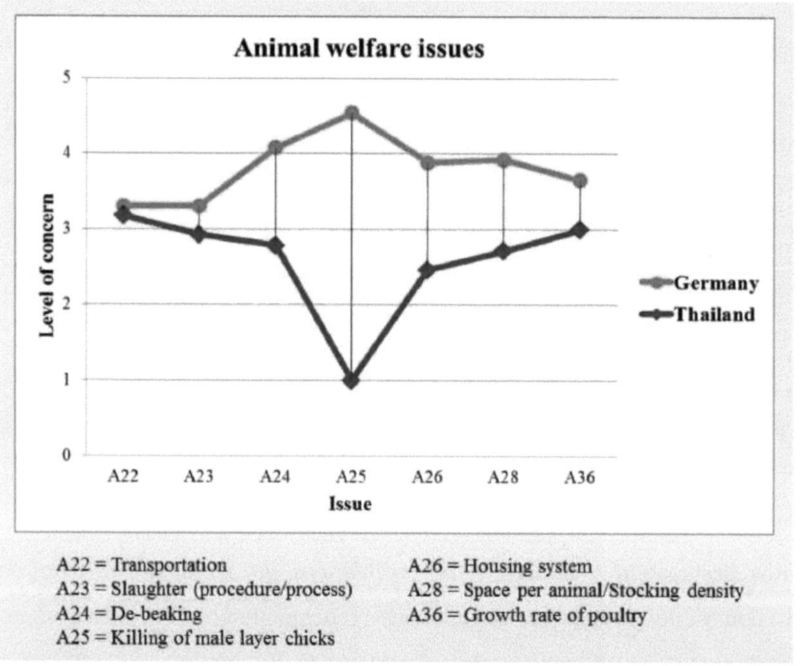

Figura 6.13 Questões relativas ao bem-estar dos animais classificadas por peritos da Alemanha e da Tailândia. O eixo dos y varia de um valor médio de 0 a 5, indicando o nível de preocupação de baixo a alto. O eixo x representa as questões que foram classificadas.

Fonte: Projeto do autor.

Os peritos da Alemanha e da Tailândia tinham opiniões diferentes sobre as questões de bem-estar dos animais na produção avícola, como se pode ver na Figura 6.13. É evidente que as questões de bem-estar dos animais foram consideradas mais preocupantes na Alemanha do que na Tailândia. As questões *da retirada das penas, do sistema de alojamento, do espaço por animal/densidade de ocupação* e *da taxa de crescimento das aves de capoeira* foram consideradas muito preocupantes na Alemanha, sendo o *abate dos pintos machos poedeiros* uma questão ética muito preocupante na Alemanha, enquanto na Tailândia os galos do dia são criados principalmente para a produção de carne.

Capítulo 7: O papel das ONG, dos grupos de proteção dos animais e das principais empresas avícolas integradas na sustentabilidade da produção avícola

7.1 Introdução

Este capítulo apresenta os papéis das várias partes interessadas na sustentabilidade da produção avícola, incluindo as ONG, os grupos de proteção dos animais e as principais empresas avícolas integradas. As medidas tomadas pelas ONG e pelos grupos de proteção dos animais, bem como as mudanças de política ou de estratégia de produção adoptadas pelas principais empresas avícolas integradas na Alemanha e na Tailândia entre 2013 e 2015, foram analisadas e comparadas, a fim de apresentar uma imagem realista da produção avícola. Esta análise pode então ser utilizada para avaliar por que razão algumas questões de sustentabilidade são motivo de grande preocupação na produção avícola.

7.2 O processo de recolha e análise de dados

A fim de captar o papel das ONG, dos grupos de proteção dos animais e das principais empresas avícolas integradas na sustentabilidade da produção avícola, foram analisados os dados relativos à sensibilização para a sustentabilidade emitidos por estes três grupos para informar o público sobre a sustentabilidade. Estes dados incluem principalmente materiais electrónicos publicados nos seus sítios Web e informações adicionais recolhidas em entrevistas aprofundadas por correio eletrónico (questionários não estruturados).

A advocacia relacionada com a ação levada a cabo por estes três grupos foi depois categorizada por questão de sustentabilidade na produção avícola, de modo a proporcionar uma visão geral dos seus papéis. O método de recolha e análise de dados secundários e de entrevistas aprofundadas por correio eletrónico baseia-se em Malhotra e Birks (2007) e Meho (2006), conforme descrito no Capítulo 2, respetivamente.

Para comparar os papéis das ONG/grupos de bem-estar animal e das principais empresas avícolas integradas na sustentabilidade da produção avícola, foram estabelecidos critérios de seleção para estes três grupos, orientados por Freeman (2014), incluindo ter uma missão de criação animal que apoie a sustentabilidade na produção avícola; organizar campanhas que forneçam uma variedade de informações relacionadas com a criação de aves de capoeira destinadas ao público ou ao consumidor; e um âmbito nacional ou internacional.

Para o estudo de caso na Alemanha, foram selecionadas as seguintes organizações e empresas:

- ONGs: Greenpeace e BUND (Amigos da Terra Alemanha)
- Grupos de proteção dos animais: Deutscher Tierschutzbund e.V., Vier Pfoten Germany e PROVIEH
- Empresas avícolas: PHW-Group e Heidemark Masterkreis GmbH & Co. KG

Devido ao papel inativo das ONG e dos grupos de proteção dos animais na indústria avícola tailandesa (Ursinus et al., 2009), apenas foram selecionadas para a análise as seguintes empresas avícolas integradas líderes:

- Empresas do sector avícola: Charoen Pokphand Foods Public Company Limited (CPF) e GFPT Public Company Limited

7.3 Informações de base sobre as ONG, grupos de proteção dos animais e empresas avícolas selecionadas

7.3.1 Greenpeace

O Greenpeace é uma organização sem fins lucrativos, fundada por Dorothy e Irving Stowe, Marie e Jim Bohlen, Ben e Dorothy Metcalfe e Bob Hunter em Vancouver, Canadá, em 1971, com o objetivo principal de impedir um segundo teste de armas nucleares dos EUA na ilha de Amchitka, nas Aleutas (Greenpeace, 2015a). A proteção do ambiente é o principal objetivo da Greenpeace. A sua ação em matéria de ambiente estendeu-se a todo o mundo. A sede internacional principal está localizada em Amesterdão desde 1989 e a organização estabeleceu uma rede que abrange 40 países.

Na Alemanha, a sede da Greenpeace foi estabelecida em Hamburgo em 1980 e conta atualmente com cerca de 200 funcionários (Greenpeace, 2015b). O principal objetivo é a sensibilização para os problemas ambientais, a fim de evitar a destruição do ambiente. Uma vasta gama de temas relacionados com a produção agrícola, incluindo a produção avícola, tem sido o foco da organização.

7.3.2BUND (Amigos da Terra Alemanha)

A BUND é uma associação sem fins lucrativos, fundada em 1975, que conta atualmente com mais de 530 000 membros e apoiantes. A sua sede situa-se em Berlim, na Alemanha (BUND, 2015a). A associação tem como objetivo promover a proteção ambiental, a agricultura biológica, o uso sustentável dos solos, mais recursos energéticos renováveis e menos combustíveis fósseis, bem como políticas de transporte que combinem mobilidade e proteção ambiental (BUND, 2015b).

7.3.3Deutscher Tierschutzbund e.V.

A Associação Alemã para o Bem-Estar dos Animais (Deutscher Tierschutzbund) foi fundada em 1881 e tem a sua sede em Bona, na Alemanha (Deutscher Tierschutzbund, 2015). Atualmente, é constituída por 16 associações nacionais com mais de 750 organizações locais de proteção dos animais de todas as regiões do país. A associação tem por objetivo promover a conservação do ambiente e o bem-estar de todos os animais, incluindo animais selvagens, domésticos e de criação.

7.3.4Vier Pfoten Alemanha

A Vier Pfoten é uma organização internacional de proteção dos animais, fundada em 1988, com sede em Viena, Áustria (Vier Pfoten, 2014). O seu escritório na Alemanha está situado em Hamburgo desde 2004. Tem também escritórios na Roménia, Bulgária, Suíça, Países Baixos, Hungria, Grã-Bretanha, África do Sul e Estados Unidos. Além disso, a Vier Pfoten tem um gabinete para a política europeia em Bruxelas, na Bélgica. Os objectivos da organização são informar o público sobre o sofrimento dos animais e melhorar o bem-estar dos animais de criação, dos animais experimentais e da vida selvagem (Vier Pfoten, 2014).

7.3.5PROVIEH

A PROVIEH é uma associação de proteção dos animais fundada em 1973, com sede em Kiel, na Alemanha (PROVIEH, 2015). Tem uma sucursal em Bruxelas, na Bélgica, e uma unidade de referência técnica em Witzenhausen, na Alemanha. A associação informa o público sobre os abusos da produção animal industrial e as suas consequências para os seres humanos. Realiza campanhas políticas e comerciais para melhorar as condições de vida dos animais de criação e mostra exemplos de como o bem-estar dos animais de criação pode ser integrado em todo o processo, desde a exploração agrícola até ao supermercado. O PROVIEH tem por objetivo aumentar o bem-estar dos animais de criação industrial, a sustentabilidade na produção de alimentos para animais e a qualidade dos produtos de origem animal (PROVIEH, 2015).

7.3.6Grupo PHW

O Grupo PHW é a maior empresa avícola integrada da Alemanha e detém a marca Wiesenhof, que produzia produtos de frango, peru e pato. A sua sede situa-se em Rechterfeld, na Alemanha (PHW-Group, 2015). A empresa também desenvolve actividades nos sectores da alimentação animal, saúde animal, nutrição humana e saúde humana. Tem cerca de 6 000 empregados e registou um volume de negócios total de mais de 2,3 mil milhões de euros em 2014 (PHW-Group, 2015).

7.3.7Heidemark Masterkreis GmbH & Co. KG

A Heidemark é uma empresa alemã líder no sector dos perus integrados, com sede em Garrel, na Alemanha (Heidemark, 2015a). Em 2014, tinha entre 201-1000 empregados e gerou receitas de 706,5 milhões de euros (Statista, 2014). A empresa produz produtos de peru para lojas de retalho alimentar, indústria e clientes de grande escala.

7.3.8Charoen Pokphand Foods Public Company Limited (CPF)

A Charoen Pokphand Foods Public Company Limited é a principal empresa tailandesa de conglomerado agroindustrial e alimentar integrado na região Ásia-Pacífico (CPF, 2015a). A sua sede está localizada em Banguecoque, na Tailândia. A atividade principal da empresa é a produção de alimentos para animais, gado e aquacultura, incluindo forragens, frangos de carne, ovos, patos, suínos, camarões e peixes. É também o maior produtor de aves de capoeira da Tailândia. Em 2014, a empresa gerou receitas totais de aproximadamente 1,06 mil milhões de euros (CPF, 2015b).

7.3.9GFPT Public Company Limited

O Grupo GFPT é uma das principais empresas avícolas integradas tailandesas, com sede em Banguecoque, na Tailândia. Os seus produtos avícolas incluem carne de frango congelada, frango transformado e subprodutos, que são vendidos no mercado nacional e internacional (GFPT, 2015a). Em 2014, a empresa registou receitas totais de 452 milhões de euros (GFPT, 2015b).

7.4 O papel das ONG, dos grupos de proteção dos animais e das principais empresas avícolas integradas na sustentabilidade da produção avícola na Alemanha

7.4.1Acções empreendidas por ONG e grupos de defesa dos animais

Nos últimos anos, um número crescente de ONG e de grupos de proteção dos animais tem mostrado interesse na produção animal na Alemanha, incluindo a indústria avícola. O leque de estratégias e campanhas desenvolvidas e implementadas pelas ONG e pelos grupos de proteção dos animais, incluindo campanhas de sensibilização, cobertura mediática e partilha de informação entre o público, tem desempenhado um papel importante no desenvolvimento da sustentabilidade na produção avícola. A presente secção apresenta uma panorâmica das questões de sustentabilidade destacadas por estes dois grupos nas suas operações.

Foi realizado um estudo dos materiais electrónicos publicados nos sítios Web da Greenpeace, BUND, Deutscher Tierschutzbund, Vier Pfoten Germany e PROVIEH, bem como informação adicional recolhida através de entrevistas aprofundadas por correio eletrónico com estes grupos, a fim de identificar actividades em 2013-2015 que estão associadas à sustentabilidade da produção avícola. Estas foram analisadas e categorizadas por questões de sustentabilidade da seguinte forma:

- *Utilização de pesticidas na produção de alimentos para aves de capoeira*

A utilização de pesticidas na produção de soja, como o glifosato para controlar as ervas daninhas, é motivo de grande preocupação devido aos seus efeitos nocivos para a saúde humana e à sua persistência prolongada no solo e na água, bem como à possibilidade de as ervas daninhas desenvolverem resistência aos pesticidas. As ONG e os grupos de proteção dos animais propõem a agricultura biológica como alternativa.

- *Fornecimento de alimentos para animais*

As importações de alimentos para aves de capoeira produzidos em países da América do Sul resultaram numa perda de biodiversidade e de florestas tropicais nessa região. Além disso, a utilização de alimentos geneticamente modificados na produção de ovos e aves de capoeira deve ser proibida devido ao seu impacto ambiental nocivo e aos riscos potenciais para a saúde humana.

- *Gestão do estrume e acidificação, eutrofização e potencial de aquecimento global*

A intensificação da produção avícola causa uma série de problemas ambientais, como a poluição do ar (emissões de amoníaco), do solo e das águas subterrâneas (lixiviação de nitratos). Além disso, as camas das aves de capoeira devem ser geridas de forma mais eficaz.

- *Utilização dos recursos*

As necessidades de terra, água e energia na produção avícola devem ser mais bem controladas, especialmente nas regiões onde são produzidos alimentos para animais, o que pode contribuir para a desflorestação.

- *Biodiversidade*

As monoculturas para a produção de alimentos para aves de capoeira estão a contribuir para uma perda de biodiversidade entre as plantas e outros organismos nas zonas de produção.

- *Sistema de alojamento*

Todos os tipos de aves de capoeira deveriam poder aceder a áreas exteriores durante todo o ano, a fim de exprimir comportamentos e instintos naturais, como bicar e tomar banho de areia.

- *Densidade populacional*

O espaço atualmente atribuído às aves de capoeira nos sistemas convencionais de produção intensiva é ainda demasiado reduzido. O número de aves de capoeira por instalação deve ser reduzido, a fim de aumentar os padrões de bem-estar.

- *Utilização de antibióticos na produção de aves de capoeira*

Os antibióticos não devem continuar a ser utilizados na produção avícola, especialmente os antibióticos reservados, como a fluorquinolona e a tetraciclina. A utilização de antibióticos na produção animal está associada ao desenvolvimento de bactérias resistentes.

- *Surto de gripe aviária*

A gripe aviária é uma preocupação séria na produção avícola. Os sistemas de produção intensiva com raças de crescimento rápido enfrentam um risco elevado de infeção pela doença. Em resposta a esta situação, devem ser desenvolvidas raças mais robustas com taxas de crescimento naturais e deve ser melhorado o nível das medidas de biossegurança nas explorações.

- *Emprego de mão de obra barata da Europa de Leste nos matadouros*

Esta questão tem sido criticada devido à prevalência de contratos de trabalho injustos para os trabalhadores de países vizinhos e a condições de vida difíceis durante o período de emprego. Os contratos de trabalho e os acordos devem ser mais transparentes e justos.

- *Cultivo personalizado*

Os contratos de exploração entre empresas integradas e avicultores significam que os agricultores podem tomar menos decisões sobre os planos de produção, uma vez que as decisões mais importantes são geralmente tomadas pelas empresas integradas.

- *Excesso de oferta de carne de aves de capoeira no mercado interno*

Um excesso de oferta de carne de aves de capoeira no mercado interno pode incentivar as empresas produtoras a exportar produtos de carne de aves de capoeira para países africanos a preços baixos. Estes produtos importados são mais baratos do que a carne produzida localmente, o que prejudica a competitividade dos agricultores locais e prejudica as suas oportunidades de geração de rendimentos nesses países africanos.

- *Desengorduramento*

A remoção do bico é utilizada para evitar a debicagem de penas e o canibalismo entre os perus e as galinhas poedeiras. No entanto, esta prática prejudica o bem-estar das aves de capoeira, incluindo a dor causada por danos nos tecidos e lesões nervosas, bem como a perda de funções normais devido a uma capacidade reduzida de sentir os materiais com o bico. Por conseguinte, a retirada do bico deveria ser proibida o mais rapidamente possível.

- *Taxa de crescimento das aves de capoeira*

As actuais raças de crescimento rápido ou turbo utilizadas na produção de aves de capoeira, especialmente frangos e perus, são muito susceptíveis a doenças, o que resulta num aumento da utilização de antibióticos durante a produção. Em resposta, devem ser desenvolvidas e utilizadas raças mais robustas e de crescimento normal.

- *Transporte*

O transporte de frangos e perus para os matadouros deve ser limitado a menos de 8 horas. O transporte a longa distância deve ser proibido e as normas de bem-estar dos animais durante o transporte devem ser melhoradas.

- *Abate de pintos do dia machos poedeiras*

Os pintos do dia devem deixar de ser abatidos. Deveriam ser aplicadas as galinhas de duplo objetivo e a determinação do sexo in ovo.

As ONG e os grupos de proteção dos animais realizaram várias campanhas para melhorar a sustentabilidade da produção avícola. O Quadro 7.1 resume as questões levantadas pelas campanhas das ONG e dos grupos de proteção dos animais.

Quadro 7.1 Questões controversas levantadas pelas ONG e pelas campanhas dos grupos de proteção dos animais

Campanhas contra:	Campanhas que apelam ao apoio governamental e setorial:
Agricultura industrial Patente sobre plantas e animais criados convencionalmente Utilização de antibióticos na produção de aves de capoeira Utilização de florestas e zonas húmidas para plantações de alimentos para aves de capoeira Carne barata Importação de produtos de outros países com normas de bem-estar animal pouco exigentes	Apoiar a agricultura biológica através da alteração da estrutura das subvenções agrícolas Aumentar a transparência e a informação sobre a rotulagem dos ovos e da carne de aves de capoeira Promover sistemas de produção ao ar livre Utilizar alimentos para aves de capoeira provenientes da produção regional Redução dos fertilizantes químicos na produção de alimentos para animais Criação de raças robustas Redução do consumo de carne e de produtos de origem animal Promoção da pequena dimensão dos efectivos

Quadro 7.1 (continuação)

Campanhas contra:	Campanhas que apelam ao apoio governamental e setorial:
Construção de grandes explorações avícolas e matadouros Criação de patos almiscarados Alimentação de gansos por gavagem Utilização de penas e penugem de patos e gansos Desengorda em galinhas poedeiras e perus Abate de pintos do dia machos poedeiras Utilização de alimentos geneticamente modificados na produção de aves de capoeira	Aumentar as normas de bem-estar dos animais Aumentar o controlo de qualidade dos modelos de galinheiros antes da sua colocação no mercado Legislação sobre a criação de perus Abate na região de origem Limitação do tempo de transporte doméstico a oito horas entre as explorações avícolas e os matadouros Eliminação das subvenções à exportação de animais vivos Desenvolvimento de leis sobre o bem-estar dos animais baseadas na igualdade de consideração entre consumidores e produtores Melhoria do sistema de garantia de qualidade dos produtos à base de carne de aves de capoeira Rotulagem obrigatória da carne de aves de capoeira alimentadas com alimentos geneticamente modificados Rotulagem obrigatória dos ovos e dos produtos que contêm ovos Proibição da venda de ovos e produtos que contenham ovos postos em gaiolas

Fonte: Dados baseados numa análise da literatura de material eletrónico publicado nos sítios Web da Greenpeace, BUND, Deutscher Tierschutzbund, Vier Pfoten Germany e PROVIEH, e em entrevistas qualitativas aprofundadas por correio eletrónico com estes grupos (2015).

7.4.2 Mudanças de política ou alterações na estratégia de produção adoptadas pelas principais empresas avícolas integradas

Produzir carne e ovos de aves de capoeira de forma mais sustentável é um grande desafio para o sector avícola, especialmente para as principais empresas avícolas. A pressão das ONG e dos grupos de defesa do bem-estar dos animais, bem como dos consumidores, no sentido de aumentar a sustentabilidade no sector, levou as principais empresas avícolas a adoptarem estratégias de produção mais sustentáveis.

Foi realizado um estudo dos materiais electrónicos publicados nos sítios Web do PHW-Group e da Heidemark, dos relatórios das empresas (Heidemark, 2015b) e de informações adicionais recolhidas em entrevistas aprofundadas por correio eletrónico com estes grupos, a fim de avaliar a mudança da sua estratégia de produção para a sustentabilidade em 2013-2015. Foi observado o seguinte:

- *Modernização das explorações avícolas e dos matadouros*

As empresas avícolas aumentaram os seus investimentos na modernização das explorações e dos matadouros, a fim de melhorar o bem-estar dos animais e as normas de higiene.

- *Utilização de tecnologias modernas para aumentar a eficiência dos recursos*

A tecnologia moderna é atualmente aplicada na indústria avícola para facilitar uma produção eficiente em termos de recursos, optimizada em termos energéticos e com baixas emissões. O aumento da eficiência na utilização da energia e da água, bem como na gestão dos resíduos, poderá reduzir ainda mais a pegada de carbono em toda a cadeia de abastecimento.

- *Desenvolvimento de aditivos para a alimentação animal para reduzir as emissões de azoto e fósforo*

Os aditivos para a alimentação animal melhoram os sistemas digestivos das aves de capoeira, reduzindo assim a quantidade de azoto e fósforo emitidos nas camas.

- *Utilizar subprodutos de aves de capoeira para a produção de biocombustíveis*

Os subprodutos da carne de aves de capoeira, como a gordura de aves, têm sido utilizados para produzir biocombustível, o que pode ajudar a reduzir o impacto ambiental do sector.

- Reduzir as *rotas de transporte entre as explorações avícolas e os matadouros* A redução dos tempos e distâncias de transporte poderia diminuir os custos de produção e dar resposta às preocupações com o bem-estar dos animais.

- *Promoção da investigação científica nas universidades e institutos*

A colaboração com institutos de investigação promove o desenvolvimento do conhecimento sobre a produção avícola, o que garante uma maior utilização da tecnologia e da inovação para melhorar o sistema de produção de uma forma mais eficaz.

- *Promoção de sistemas de produção alternativos*

Devido à crescente sensibilização dos consumidores para o bem-estar dos animais, a empresa apoia sistemas de produção alternativos, como a disponibilização de mais espaço e de estufas cobertas para a criação de frangos de carne (Wiesenhof, 2015).

- *Promoção do bem-estar animal e dos alimentos não geneticamente modificados*

As normas de produção das empresas avícolas cumprem agora os regulamentos e as normas de bem-estar animal. Os rótulos "Für mehr Tierschutz" e "Ohne Gentechnik" indicam que os produtos avícolas foram produzidos em conformidade com as normas de bem-estar animal e sem alimentos geneticamente modificados. O bem-estar dos animais durante o transporte e nos matadouros também foi tido em conta para cumprir as normas legais.

- *Redução da utilização de antibióticos*

A utilização de antibióticos representa um custo direto para os produtores. Por conseguinte, as empresas estão cada vez mais empenhadas em melhorar os seus sistemas de produção, a fim de reduzir a utilização de antibióticos e garantir a segurança alimentar e o bem-estar dos animais.

- *Investigação sobre a utilização alternativa de pintos do dia machos de poedeiras*

As preocupações éticas relativas ao abate de pintos machos do dia foram comunicadas às empresas produtoras de aves de capoeira. Em resposta, a indústria investiu na investigação de soluções alternativas.

- *Investigação sobre a criação de galinhas poedeiras sem descasque*

A indústria avícola também aborda a questão da retirada do bico na produção de aves de capoeira, apoiando a investigação sobre o bem-estar animal na criação de galinhas poedeiras sem aparar o bico.

- *Rastreabilidade e transparência dos produtos de consumo*

A rotulagem clara da carne de aves de capoeira e dos ovos ajuda os consumidores a compreender a origem dos produtos e os elevados padrões de segurança.

- *Controlo da produção de alimentos para aves de capoeira*

A desflorestação nas regiões produtoras de alimentos para animais é também uma preocupação para as empresas produtoras. Em resposta, a produção de alimentos para animais é altamente controlada pelas empresas, a fim de garantir que as plantações não têm um impacto negativo nos ecossistemas florestais circundantes.

- *Promoção da utilização de raças de crescimento lento*

As raças de crescimento lento, como a "Cobb Sasso" e a "Hubbard", são cada vez mais utilizadas na produção de aves de capoeira de carne, o que significa que as aves têm mais tempo para se desenvolverem e mais espaço para acederem a áreas exteriores para expressarem comportamentos naturais, como apanhar sol e bicar.

- *Elevado nível de normas de produção*

As empresas asseguram que a produção avícola cumpre o elevado nível de normas de higiene através de inspecções internas e externas, tais como QS (Quality Scheme for Food), IFS (International Featured Standards), BRC (The British Retail Consortium) e HACCP (Hazard Analysis and Critical Control Points). Os sistemas de gestão da qualidade são aplicados em toda a cadeia de produção.

- *Melhoria das condições de trabalho*

Os trabalhadores têm acesso a acções de formação e ao desenvolvimento das suas competências profissionais. As empresas oferecem salários competitivos e pacotes de benefícios, bem como horários de trabalho razoáveis. As empresas também incentivam o desenvolvimento de programas de formação profissional e de educação para jovens adultos.

- *Apoio aos agricultores*

O desenvolvimento de relações com os agricultores contratados e a prestação de apoio em todas as questões relevantes podem gerar benefícios para ambas as partes e garantir a mais elevada qualidade e segurança dos produtos avícolas.

- *Promoção de um diálogo construtivo com as ONG e os grupos de proteção dos animais*

As principais empresas de produção estão abertas a discussões com ONG e grupos de proteção dos animais sobre a melhoria da sustentabilidade da produção avícola. O envolvimento com a comunidade em geral é uma responsabilidade fundamental.

7.4.3Discrepâncias entre as acções empreendidas pelas ONG/grupos de proteção dos animais e as estratégias de produção adoptadas pelas empresas avícolas

Os esforços empreendidos pelas ONG/grupos de proteção dos animais e pelas principais empresas avícolas integradas acima referidas mostram que a maioria das questões de sustentabilidade criticadas pelas ONG e pelos grupos de proteção dos animais está a ser tida em conta pelas empresas de produção avícola. No entanto, persistem algumas questões de menor preocupação, incluindo as seguintes questões retiradas dos resultados Delphi apresentados no capítulo anterior:

- *Cultivo personalizado*

- *Rotulagem dos produtos de aves de capoeira*
- *Pressão sobre/dos centros urbanos*
- *Sobreprodução de carne de aves de capoeira*
- *Bem-estar dos trabalhadores*
- *Utilização de pesticidas na produção de alimentos para aves de capoeira*
- *Acidificação, eutrofização e potencial de aquecimento global*
- *Eficiência da utilização de subprodutos de aves de capoeira*
- *Abate (procedimento/processo)*
- *Transporte.*

No entanto, devido a compromissos entre a eficiência económica e as preferências dos consumidores, bem como às políticas de investimento e à disponibilidade de tecnologia e inovação, nem todas as questões de sustentabilidade podem ser abordadas de forma eficaz na prática. Além disso, algumas questões não podem ser abordadas apenas pelas empresas, exigindo a colaboração de todas as partes interessadas do sector avícola. As seguintes questões de sustentabilidade de maior preocupação - com base nos resultados do estudo Delphi - não podem ser abordadas apenas pelas empresas de produção avícola:

- *Abate de pintos machos do dia* e *remoção da casca*

Estas duas práticas serão proibidas por leis e regulamentos apoiados por ONG e grupos de proteção dos animais num futuro próximo. As empresas avícolas têm-se esforçado por encontrar soluções para estas questões, mas o processo tem sido longo. Tanto o *abate de pintos machos* como a *retirada da casca* foram identificados como questões de grande preocupação para a indústria avícola durante o estudo Delphi.

- *Utilização de antibióticos na produção de aves de capoeira*

Uma das questões mais preocupantes na produção de aves de capoeira é a utilização de antibióticos durante a produção, devido a uma sensibilização crescente para a segurança alimentar e a saúde humana. Embora o custo dos antibióticos seja relativamente elevado para os produtores, continua a ser necessário para proteger e tratar uma série de doenças das aves de capoeira. Esta questão exige a colaboração de vários actores para reduzir a utilização de antibióticos.

- *Papel dos retalhistas do sector alimentar*

Os retalhistas de produtos alimentares desempenham um papel central na comunicação entre produtores e consumidores. No entanto, os retalhistas não podem, por si só, tomar decisões sobre a melhoria dos produtos avícolas. É necessário ter em conta as preferências dos consumidores e a capacidade das empresas avícolas para produzir e satisfazer as exigências dos consumidores a um preço razoável. A incerteza de uma economia orientada para o retalho faz desta questão uma grande preocupação para a indústria avícola.

- *Surto de gripe aviária*

Embora as empresas de produção tenham vindo a melhorar continuamente as normas de biossegurança na produção avícola, a gripe aviária continua a ser um problema constante em todo o mundo devido a múltiplos factores. A gripe aviária tem um impacto extremamente prejudicial na indústria avícola, como demonstraram os surtos nos Países Baixos (2003), na Tailândia (2004) e nos EUA (2015). Enquanto os surtos persistirem, a gripe aviária continua a ser uma questão altamente preocupante, que precisa de ser mais investigada até se encontrarem soluções.

Outras questões, como a *concentração regional da produção, a utilização de recursos, a densidade de animais, os sistemas de alojamento, a contaminação da carne e dos ovos com microrganismos zoonóticos, a reprodução* e *a imagem negativa da indústria avícola retratada pelos meios de comunicação social,* têm sido objeto de trabalho por parte das empresas avícolas. No entanto, os seus esforços ainda não são suficientes para resolver estes problemas. Por conseguinte, estas questões continuam a ser consideradas bastante preocupantes.

7.5 O papel das ONG, dos grupos de proteção dos animais e das principais empresas avícolas integradas na sustentabilidade da produção avícola na Tailândia

7.5.1Acções empreendidas por ONG e grupos de defesa dos animais

Embora as ONG e os grupos de bem-estar animal desempenhem um papel inativo na indústria avícola na Tailândia, trabalham predominantemente em recursos naturais e questões de conservação da vida selvagem, como a conservação dos elefantes e o bem-estar dos elefantes domesticados (Ratanakorn, 2002; Ursinus et al., 2009). Consequentemente, as ONG e os grupos de proteção dos animais não tiveram influência na sustentabilidade da produção avícola durante esta investigação.

7.5.2Estratégias de produção adoptadas pelas principais empresas avícolas integradas

A indústria avícola é um dos sectores agrícolas mais importantes da Tailândia. As empresas avícolas integradas desempenham um papel de liderança na produção de produtos avícolas para consumo interno e exportação. Consequentemente, as empresas têm em conta elevados níveis de normas de produção e uma produção sustentável.

Foi realizado um estudo dos materiais eletrónicos publicados nos sites da Charoen Pokphan Foods (CPF) e da GFPT, dos relatórios das empresas (CPF, 2015b; GFPT, 2015b) e de informações adicionais recolhidas em entrevistas aprofundadas por e-mail com estes grupos, a fim de avaliar as suas mudanças de estratégia de produção para a sustentabilidade em 2013-2015. Foram feitas as seguintes observações:

- *Desenvolvimento e utilização de tecnologia avançada e inovação na produção avícola*

As empresas introduziram tecnologia avançada e inovação que cumprem as normas internacionais, a fim de ultrapassar as limitações e melhorar a eficiência da produção, contribuindo para a elevada qualidade, segurança e higiene dos produtos. Os produtos podem ser sistematicamente rastreados até à sua origem.

- *Oferta de oportunidades para os parceiros comerciais e as comunidades participarem no processo de tomada de decisões*

A divulgação de conhecimentos e a transferência de tecnologia entre parceiros comerciais e comunidades ao longo da cadeia de valor, bem como o apoio à melhoria dos padrões de vida, aumentaram a competitividade e promoveram o crescimento mútuo em conjunto com as empresas.

- *Utilização eficiente dos recursos*

As empresas de produção aplicam o conceito dos 4R de "Reduzir", "Reutilizar", "Reciclar" e "Reabastecer", a fim de aumentar a eficiência da gestão da energia, da água, dos resíduos e do ar. Este conceito está em conformidade com as normas internacionais, como a ISO 14001 (Gestão Ambiental), ISO 50001 (Gestão da Energia), AEMAS (Sistema de Acreditação de Gestores de Energia da ASEAN), ISO 14040 (Gestão Ambiental - Avaliação do Ciclo de Vida - Princípios e Enquadramento), ISO 14044 (Gestão Ambiental - Avaliação do Ciclo de Vida - Requisitos e Diretrizes) e ISO 14067 (Gases com Efeito de Estufa - Pegada de Carbono dos Produtos), que minimizam os impactos ambientais e contribuem para a conservação e recuperação da biodiversidade, bem como para a mitigação das alterações climáticas.

- *Promoção do bem-estar dos trabalhadores*

Os funcionários têm acesso a oportunidades de formação para o desenvolvimento de carreiras e competências e recebem uma remuneração e benefícios competitivos. A criação de um ambiente de trabalho seguro e saudável é levada a sério em todos os locais de trabalho, incluindo quintas, instalações de produção, escritórios administrativos e de apoio e pontos de venda a retalho, através da implementação de normas de saúde e segurança, como a OHSAS 18001 (Occupational Health and Safety Assessment Series).

- *Elevado nível de normas de biossegurança e de segurança dos produtos*

A fim de garantir a qualidade dos produtos e a segurança alimentar dos consumidores, as empresas de produção centraram-se na biossegurança em conformidade com as normas internacionais, tais como a ISO 9001 (Gestão da Qualidade), GMP (Boas Práticas de Fabrico), HACCP (Análise de Perigos e Pontos Críticos de Controlo), GAP (Boas Práticas Agrícolas), BRC (British Retail Consortium) e IFS (International Food Standard). As empresas garantem que não são utilizados promotores de crescimento hormonal na produção de aves de capoeira e que o processamento da carne cumpre as normas internacionais.

- *Promoção dos direitos humanos*

Foram implementadas políticas de direitos humanos para combater o tráfico de seres humanos, bem como a contratação direta de intermediários de mão de obra nos países de origem (CPF, 2015b).

- *Melhoria das normas de bem-estar dos animais*

As normas de bem-estar dos animais são continuamente melhoradas em conformidade com a legislação tailandesa, as diretivas da UE e as normas internacionais, tais como as normas de bem-estar dos animais da União Europeia, a Red Trator Assurance (RTA) e a Genesis Assured Duck Production (ADP) do Reino Unido e o Agricultural Labelling Ordinance (ALO) da Suíça. Os sistemas de produção seguem os princípios de bem-estar animal, incluindo a seleção e conceção do local, sistemas de criação de animais, alimentação e nutrição, cuidados de saúde e prevenção de doenças, higiene da exploração, manuseamento e transporte dos animais, documentação e formação dos funcionários. A produção de frangos de carne obedece a um elevado nível de normas de bem-estar animal, sendo as aves criadas durante 45 dias para ganharem 2,5 kg de peso e mantidas a uma densidade animal baixa, com um máximo de 13 aves/m^2 antes do abate.

- *Rotulagem dos produtos de aves de capoeira*

Em conformidade com a lei, as informações sobre os produtos de aves de capoeira são fornecidas de forma exacta, clara e suficiente para apoiar as escolhas dos consumidores, incluindo o local de origem, os ingredientes importantes, as instruções de utilização e armazenagem seguras e a informação nutricional.

- *Colaboração com os retalhistas*

As empresas de produção cooperam com supermercados e cadeias de retalho para garantir que satisfazem as exigências dos consumidores em termos de produtos seguros e de elevada qualidade.

- *Promoção dos meios de subsistência da comunidade*

Os programas de subsistência comunitária incluem o apoio à educação, aos rendimentos locais, à saúde pública e à criação de emprego. As empresas também promovem o desenvolvimento de infra-estruturas e de bens e serviços públicos, incluindo as artes e a cultura.

- *Apoio às políticas públicas*

A empresa produtora CPF participa na defesa da regulamentação sobre a sustentabilidade das indústrias agrícola e alimentar para aumentar a vantagem competitiva da Tailândia no mercado internacional, como a melhoria dos padrões de educação veterinária para as universidades e instituições de ensino na Tailândia para acompanhar a tecnologia avançada e competir a nível internacional, e a coordenação do fornecimento de alimentos para animais e outras medidas de apoio para ajudar os agricultores pobres (CPF, 2015b).

7.5.3 Discrepâncias entre as acções empreendidas pelas ONG/grupos de proteção dos animais e as estratégias de produção adoptadas pelas empresas avícolas

Devido ao baixo nível de envolvimento das ONG e dos grupos de proteção dos animais no sector avícola tailandês, as principais empresas avícolas integradas quase não sofreram pressões por parte destes dois grupos. Por conseguinte, os resultados do estudo Delphi reflectem diretamente o efeito das políticas e dos esforços das empresas na produção avícola.

As empresas avícolas tailandesas melhoram proactivamente as normas de produção, a fim de aumentar a confiança dos consumidores nacionais e internacionais e reforçar a sua imagem, o que levou a que algumas questões de sustentabilidade fossem classificadas como menos preocupantes nos resultados do estudo Delphi apresentados no capítulo anterior. As seguintes questões foram consideradas como não preocupantes ou pouco preocupantes:

- *Abate de pintos do dia machos poedeiras*
- *Biodiversidade*
- *Excesso de oferta de produção nacional*
- *Sistemas de habitação*
- *Acidificação, eutrofização e potencial de aquecimento global*
- *Eficiência da utilização de subprodutos de aves de capoeira*
- *Rotulagem dos géneros alimentícios*
- *Densidade populacional*
- *Desengorduramento*
- *Bem-estar das aves de capoeira durante a fase de crescimento*
- *Abate (procedimento/processo)*
- *Papel dos retalhistas do sector alimentar*
- *Condições de trabalho nos matadouros*
- *Transporte*
- *Aceitação social*
- *Utilização dos recursos*
- *Cultivo personalizado*
- *Fornecimento de alimentos para animais*
- *Qualidade dos produtos avícolas*

- *Perceção dos produtos de aves de capoeira*
- *Bem-estar das aves de capoeira nos matadouros*

No entanto, algumas questões de sustentabilidade ainda não são abordadas na prática devido às políticas de investimento, às limitações tecnológicas e à falta de inovação, bem como aos requisitos de importação. Além disso, algumas questões não podem ser resolvidas apenas pelas empresas tailandesas, exigindo a colaboração com outros países. As seguintes questões de sustentabilidade de maior preocupação - com base nos resultados do estudo Delphi - não podem ser abordadas apenas pelas empresas de produção avícola:

- *Surto de gripe aviária (IA)*

Embora não se tenham registado surtos de gripe aviária na Tailândia desde 2009, esta questão tem sido considerada altamente preocupante devido à contínua propagação da gripe aviária nos países vizinhos, como o Camboja (2015), o Laos (2015) e o Vietname (2015), que poderia propagar-se à Tailândia. O receio de surtos de gripe aviária, como o que se verificou em 2004, levou as empresas avícolas e o governo a elaborar regulamentos para controlar rigorosamente os sistemas de produção. No entanto, os surtos de gripe aviária estão associados a múltiplos factores, que colocam a indústria avícola em risco, apesar dos elevados níveis de medidas de biossegurança.

- *Controlo das doenças nos países vizinhos*

Devido às normas de produção menos exigentes nos países vizinhos, a probabilidade de propagação de doenças através da fronteira é muito elevada, especialmente através do transporte ilegal de produtos animais.

- *Utilização de antibióticos na produção de aves de capoeira*

As empresas de produção avícola têm estado a investigar a forma de reduzir tanto quanto possível a utilização de antibióticos na produção avícola. No entanto, os antibióticos continuam a ser necessários para tratar algumas doenças das aves de capoeira. Os sistemas de produção têm de ser melhorados para se poder produzir aves de capoeira sem antibióticos.

- *Contaminação da carne e dos ovos com microrganismos zoonóticos*

Embora as principais empresas avícolas integradas da Tailândia cumpram um elevado nível de normas de biossegurança e higiene, o risco de a carne e os ovos serem contaminados com microrganismos zoonóticos é considerado altamente preocupante, uma vez que aproximadamente 10% da carne e dos ovos são produzidos em explorações de pequena escala, que têm normas de produção menos exigentes (Songpaisan, 2013).

- *Normas para produtos de aves de capoeira exigidas pelos países importadores*

Factores externos, como as normas de produção e os requisitos estabelecidos pelos parceiros de importação que excedem as capacidades de produção das empresas tailandesas, resultam na perda de mercados e aumentam o nível de investimento necessário para atingir uma determinada condição.

- *Imagem negativa da indústria avícola retratada pelos meios de comunicação social*

Embora a indústria avícola tailandesa raramente seja retratada de forma negativa nos meios de comunicação social tailandeses, as notícias negativas podem ter um impacto devastador na indústria. Por exemplo, os rumores de um surto de gripe aviária espalhados através das redes sociais em 2014, que tiveram uma série de impactos sociais e económicos, abalaram temporariamente a confiança na indústria avícola. Consequentemente, esta questão foi considerada bastante preocupante no inquérito de 2014.

Outras questões de sustentabilidade, como o *comércio internacional de produtos avícolas, o estabelecimento da Comunidade Económica da ASEAN, a pressão sobre/dos centros urbanos, a reprodução* e *o papel da agricultura familiar de pequena escala* são também tidas em conta pelas empresas de produção avícola. No entanto, os seus esforços não respondem efetivamente a estas preocupações.

Por conseguinte, estas questões foram classificadas como bastante preocupantes durante o inquérito Delphi.

7.6 Comparação dos papéis das ONG, dos grupos de proteção dos animais e das principais empresas avícolas integradas na sustentabilidade da produção avícola na Alemanha e na Tailândia

O Quadro 7.2 resume os diferentes papéis desempenhados pelas ONG, pelos grupos de proteção dos animais e pelas principais empresas avícolas integradas na sustentabilidade da produção avícola na Alemanha e na Tailândia. As ONG e os grupos de proteção dos animais na Alemanha são muito activos em termos de defesa e de campanhas sobre questões relacionadas com as indústrias avícolas, ao passo que estes actores são inactivos na Tailândia. As estratégias de produção adoptadas pelas principais empresas avícolas integradas na Alemanha são mais reactivas, em resposta às pressões exercidas pelas ONG e pelos grupos de proteção dos animais. Sem a pressão das ONG e dos grupos de proteção dos animais, as empresas tailandesas trabalham proactivamente nas suas estratégias de produção para desenvolver uma imagem positiva e ganhar a confiança dos consumidores nacionais e dos parceiros de importação.

Quadro 7.2 Papéis comparativos das partes interessadas na sustentabilidade da produção avícola

Papel das partes interessadas na sustentabilidade da produção avícola	Alemanha	Tailândia
ONG	ativo	inativo
Grupos de proteção dos animais	ativo	inativo
Principais empresas avícolas integradas	reativo	pró-ativo

Fonte: Projeto do autor.

Capítulo 8: Discussão

8.1 Introdução

O principal objetivo deste estudo é apresentar recomendações para melhorar a sustentabilidade da produção avícola na Alemanha e na Tailândia. A noção de ciência da sustentabilidade foi aplicada para desenvolver o quadro concetual do estudo. O método Delphi foi utilizado para estimar o estado atual da indústria avícola, identificando e classificando as questões de sustentabilidade que preocupavam as indústrias avícolas alemã e tailandesa em 2014. Adicionalmente, as acções levadas a cabo por ONGs e grupos de bem-estar animal, bem como as reacções políticas/estratégias de produção adoptadas pelas principais empresas avícolas integradas, foram analisadas utilizando uma combinação de análises de dados secundários e entrevistas qualitativas aprofundadas por correio eletrónico, tal como discutido no Capítulo 2, para explicar por que razão algumas questões de sustentabilidade são consideradas preocupantes para a produção avícola durante o inquérito Delphi. Este capítulo centra-se na discussão do método Delphi, nos resultados do estudo Delphi sobre as preocupações de sustentabilidade na produção avícola e na análise do papel das ONG, dos grupos de proteção dos animais e das principais empresas avícolas integradas na sustentabilidade da produção avícola. Por último, este capítulo apresenta uma discussão geral dos resultados globais da investigação e das implicações, limitações e recomendações do estudo para investigação futura.

8.2 O estudo Delphi sobre preocupações de sustentabilidade na produção avícola

8.2.1O método Delphi

O método Delphi é uma ferramenta adequada nos casos em que os conhecimentos são limitados ou em que os dados actuais não estão disponíveis (Gupta e Clarke, 1996). É também muito útil quando os peritos não podem reunir-se pessoalmente devido a restrições de tempo ou de custos (Linstone, 1978). O método Delphi tem algumas limitações: consome muito tempo, os participantes precisam de saber como utilizá-lo e os resultados podem não ser representativos (Barnes, 1987). No entanto, esta técnica tem como objetivo chegar a um consenso sobre determinadas questões no seio de um grupo de peritos, face à incerteza e à insuficiência de dados (Angus et al., 2003). Uma das vantagens do método Delphi é que a sua utilização pode atenuar o efeito de "bandwagon", selecionando cuidadosamente peritos de diversas origens (Angust et al., 2003) e controlando o feedback e o processo de iteração durante o inquérito Delphi (Rowe e Wright, 1999). Neste estudo, a técnica Delphi foi utilizada para envolver os peritos na identificação e classificação das questões de sustentabilidade que atualmente preocupam as indústrias avícolas alemã e tailandesa. Os peritos foram cuidadosamente selecionados com base nos seus conhecimentos e experiência na indústria avícola. O método revelou-se particularmente útil, uma vez que os membros do painel Delphi não tiveram de se encontrar pessoalmente durante todo o processo, o que eliminou as fronteiras geográficas e permitiu poupar custos de deslocação. Uma das questões mais difíceis na utilização deste método é manter o número de peritos participantes ao longo das várias rondas de iteração. Este estudo ultrapassou este inconveniente e obteve uma taxa de resposta de mais de 80% na segunda ronda de inquéritos Delphi nos dois países, o que garantiu a exatidão dos resultados da investigação. O método Delphi é um instrumento sólido e eficaz para identificar e classificar questões preocupantes e oferecer oportunidades potenciais para melhorar a sustentabilidade (Blackburn, 2007). Como resultado, os resultados fornecem informações básicas vitais e destacam os pontos que devem ser levados em consideração para que a produção avícola se torne mais sustentável.

8.2.2Comparação das preocupações de sustentabilidade na produção de aves de capoeira na Alemanha e na Tailândia

No final das duas rondas de estudos Delphi, 41 questões foram identificadas e classificadas por 26 peritos alemães e 55 questões foram identificadas e classificadas por 28 peritos tailandeses. Dalky et al. (1970) sugerem que os resultados Delphi são mais precisos após duas rondas e tornam-se menos precisos durante as rondas adicionais. Uma vez que as opiniões dos peritos não foram afectadas pela dimensão do painel, não foi necessário ter o mesmo número de membros do painel nos dois países (Schmidt et al., 2001; Schmidt, 1997). Os peritos foram convidados a participar neste estudo com base nos seus diferentes níveis de especialização na indústria avícola, incluindo ONG, grupos de proteção dos animais, investigadores, funcionários governamentais, o sector privado e políticos. O número de participantes foi limitado à dimensão óptima do painel necessária para identificar todas as questões relevantes, aumentando assim a precisão dos resultados Delphi (Dalkey e Brown, 1971; Sackman, 1974; Lindstone, 1978; Larreche e Moinpour, 1983; Rowe et al., 1991).

Na secção seguinte, são discutidas as questões de sustentabilidade que foram identificadas como preocupantes no estudo Delphi na Alemanha e na Tailândia.

Questões ambientais

As questões ambientais, especialmente *a utilização de recursos*, *a biodiversidade* e *a concentração regional da produção/produção em massa,* foram consideradas mais preocupantes na Alemanha do que na Tailândia, com exceção da *utilização de pesticidas na produção de alimentos para aves de capoeira*, que foi mais preocupante na Tailândia. Isto deve-se, em parte, à falta de um sistema consolidado de gestão dos pesticidas, bem como à fraca aplicação dos regulamentos, o que resulta num aumento da contaminação ambiental e da exposição humana aos pesticidas (Panuwet et al., 2012).

A produção de aves de capoeira é responsável por um nível relativamente baixo de emissões de gases com efeito de estufa em comparação com a produção de carne de bovino, leite de bovino e suínos (FAO, 2013). O menor impacto ambiental da produção avícola em comparação com outros sectores pecuários deve-se a uma melhor eficiência energética, a menores emissões de carbono, a uma maior conversão alimentar, a menores necessidades de terra e água e a uma menor produção de resíduos (Williams et al., 2007). No entanto, o impacto ambiental da produção de aves de capoeira depende da eficiência dos recursos de cada sistema de produção, sendo que o sistema padrão de interior é geralmente responsável por menores potenciais de aquecimento global, eutrofização e acidificação, bem como por menores taxas de utilização de energia primária do que a produção ao ar livre e biológica (Leinonen e Kyriazakis, 2013). Este facto deve-se à maior eficiência alimentar e ao ciclo de produção mais curto do sistema normal em recintos fechados. Embora os sistemas de produção alternativos proporcionem melhores condições de bem-estar animal para os seus efectivos, são responsáveis por um nível mais elevado de intensidade das emissões de gases com efeito de estufa (MacLeod et al., 2013; FAO, 2013) e, possivelmente, por um nível mais baixo de eficiência na utilização dos solos.

As principais fontes de emissões na produção de carne e ovos de aves são a produção de ração (fertilização e uso de máquinas) e o armazenamento e processamento de estrume (FAO, 2013). A aplicação de estrume de aves de capoeira também aumenta significativamente os níveis de fósforo (P), que pode ser facilmente libertado para o ambiente através de escoamento superficial ou lixiviação, resultando num rápido aumento de fósforo nos recursos hídricos (Ranatunga et al., 2013), o que pode acelerar a eutrofização (Carpenter et al., 1998; Daniel et al., 1998). Além disso, as camas de aves de capoeira podem conter um elevado nível de metais pesados, que se podem acumular durante longos períodos de tempo e, consequentemente, afetar as funções do solo (Zhang et al., 2012; Irshad et al., 2013; Arroyo et al., 2014). O aumento da eficiência alimentar, incluindo a quantidade, a composição e o teor de nutrientes dos alimentos consumidos (Pelletier, 2010; Leinonen et al., 2012), bem como a melhoria da gestão do estrume das aves de capoeira, podem potencialmente reduzir o impacto ambiental da produção avícola.

A concentração regional da produção é mais preocupante na Alemanha do que na Tailândia. A produção intensiva de frangos de carne e galinhas poedeiras nos dois países está concentrada em áreas individuais com vantagens em termos de custos. No entanto, esta questão é um tópico específico do local (de Boer, 2012). Em países onde há mais terra disponível para a produção animal devido a taxas de densidade populacional mais baixas, os sistemas de produção alternativos podem ser mais favoráveis do que a produção convencional. Nas zonas densamente povoadas que exercem uma grande pressão sobre as terras disponíveis, os sistemas convencionais podem ser uma melhor opção, apesar de um maior risco de doenças e de poluição do solo. Nas zonas de produção em que não há espaço suficiente para reciclar os resíduos das aves de capoeira, isso pode levar a sobrecargas de nutrientes e poluição (FAO, 2013).

No entanto, há margem para melhorias no que respeita à sustentabilidade da produção animal em zonas de agricultura intensiva. Se forem implementados processos de boa governação, os resíduos são reduzidos, o crescimento da população estabiliza e os padrões alimentares são alterados (Garnett e Godfray, 2012). Os investimentos em sistemas eficientes de produção e compensação para os avicultores que prestam serviços ambientais, como a conservação da biodiversidade, a proteção dos recursos hídricos e a captura de carbono, podem gerar benefícios sociais e ambientais se forem desenvolvidos e aplicados mecanismos de incentivo adequados (FAO, 2013).

Questões económicas

- *Surto de gripe aviária e outras doenças altamente infecciosas*

O *surto de gripe aviária e de outras doenças altamente infecciosas* constitui uma séria preocupação económica e social; a gripe aviária, em particular, tem um impacto direto na produtividade dos bandos de aves de capoeira, nas suspensões temporárias do comércio e na perda de mercados de exportação, bem como na saúde humana. A produção moderna de aves de capoeira, baseada numa elevada concentração de bandos numa grande exploração em áreas geográficas concentradas, pode reduzir o risco de propagação natural da doença, que ocorre através da transmissão direta a partir de locais circundantes de reprodução e alimentação de aves domésticas (Francey, 2015). No entanto, esta forma de produção é mais suscetível a graves perdas económicas decorrentes de surtos de doenças devido à uniformidade do património genético, à concentração de bandos de aves de capoeira numa grande exploração e aos genes menos resistentes a doenças das aves selecionadas principalmente pelas suas caraterísticas de produção (Siwek et al., 2010).

Esta questão foi considerada mais preocupante para a produção avícola na Tailândia do que na Alemanha. Tal pode ser atribuído ao facto de a indústria avícola tailandesa, especialmente a produção de frangos, depender predominantemente da exportação. Embora a Tailândia tenha permanecido indemne de gripe aviária desde 2009, o nível de preocupação relativamente a esta questão é ainda muito elevado. Isto porque continuam a ocorrer surtos de gripe aviária noutros países e o risco de a doença se propagar à Tailândia mantém-se, uma vez que pode ser transportada por aves migratórias. Tal poderia ter um efeito devastador na indústria avícola tailandesa. Os países importadores, nomeadamente a UE e o Japão, proibiram a importação de carne fresca de aves de capoeira da Tailândia durante o surto de 2004 e só autorizaram a importação de carne congelada de aves de capoeira da Tailândia em 2012, quase quatro anos após o último surto. Além disso, em resultado dos surtos de gripe aviária em 2004 e 2008, os consumidores domésticos na Tailândia tornaram-se mais conscientes da qualidade dos produtos e tendem a preferir produtos certificados com rótulos de rastreabilidade, medidas de biossegurança e vigilância (van Horne e Fiks, 2009). Nos países europeus, a gripe aviária só teve um impacto a curto prazo no mercado e no comércio devido a um programa de compensação financeira da UE e a um ciclo de produção curto para as aves de capoeira, que permite uma resposta particularmente rápida em termos de abastecimento (Parlamento Europeu, 2010).

- *Papel dos retalhistas de produtos alimentares*

Esta questão foi levantada pelos peritos alemães, mas considerada de pouca preocupação para os peritos tailandeses, porque os retalhistas de alimentos dominam o mercado alimentar na Alemanha (Rehder, 2012). Eles fornecem uma variedade de produtos de aves de capoeira de sistemas de produção convencionais e orgânicos, o que tem um impacto direto nas escolhas dos consumidores. Os consumidores podem tomar as suas próprias decisões de compra com base na preferência e na acessibilidade económica. Consequentemente, as políticas dos retalhistas de produtos avícolas desempenham um papel importante na sustentabilidade da produção avícola. Por exemplo, o pedido dos principais retalhistas de produtos alimentares na Alemanha (por exemplo, os grupos EDEKA, REWE e Schwarz) à Associação Alemã de Avicultura (ZDG) para que deixasse de utilizar alimentos OGM para a produção de carne de aves de capoeira e de ovos a partir de 1 de janeiro de 2015, exerceu uma pressão direta sobre o sector avícola para que se convertesse a uma alimentação sem OGM (Engdahl, 2015; Breloh et al., 2015). Em resposta, o Grupo PHW, o maior produtor alemão de aves de capoeira, anunciou no início de dezembro de 2014 que iria voltar a utilizar alimentos para animais sem OGM na produção de aves de capoeira (Engdahl, 2015; Breloh et al., 2015). Além disso, os retalhistas de alimentos também desempenham um papel importante na mudança do sistema de alojamento na criação de galinhas poedeiras, uma vez que deixarão de vender ovos impressos com o número "3", que significa sistemas de gaiolas (Windhorst, 2015d). Consequentemente, os sistemas de gaiolas (ninhos de colónia) serão substituídos por sistemas de estábulos dentro de alguns anos (Windhorst, 2015d).

Em contrapartida, na Tailândia, os produtos alimentares, incluindo a carne de aves de capoeira e os ovos, não são apenas vendidos por retalhistas, mas também por vários produtores privados em nichos de mercado locais, que ainda são muito competitivos no mercado interno. 60-70% dos tailandeses ainda compram carne de frango e ovos frescos nos mercados locais (The Poultry Site, 2015).

- *Cultura por encomenda (engorda)*

Esta questão foi mais preocupante para os peritos tailandeses devido à expansão de empresas avícolas totalmente integradas para a maior parte do sistema de produção, o que significa que os agricultores individuais que foram contratados são menos capazes de tomar as suas próprias decisões e a agricultura de pequena escala luta para competir no mercado, ameaçando assim os rendimentos e os meios de subsistência (Isariyodom et al., 2008). A agricultura contratada para engordar frangos de carne e produzir ovos na Tailândia baseia-se principalmente em preços garantidos (Poapongsakorn, 2003). A empresa contratante fornece às explorações contratadas tudo o que é necessário para a produção, desde pintos, galinhas poedeiras e rações até medicamentos. Os agricultores contratados têm de pagar por todas estas provisões a preços mais elevados do que o preço de mercado (Poapongsakorn et al., 2003). Os agricultores contratados são responsáveis por investir em sistemas de alojamento que cumpram as normas estabelecidas pelas empresas contratantes e estão proibidos de comprar certos factores de produção, como rações e medicamentos, a fornecedores externos. De acordo com Isariyodom et al. (2008), a agricultura sob contrato entre integradores e agricultores na Tailândia tem várias desvantagens para os agricultores, incluindo contratos injustos, elevados custos de investimento em sistemas de alojamento e utilização de recursos, falta de financiamento, falta de uma agência estatal que supervisione o acordo justo para ambas as partes e um sistema de tributação que impede o crescimento do rendimento dos agricultores sob contrato.

Questões políticas

A indústria global da carne é constantemente escrutinada por políticos e cidadãos (Emel e Neo, 2015), especialmente na UE, onde as questões da segurança alimentar e do bem-estar animal se tornaram objectivos políticos em resposta às preocupações do público. A publicação do Relatório Brambell (1965) levou a um maior reconhecimento legislativo a nível da UE das necessidades fisiológicas e comportamentais das espécies de criação.

Desde então, os animais de criação industrial na UE passaram cada vez mais para o domínio concetual da subjetividade política, como demonstrado pela regulamentação estatal do seu tratamento (Johnston, 2015). Foram elaboradas várias diretivas a nível da UE para a criação de frangos de carne e galinhas poedeiras, incluindo a proibição das gaiolas em bateria (2012); os requisitos mínimos dos sistemas de alojamento alternativos (2007); e rótulos obrigatórios dos produtos que indicam claramente os métodos de criação (2004) para as galinhas poedeiras, bem como as densidades máximas de ocupação (2010); as práticas de gestão exigidas (2010); e as normas de rotulagem dos produtos (2010) para as galinhas de carne (Johnston, 2015; Stevenson, 2012).

Em resposta a estas questões políticas, os peritos alemães consideraram que a *introdução de novas leis e regulamentos/quadro jurídico* poderia ter um maior impacto na produção avícola do que os peritos tailandeses. Novas leis e regulamentações, incluindo a proibição total de sistemas convencionais de gaiolas (Windhorst, 2015c), a proibição da retirada da carne (ZDG, 2015b) e restrições ao uso de antibióticos na produção de aves de capoeira (Koeleman, 2014) já foram implementadas na Alemanha, enquanto são discutidas com menos frequência na Tailândia. O sector avícola alemão precisa de investir na abordagem destas questões, a fim de cumprir os regulamentos legais e aumentar a aceitação social.

Questões sociais

- *Contaminação da carne e dos ovos com microrganismos zoonóticos*

A gripe aviária, a salmonelose e a doença de Newcastle são três das doenças mais preocupantes do ponto de vista dos custos e da segurança humana (Francey, 2015). Esta questão foi considerada mais preocupante na Tailândia do que na Alemanha. O estabelecimento de um sistema de rotulagem pelo Governo tailandês que inclui normas de segurança alimentar e de bem-estar dos animais numa base voluntária criou dois conjuntos de normas na Tailândia: produtos de alta qualidade para o mercado de exportação e uma vasta gama de qualidade dos produtos no mercado interno (Parlamento Europeu, 2010; Bracke, 2009). Na Tailândia, 70% dos frangos de carne são produzidos com um nível elevado de biossegurança em sistemas industriais integrados e são comercializados, 20% com níveis moderados a elevados de biossegurança em sistemas de produção comercial e são comercializados, e 10% com níveis baixos a mínimos de biossegurança em aldeias ou quintal (representa 90% do total de produtores de frangos de carne) e são comercializados e consumidos localmente (Songpaisan, 2013). Assim, existe ainda um elevado risco de contaminação com microrganismos zoonóticos na carne de frango produzida com baixos níveis de normas de biossegurança no mercado interno.

- *Utilização de antibióticos na produção de aves de capoeira*

Os peritos destacaram a *utilização de antibióticos na produção de aves de capoeira* como uma questão altamente preocupante em ambos os países. Tal pode dever-se à prevalência da resistência aos antibióticos nos meios de comunicação social, que salienta que a ameaça de bactérias multirresistentes associadas à utilização de antibióticos na produção animal pode ter impacto no tratamento de doenças humanas, como o *Staphylococcus aureus* resistente à meticilina (MRSA) e as Enterobactérias produtoras de β-lactamases de espetro alargado (ESBL) (Geflügel-Charta, 2015).

Os elevados níveis de bactérias resistentes detectados na carne de aves de capoeira vendida por retalhistas de alimentos e lojas de desconto na Europa resultaram num mecanismo de inspeção melhorado sobre a utilização de antibióticos na produção agrícola (Greger, 2010). Por exemplo, testes efectuados em amostras de carne de peru na Alemanha concluíram que 42,2% eram positivas para MRSA, sendo que 22,3% da carne de frango também apresentava resultados positivos (Hartung e Kasbohrer, 2011).

No entanto, não existe uma relação aparente entre a produção animal e a incidência de casos de MRSA em seres humanos. Dados do Instituto Robert Koch mostraram que os países com produção avícola intensiva têm um número de casos de MRSA por habitante abaixo da média (Geflügel-Charta, 2015). Além disso, de acordo com Sharp et al. (2014), a maioria dos casos de colonizações com *E. coli* produtora de ESBL entre os seres humanos não pode ser diretamente associada ao gado e aos animais produtores de alimentos como reservatórios. O estudo de análise genómica de *E. coli* produtora de ESBL encontrada em galinhas e seres humanos foi realizado por de Beem et al. (2013). Os resultados mostraram que existem diferenças genómicas relativamente grandes entre as estirpes de *E. coli de* frango, de carne de frango e humanas. Isto reflecte a complexidade das vias de transmissão, que devem ter em conta outros reservatórios e fontes, incluindo as interações homem-homem (Sharp et al., 2014).

Por conseguinte, continua a ser necessária mais investigação científica sobre o papel dos antibióticos na produção animal e a sua relação com as bactérias multi-resistentes. Além disso, é necessário um plano de gestão a longo prazo para diminuir a utilização de antibióticos na produção animal. A crescente sensibilização para os agentes patogénicos resistentes aos antibióticos incentivou uma série de países desenvolvidos a aplicar uma política de sustentabilidade sobre a utilização de antibióticos na produção animal, como por exemplo: os Países Baixos visavam reduzir o consumo veterinário de antimicrobianos em 50% em 2013, em comparação com 2009 (Bondt et al, 2012); a Bélgica estabeleceu um objetivo de redução de 50% na utilização global de antibióticos na pecuária e de 75% na utilização dos antibióticos mais críticos até 2020 (Green, 2014); a Nova Zelândia pretende acabar com a utilização de antibióticos na pecuária até 2030 (Hutching, 2015).

- *Aceitação social*

A aceitação da indústria avícola pelo público é mais preocupante na Alemanha do que na Tailândia. Este facto pode dever-se à influência das ONG e dos grupos de defesa dos animais sobre a imagem negativa da indústria nos meios de comunicação social, bem como às estratégias predominantemente reactivas das empresas avícolas alemãs, que não conseguiram dar resposta às preocupações ou informar o público em tempo útil (Veauthier, 2013). O fosso entre a perceção pública sobre a criação de animais e a imagem real da criação de animais moderna desempenha um papel significativo na aceitação social (Dürnberger, 2015; Heijne, 2015a; Conway, 2015). Como resultado, a produção intensiva de aves de capoeira é vista como criação industrial e 51% das pessoas na Alemanha rejeitam a carne proveniente de criação industrial (Rheingold Salon, 2015). As deficiências na área do bem-estar animal e da proteção ambiental, bem como a mudança de atitudes relativamente às relações entre humanos e animais, resultaram numa menor aceitação social da criação de animais de criação (WBA, 2015).

A situação é diferente na Tailândia, uma vez que não existe pressão por parte das ONG e dos grupos de defesa dos animais (Ratanakorn, 2002; Ursinus et al., 2009), e as empresas avícolas tailandesas comunicam proactivamente com o público sobre os seus sistemas de produção (CPF, 2015b). Por conseguinte, a indústria avícola tailandesa goza de uma imagem relativamente positiva.

- *Comunicação entre produtores e consumidores*

A preocupação dos consumidores com a sustentabilidade da produção animal está a aumentar em todo o mundo. Em resposta a esta situação, as empresas avícolas tailandesas estão a desenvolver estratégias proactivas de comunicação com os meios de comunicação social sobre a produção avícola moderna, incluindo sistemas de alojamento, segurança alimentar e normas de bem-estar animal, a fim de melhorar a perceção e a aceitação da indústria avícola pelo público (CPF, 2015b). Como resultado, esta questão foi considerada menos preocupante pelos peritos na Tailândia do que na Alemanha.

Nos países desenvolvidos, a crescente sensibilização do público para as questões relacionadas com o bem-estar dos animais significa que este constitui atualmente parte das decisões de compra dos consumidores (Napolitano et al., 2010; Jewell, 2015). Um inquérito aos consumidores de frangos de carne na Alemanha mostrou que 82% dos inquiridos estavam dispostos a comprar frangos criados e transformados em explorações que cumprem as normas de bem-estar animal (Makdisi e Marggraf, 2011). A fim de melhorar a comunicação entre os produtores de aves de capoeira e os consumidores, a Associação Alemã de Avicultura (ZDG) lançou a Carta das Aves de Capoeira em setembro de 2015 para fornecer uma plataforma de informação sobre a produção de aves de capoeira e o seu compromisso com a sustentabilidade, incluindo os temas do bem-estar animal, prevenção de doenças, utilização de antibióticos e informação ao consumidor, com o objetivo de melhorar a perceção e a aceitação do público (ZDG, 2015b).

De acordo com o Projeto de Transparência na produção avícola, organizado pelo Centro de Ciência e Informação para a Produção Avícola Sustentável (WING) da Universidade de Vechta, com o apoio da Associação Avícola da Baixa Saxónia (NGW). Este projeto visa fornecer ao público em geral uma imagem realista do sistema moderno de produção avícola e, assim, aumentar a aceitação pública (Heijne, 2015a). De acordo com Heijne (2015a), os resultados do Projeto de Transparência mostram que a percentagem de visitantes cépticos diminuiu visivelmente após a visita às explorações, de 18% antes da visita para 7,4% após a visita. Os visitantes das cidades (22,4%) tinham uma atitude mais cética em relação à indústria avícola alemã do que os visitantes das aldeias (16,6%) antes das visitas às explorações (Heijne, 2015b). No entanto, a maioria dos dois grupos de visitantes deixou a granja com atitudes positivas (78,5% para visitantes de cidades e 82,5% para visitantes de aldeias) (Heijne, 2015b). O Projeto de Transparência tem o potencial de contribuir para que o público tenha ideias mais realistas sobre a produção avícola (Heijne, 2015a). A comunicação é, portanto, um instrumento importante para informar o público sobre os sistemas de produção no terreno e a qualidade dos produtos, o que, por sua vez, pode melhorar a imagem do sector avícola.

Questões relacionadas com o bem-estar dos animais

O debate sobre questões relacionadas com o bem-estar dos animais na UE foi incitado pela publicação de "Animal Machines", de Ruth Harrison, em 1964. Na sua obra, Ruth Harrison descreve as práticas de rotina de criação intensiva nas explorações agrícolas industrializadas britânicas. A sua investigação levou à criação do Comité Brambell, que investigou estas práticas e publicou subsequentemente o Relatório Brambell (Comité Brambell, 1965). Este relatório destacou as necessidades fisiológicas e comportamentais das espécies de criação (Johnston, 2015). Desde então, a preocupação pública com o bem-estar animal tem aumentado continuamente, especialmente nos países desenvolvidos. Por exemplo, no caso da criação de galinhas poedeiras na UE, onde a discussão sobre o bem-estar dos animais foi a principal força motriz para a transformação dos sistemas de alojamento (Windhorst, 2015c), bem como para a alteração das práticas de criação, incluindo a retirada da casca e a morte dos pintos machos de um dia (IEC, 2015a; Windhorst, 2015c).

- *Sistemas de habitação*

Esta questão foi considerada mais preocupante na Alemanha do que na Tailândia devido a preocupações éticas sobre a criação de aves de capoeira na UE. A discussão sobre o bem-estar dos animais na UE tem sido a principal força motriz por detrás da mudança dos sistemas de alojamento na criação de galinhas poedeiras, das gaiolas convencionais para sistemas de alojamento alternativos (Windhorst, 2015c). De acordo com Windhorst (2015d), as inovações num sistema de alojamento mecanizado e os melhoramentos genéticos das galinhas poedeiras com uma elevada taxa de postura e uma saúde robusta no início da década de 1960 contribuíram para uma rápida disseminação da produção de ovos em grande escala com gaiolas convencionais, uma vez que este sistema reduz os custos de produção e a taxa de mortalidade e proporciona um padrão de higiene mais elevado. No entanto, ao mesmo tempo, tem havido oposição de grupos de proteção dos animais, cientistas e partidos políticos na Europa e, mais tarde, na América do Norte, especialmente o Partido Verde na Alemanha, contra este sistema de produção intensiva de ovos que cresceu durante 1960 e 2000 (Windhorst, 2015d). Assim, as gaiolas convencionais foram proibidas na UE a partir de 2012 devido a preocupações com o bem-estar dos animais. Esta proibição deu início a uma transformação nos sistemas de alojamento de gaiolas convencionais para sistemas de alojamento alternativos nos países membros da UE, incluindo gaiolas enriquecidas, sistemas de ninhos de colónia, celeiros e sistemas de criação ao ar livre (Windhorst, 2015d). Embora as gaiolas convencionais para a criação de galinhas poedeiras já tenham sido proibidas na

Alemanha, o debate sobre o bem-estar dos animais em relação aos sistemas de gaiolas (ninhos de colónia, gaiolas melhoradas) ainda continua, o que levou os Estados da Baixa Saxónia e da Renânia-Palatinado a planearem a retirada da criação de galinhas poedeiras do sistema de gaiolas até 2025 (Niedersachsisches Ministerium für Ernahrung, Landwirtschaft und Verbraucherschutz, 2015).

Entretanto, a questão do bem-estar dos animais no contexto dos sistemas de alojamento de galinhas poedeiras não foi discutida na Tailândia devido a duas razões principais: em primeiro lugar, a produção de ovos destina-se predominantemente ao consumo interno, o que significa que as potenciais pressões relativas ao bem-estar dos animais provenientes de países externos não se aplicam aqui (Office of Agricultural Economics, 2014). Em segundo lugar, não há pressão de ONGs nacionais ou grupos de bem-estar animal (Ursinus et al., 2009). Assim, não existe atualmente no país qualquer força motriz ou motivação para mudar os sistemas de alojamento de gaiolas convencionais para sistemas de alojamento alternativos.

- *Abate de pintos do dia machos poedeiras*

O abate de pintos machos de um dia foi considerado uma questão ética altamente preocupante na Alemanha. Tem havido uma discussão em curso sobre o fim desta prática na indústria avícola alemã, que será proibida por lei num futuro próximo (Windhorst, 2015c). De acordo com Brüggemann (2015), o conselho consultivo federal concordou com a proposta apresentada pelo estado da Renânia do Norte-Vestefália para proibir o abate de pintos machos de um dia na indústria dos ovos. Esta proposta deve ser implementada o mais rapidamente possível e ser juridicamente vinculativa. Além disso, o Ministro Federal da Agricultura, Christian Schmidt, também declarou que esta prática não deveria ser permitida na indústria avícola a partir de 2017 (BMEL, 2015).

Em contrapartida, na Tailândia, os pintos machos são predominantemente criados para a produção de carne e são vendidos em nichos de mercado locais, uma vez que a carne dos frangos machos é preferida (Soisontes, 2015).

- *Espaço por animal/densidade pecuária*

Esta questão foi considerada menos preocupante na Tailândia do que na Alemanha. A produção de frangos de carne na Tailândia cumpre um elevado nível de normas de bem-estar animal, em que as aves são criadas durante 45 dias até atingirem 2,5 kg de peso e são mantidas a uma densidade populacional baixa, não superior a 13 aves/m^2 , em aviários fechados antes do abate (CPF, 2015b). Os principais mercados de exportação da carne de frango tailandesa são a UE e o Japão, o que significa que o governo tailandês estabeleceu normas de segurança alimentar e bem-estar animal. Embora estas normas sejam voluntárias na prática, o seu cumprimento é exigido às empresas que produzem para os mercados de exportação (Parlamento Europeu, 2010; Bracke, 2009). A densidade populacional dos frangos de carne na Tailândia é geralmente inferior às normas da UE, devido ao seu clima quente e aos baixos custos de alojamento (Bracke, 2009).

- *Desengorduramento*

Esta questão foi considerada mais preocupante na Alemanha do que na Tailândia, devido a preocupações éticas actuais. Por conseguinte, a indústria avícola alemã planeia proibir a remoção da casca em galinhas poedeiras (Windhorst, 2015c) e perus de engorda (ZDG, 2015b) num futuro próximo. Foi celebrado um acordo voluntário entre o Ministério Federal da Alimentação e da Agricultura (BMEL) e a Associação Alemã de Avicultura (ZDG), a Associação Alemã de Ovos (BDE) e a Associação Alemã de Produtores de Perus (VDP), no sentido de se abandonar a prática da remoção do bico (ZDG, 2015b). Com este acordo, o corte do bico das galinhas poedeiras deixará de ser praticado a partir de 1 de agosto de 2016 e o armazenamento de frangas com bicos aparados deixará de ser permitido a partir de 1 de janeiro de 2017. Além disso, a indústria avícola alemã também pretende acabar com o corte do bico dos perus de engorda, mas são necessárias mais provas científicas.

8.3 Papel das ONG, dos grupos de proteção dos animais e das principais empresas avícolas integradas na sustentabilidade da produção avícola

Na Alemanha, as ONG e os grupos de proteção dos animais desempenham um papel importante na melhoria da sustentabilidade da produção avícola (BUND, 2015b; Deutscher Tierschutzbund, 2015; Greenpeace, 2015b; PROVIEH, 2015; Vier Pfoten, 2014). Com base nos resultados deste estudo, as suas estratégias incluem campanhas de sensibilização, campanhas de base e exposição nos meios de comunicação social, conduzindo a uma maior sensibilização dos consumidores para questões de sustentabilidade (Freeman, 2014), tais como a *retirada da casca, a densidade populacional, a utilização de antibióticos, a morte de pintos machos de um dia* e *a concentração regional da produção.*

A pressão exercida pelas ONG e pelos grupos de defesa dos animais levou as principais empresas avícolas integradas alemãs a adotar estratégias de produção sustentáveis, a fim de aumentar a aceitação social dos produtos avícolas. Estas estratégias reactivas incluem a redução do uso de antibióticos (Heidemark, 2015b), a transparência na produção avícola (Heijne, 2015a) e a preparação da descontinuação da retirada da casca e do abate dos pintos machos do dia (PHW-Group, 2015). No entanto, com base nos resultados deste estudo, na prática, permanecem várias limitações em termos de abordagem de questões de sustentabilidade, tais como o *uso de antibióticos, a demolição*, *os surtos de gripe aviária* e *a imagem negativa retratada pelos meios de comunicação social* devido a compromissos entre a eficiência económica e as preferências dos consumidores, bem como a política de investimento e a disponibilidade de tecnologia e inovação (Thornton, 2010). Além disso, as empresas de produção avícola não conseguiram informar o público em geral sobre o estado atual da produção avícola e os esforços da indústria para promover a sustentabilidade (Veauthier, 2013). Além disso, não conseguiram desenvolver estratégias de forma proactiva, resultando num fosso cada vez maior entre as percepções dos consumidores e as realidades da produção (Veauthier, 2013).

Na Tailândia, o sector avícola enfrenta muito pouca ou nenhuma pressão por parte das ONG e dos grupos de proteção dos animais. Embora as ONG e os grupos de proteção dos animais na Tailândia não estejam ativamente envolvidos em questões de produção animal, desempenham um papel importante no apoio e promoção do bem-estar dos animais de companhia e dos animais selvagens, como a conservação dos elefantes (Ursinus et al., 2009). Como resultado, as principais empresas avícolas integradas tailandesas adoptaram estratégias proactivas, informando o público sobre a avicultura moderna e a sustentabilidade através dos meios de comunicação social, num esforço para melhorar a imagem da indústria e a confiança dos consumidores, tanto a nível nacional como internacional (CPF, 2015b). Este tipo de abordagem proactiva é considerado uma das estratégias mais cruciais para aumentar a sustentabilidade da produção avícola (Mulder, 2015). No entanto, a resposta a algumas questões de sustentabilidade, como os *surtos de gripe aviária, o uso de antibióticos, a contaminação da carne e dos ovos com microrganismos zoonóticos* e *o controlo de doenças em países vizinhos,* é ainda limitada na prática devido a medidas de biossegurança variadas dentro do país (Parlamento Europeu, 2010; Bracke, 2009), políticas de investimento e limitações em termos de tecnologia e inovação, bem como as preferências dos parceiros de importação (Office of Agricultural Economics, 2014).

8.4 Discussão dos resultados globais

A sustentabilidade na produção avícola é um dos tópicos mais frequentemente debatidos nas tendências actuais da produção animal (Spies, 2003; Mollenhorst e de Boer, 2004; Bokkers e de Boer, 2009; BONAUDO et al., 2010). Através de um estudo empírico nesta investigação, foram identificadas as principais questões de sustentabilidade que preocupam as indústrias avícolas alemã e tailandesa, que reflectem claramente o debate público em curso sobre a sustentabilidade da produção avícola. A fim de fornecer uma panorâmica da atual produção avícola e do seu desenvolvimento futuro impulsionado pelas tendências de sustentabilidade, as principais conclusões gerais são discutidas na secção seguinte.

8.4.1A produção avícola no período das tendências de sustentabilidade

Nas últimas décadas, o sector da pecuária tem tido sucesso económico devido ao aumento do consumo e à tecnologia avançada na produção (Thornton, 2010), o que também inclui a indústria avícola na Alemanha (WBA, 2015) e na Tailândia (Office of Agricultural Economics, 2014). A genética e a gestão da nutrição foram substancialmente melhoradas nos últimos 50 anos na indústria avícola (Havenstein et al., 2003), resultando numa redução dos impactos ambientais causados pela criação de aves (Pelletier, 2014). No entanto, ao mesmo tempo, há uma série de défices substanciais na produção de aves de capoeira. O Conselho Consultivo Científico para a Política Agrícola do Ministério Federal Alemão da Alimentação, Agricultura e Proteção do Consumidor (WBA) descreve problemas consideráveis associados à produção intensiva de gado, incluindo o bem-estar animal, a proteção ambiental e a proteção do consumidor (WBA, 2015). Hoje em dia, há um aumento do debate centrado na sustentabilidade da produção animal, especialmente nas questões de bem-estar animal, económicas, sociais e ambientais (WBA, 2015), como confirmado pelos resultados deste estudo para o caso da produção avícola.

A *utilização de antibióticos* na produção de aves de capoeira é uma das questões mais preocupantes na Alemanha e na Tailândia, conforme avaliado pelos peritos no estudo Delphi. O inquérito às opiniões dos consumidores sobre segurança alimentar na Alemanha em 2015, realizado pelo BfR, também mostra que a resistência aos antibióticos é a questão mais preocupante (72%), que aumentou 8% em comparação com 2014 (BfR, 2015). O governo respondeu à pressão pública sobre os possíveis impactos na saúde humana relacionados com a utilização de antibióticos na produção animal através da aplicação de um sistema obrigatório de monitorização de antibióticos em 1 de abril de 2014 (Koeleman, 2014), com o objetivo de reduzir a utilização de antibióticos na produção animal. A Associação Alemã de Avicultura (ZDG) publicou a Carta da Avicultura em setembro de 2015, na qual também se compromete a apoiar o uso de antibióticos de forma sustentável no sector avícola (ZDG, 2015a). A crescente sensibilização dos consumidores para a segurança alimentar impulsionou as mudanças em muitas cadeias alimentares, como a McDonalds, a Chipotle e a Panera, que já começaram a promover a utilização de frango criado sem antibióticos que afectam a saúde humana nos seus restaurantes nos EUA (também no Canadá, no caso da McDonalds) (Graber, 2015a; McKenna, 2015). A Subway anuncia a utilização de frango criado sem qualquer tipo de antibióticos nos seus restaurantes nos EUA a partir de 2016 (Graber, 2015b). A campanha contra o uso de antibióticos na produção animal nos países desenvolvidos mostra claramente que os consumidores de hoje estão conscientes do que consomem, o que, por sua vez, leva o sector avícola a transformar os seus sistemas de produção.

A outra questão de segurança alimentar é a *contaminação da carne e dos ovos com microrganismos zoonóticos*, que foi considerada uma questão muito preocupante na Tailândia devido a uma grande variedade de níveis de biossegurança no sistema de produção. Os produtos de exportação são produzidos com níveis elevados de normas de biossegurança, ao passo que os produtos para consumo interno são produzidos com uma vasta gama de normas de biossegurança de nível baixo a elevado (Parlamento Europeu, 2010; Bracke, 2009). As aves de capoeira produzidas com um baixo nível de normas de biossegurança estão, por conseguinte, potencialmente contaminadas com microrganismos zoonóticos (Songpaisan, 2013), especialmente *Salmonella* e *Campylobacter* (EFSA e ECDC, 2014).

No que se refere aos aspectos ambientais, a produção avícola é considerada como a utilização mais eficiente dos recursos em comparação com outras produções pecuárias, devido aos progressos registados na melhoria genética e na gestão da nutrição na indústria avícola (Havenstein et al., 2003). No entanto, a questão da *concentração regional da produção* foi considerada bastante preocupante pelos peritos alemães. Isto corresponde às afirmações feitas pela WBA (2015) de que os problemas ambientais ainda ocorrem devido à produção intensiva de gado. A análise do coeficiente de Gini para medir a concentração regional da produção de aves de capoeira na Alemanha e na Tailândia neste estudo também mostrou que a produção de aves de capoeira, especialmente a criação de frangos e perus na Alemanha e a criação de frangos e galinhas poedeiras na Tailândia, está altamente concentrada em regiões individuais. Embora os impactos ambientais por unidade de produto na produção de aves de capoeira sejam baixos (Pelletier, 2014), a elevada concentração da produção em regiões isoladas conduz a elevadas emissões positivas de amoníaco e a balanços de nutrientes (azoto e fosfato) em zonas de produção intensiva (Klohn e Windhorst, 1998; Mose et al., 2007; WBA, 2015). Outras consequências desta elevada concentração da produção são os riscos elevados de surtos de doenças infecciosas (Slingenbergh et al., 2004) e os conflitos de utilização dos solos em zonas onde existe um desenvolvimento residencial rural significativo (Henderson e Epps, 2000).

O bem-estar dos animais é um dos aspectos da sustentabilidade mais frequentemente discutidos nos países desenvolvidos, especialmente na UE, devido ao envolvimento ativo de grupos de defesa dos animais e de partidos políticos (Windhorst, 2015c). Os resultados do presente estudo sobre o papel das ONG e dos grupos de proteção dos animais na sustentabilidade da produção avícola na Alemanha confirmam este facto. Os peritos alemães manifestaram preocupação com o bem-estar dos animais, em especial com o bem-estar das galinhas poedeiras no que respeita à *retirada da casca*, *ao abate dos pintos machos de um dia* e aos *sistemas de alojamento*. A Comissão Internacional do Ovo (CEI) também discutiu as questões da *retirada da casca* e do *abate dos pintos machos poedeiros* como preocupações éticas durante a sua conferência em Lisboa, em 2015 (CEI, 2015a). A indústria avícola alemã respondeu à pressão das discussões sobre o bem-estar dos animais planeando proibir a prática de *retirar a casca* e *matar os pintos machos do dia* na indústria dos ovos nos próximos anos (ZDG, 2015b; Windhorst, 2015b). Embora a questão dos *sistemas de alojamento* na criação de galinhas poedeiras tenha sido discutida em simultâneo com o desenvolvimento da produção intensiva de ovos com gaiolas em bateria durante 1960 e 2000 (Windhorst, 2015d). Como resultado do movimento de bem-estar animal na UE, desde 2012 os sistemas de alojamento foram transformados de gaiolas convencionais para sistemas de alojamento alternativos. Esta transformação também foi discutida nos EUA, Canadá, Nova Zelândia e Austrália (Windhorst, 2015d). Em particular, as gaiolas convencionais foram proibidas em 1 de janeiro de 2015 na Califórnia (Windhorst, 2015d). Windhorst (2015d) argumentou que a transformação dos sistemas de alojamento das galinhas poedeiras na UE, que inicialmente ocorreu devido a questões de segurança alimentar, já não constitui um problema. Assim, os aspectos relacionados com o bem-estar dos animais podem ganhar importância (Grandin, 2014) e conduzir a uma mudança nas atitudes do público em relação à criação de animais (Windhorst, 2015d). Isso pode ser visto no caso dos Países Baixos, onde um estudo sobre a sustentabilidade da produção de ovos em diferentes sistemas de alojamento foi conduzido por van Asselt et al. (2015). Embora os resultados mostrem que as gaiolas melhoradas são o sistema mais sustentável em comparação com os sistemas de estábulo, ao ar livre e biológico, com base na pontuação global dos indicadores de sustentabilidade, as gaiolas melhoradas serão, no entanto, proibidas em 2021 nos Países Baixos, devido às preocupações dominantes do público com o bem-estar dos animais. A situação na maioria dos países em desenvolvimento e nos países limiares é diferente porque a segurança alimentar continua a ser uma prioridade. Os diferentes contextos culturais e sistemas filosóficos de ética também entram em jogo, tornando o bem-estar animal menos importante ou ainda não fazendo parte da discussão na sua sociedade (Windhorst, 2015d). Assim, as gaiolas convencionais continuarão a ser o sistema predominante para o alojamento de galinhas poedeiras nesses países em desenvolvimento e limiares, bem como na Federação Russa e nos países da antiga União Soviética (Windhorst, 2015d). O baixo financiamento para investimentos em sistemas de alojamento alternativos, o conhecimento limitado dos agricultores sobre a utilização de sistemas alternativos, bem como o elevado risco de doenças altamente infecciosas em sistemas de criação ao ar livre e em estábulos com acesso ao exterior, especialmente em regiões húmidas, bem como as vantagens económicas das gaiolas convencionais, são os principais obstáculos à transformação para sistemas de alojamento alternativos nestes países em desenvolvimento e limiares, incluindo a Federação Russa e os países da antiga União Soviética (Windhorst, 2015d).

Outra questão preocupante na indústria avícola são os *surtos de gripe aviária*. Esta questão foi salientada pelos peritos tailandeses durante o inquérito Delphi. Os surtos de gripe aviária altamente patogénica (GAAP) nos Países Baixos (2003), na Tailândia (2004) e nos EUA (2015) não só têm impactos económicos, como também têm impactos na saúde humana (Clements, 2015b). Os surtos de GAAP de 2015 nos EUA foram considerados a emergência de saúde animal mais grave e dispendiosa jamais enfrentada pelo USDA (Shane, 2015). Estes surtos têm um grande impacto económico no sector avícola dos EUA, com um custo total estimado em 3-4 mil milhões de dólares, sendo as partes afectadas desde os produtores de ovos e perus, fornecedores, comunidades, sector público e consumidores até às receitas de exportação dos produtores de frangos (Shane, 2015). Os surtos de GAAP de 2015 nos EUA reflectem a vulnerabilidade das normas de biossegurança, uma vez que apenas 43% das 81 explorações de perus inquiridas afectadas pelo H5N2 nos EUA implementaram auditorias ou avaliações de biossegurança (APHIS, 2015). A perda de milhões de aves num curto período de tempo durante os surtos de GAAP levou a debates sobre métodos de despovoamento e eliminação de carcaças, necessários para limitar a propagação do vírus ao ambiente circundante (Windhorst, 2015a; Wiehoff, 2015). A vacinação contra a gripe aviária foi discutida em combinação com medidas de biossegurança reforçadas para controlar os surtos de gripe aviária; no entanto, ainda existe controvérsia quanto à sua eficácia e aceitação em alguns países (Brockotter, 2015b). É necessário preparar-se para o ressurgimento de surtos de gripe aviária, a fim de atenuar os impactos em grande escala, como no caso dos EUA. Por conseguinte, esta questão foi intensamente debatida durante a conferência de 2015 da CEI em Berlim (CEI, 2015b). De acordo com a OIE (2015), os surtos de GAAP continuam a propagar-se, especialmente na Ásia e em África. Os surtos em curso na Ásia, especialmente nos países vizinhos da Tailândia, como o Camboja, o Laos e o Vietname, com normas de biossegurança menos rigorosas, suscitaram preocupações quanto à propagação do vírus. Em relação a este aspeto, os resultados do estudo Delphi mostram que a questão do *controlo da doença nos países vizinhos* foi considerada muito preocupante pelos peritos tailandeses. Por conseguinte, a melhoria dos sistemas de biossegurança a nível das explorações agrícolas e dos serviços veterinários, o desenvolvimento de vacinas, a observação de aves selvagens, o diagnóstico rápido de doenças, a utilização de canais de informação e a educação dos agricultores, bem como a cooperação internacional e setorial das partes interessadas, podem minimizar os riscos de surtos de doenças.

A questão económica mais preocupante na produção de aves de capoeira levantada pelos peritos alemães foi o *papel dos retalhistas de alimentos*, que dominam o mercado alimentar na Alemanha (Rehder, 2012). As suas políticas em mudança, no que diz respeito às preocupações dos consumidores, têm um impacto direto no sector avícola, como se pode ver no caso dos alimentos para animais isentos de OGM (Engdahl, 2015; Breloh et al., 2015) e dos sistemas de alojamento na criação de galinhas poedeiras (Windhorst, 2015d). Consequentemente, os produtores de aves de capoeira têm de responder às exigências dos retalhistas para poderem vender os seus produtos avícolas. No entanto, a situação é diferente na Tailândia, onde os nichos de mercado locais ainda são muito competitivos no que respeita à carne de aves de capoeira e aos ovos para os consumidores. Cerca de 6070% da população tailandesa compra estes produtos nos mercados locais (The Poultry Site, 2015).

Por último, a questão mais preocupante para a indústria avícola é a *imagem negativa da indústria avícola retratada pelos meios de comunicação social,* que foi levantada pelos grupos do sector privado, tanto na Alemanha como na

Tailândia. Isto reflecte a falta de *comunicação entre produtores e consumidores*, uma questão de grande relevância para os grupos de investigadores alemães no estudo Delphi. A combinação de questões relacionadas com o bem-estar dos animais, a proteção do ambiente e a proteção dos consumidores associadas à produção animal, bem como a mudança de atitudes da sociedade em relação à criação de animais, resultaram na diminuição da aceitação social da criação de animais de criação (WBA, 2015). Além disso, a influência das ONG e dos grupos de proteção dos animais no retrato negativo da indústria nos meios de comunicação social contribui para uma imagem irrealista da indústria avícola moderna (Veauthier, 2013). A fim de melhorar a perceção e a aceitação públicas do sector avícola, a Associação Alemã de Avicultura (ZDG) publicou a Carta das Aves como plataforma de informação para os consumidores e para garantir que os produtores de aves de capoeira assumem a responsabilidade pelas suas aves de capoeira, pelos consumidores, pelo pessoal e pelo ambiente, agora e no futuro (ZDG, 2015a). Além disso, o Projeto de Transparência na produção avícola foi lançado pelo Centro de Ciência e Informação para a Produção Avícola Sustentável (WING) da Universidade de Vechta em 2012, com o apoio da Associação Avícola da Baixa Saxónia (NGW). Este projeto ajuda a dar ao público uma imagem mais realista dos sistemas modernos de produção avícola e, assim, melhorar a perceção e a aceitação da indústria avícola por parte do público, como demonstraram os resultados do projeto (Heijne, 2015a; Heijne, 2015b). A comunicação é, por conseguinte, um instrumento poderoso para reforçar a confiança dos consumidores e, simultaneamente, a credibilidade dos produtores.

Em conclusão, a melhoria contínua da produção avícola pelo próprio sector avícola, especialmente no que se refere às questões preocupantes identificadas neste estudo, como a *utilização de antibióticos, o abate de pintos machos poedeiros de um dia, a retirada da casca, o surto de gripe aviária, a contaminação da carne e dos ovos com microrganismos zoonóticos, a concentração regional dos sistemas de produção* e *de alojamento*, em combinação com uma melhor *comunicação entre produtores e consumidores*, bem como o apoio dos governos e das políticas, poderia garantir a confiança dos consumidores e promover a sustentabilidade da produção avícola no país.

8.4.2 Questões de sustentabilidade recentemente identificadas na produção avícola

Em comparação com estudos anteriores sobre a sustentabilidade da produção avícola, tais como os realizados por Spies (2003) utilizando discussões de grupo e por Mollenhorst e de Boer (2004) utilizando métodos participativos, este estudo explora questões contemporâneas de sustentabilidade na indústria avícola utilizando o método Delphi. A lista de questões inclui as seguintes *surtos de gripe aviária e outras doenças altamente infecciosas, utilização de antibióticos na produção de aves de capoeira, escassez de medidas para resolver deficiências evitáveis na indústria, papel das ONG e dos grupos de activistas, excesso de oferta de produção interna, controlo de doenças nos países vizinhos, as normas aplicáveis aos produtos avícolas estabelecidas pelos parceiros importadores, a criação da Comunidade Económica da ASEAN (CEA), a criação, a regulamentação comunitária e islâmica relativa aos processos de abate, o papel da agricultura familiar em pequena escala, a utilização de espécies de galinhas autóctones, a compartimentação da produção avícola* e *o desenvolvimento de produtos de valor acrescentado*.

8.4.3 Implicações para a sustentabilidade da produção avícola

Devido às crescentes preocupações com a sustentabilidade, o sector avícola terá de cumprir um número cada vez maior de normas, como a qualidade dos produtos, a saúde e o bem-estar das aves de capoeira, os impactos ambientais, a eficiência alimentar e a viabilidade económica, a fim de melhorar os sistemas de produção. A colaboração entre as partes interessadas é uma necessidade absoluta. O método Delphi identificou e classificou questões de sustentabilidade nas indústrias avícolas alemã e tailandesa, que podem ser utilizadas para desenvolver planos estratégicos para as empresas avícolas. Isto proporciona uma oportunidade para tomar medidas e provocar mudanças, incluindo as seguintes recomendações:

- *Melhorar a gestão da fertilização na produção de alimentos para animais, a gestão do estrume e a eficiência energética e alimentar*

A produção de alimentos para animais e a gestão do estrume são as principais fontes de emissões na produção avícola. A fim de reduzir o impacto ambiental da indústria, é necessário pôr em prática estratégias corretas de fertilização e de gestão do estrume. Além disso, o consumo de energia deve ser reduzido e a eficiência alimentar deve ser aumentada, por exemplo, através da melhoria da genética animal e da utilização de probióticos e prebióticos, tais como enzimas e aditivos fitogénicos para a alimentação animal. O resultado seria a redução das emissões, o aumento da absorção de nutrientes e o reforço do sistema imunitário das aves de capoeira, o que pode reduzir os custos da alimentação e a utilização de antibióticos.

- *Promover a investigação sobre o fornecimento de alimentos para animais*

A dependência das importações de alimentos para aves de capoeira, principalmente de farinha de soja, dos países da América do Sul é preocupante para a indústria avícola, especialmente porque os consumidores exigem cada vez mais a utilização de alimentos não geneticamente modificados. É necessário desenvolver alternativas e efetuar investigação sobre o processo de autorização de ingredientes geneticamente modificados, bem como sobre os seus efeitos a longo prazo. Uma vez que os alimentos para animais não geneticamente modificados poderiam aumentar os custos para os consumidores de alimentos para animais da UE, deveria também ser efectuada investigação sobre as opções de financiamento.

- *Restringir a utilização de antibióticos na produção de aves de capoeira*

A resistência aos antibióticos devido à sua utilização excessiva constitui um enorme desafio para o sector avícola. Limitar a utilização de antibióticos exige a colaboração entre as partes interessadas, incluindo veterinários, investigadores, funcionários governamentais, empresas farmacêuticas, profissionais de saúde humana e produtores, a fim de mudar atitudes e comportamentos no sector. Será necessário definir objectivos para a utilização adequada e responsável de antibióticos, incluindo prazos. A utilização de antibióticos reservados ao tratamento humano deve ser evitada e rigorosamente controlada. Os regulamentos sobre o uso não terapêutico de antibióticos em animais estão em vigor na Alemanha desde 1 de abril de 2014. No entanto, esta estratégia terá de ser alargada para que a redução da utilização de antibióticos seja bem sucedida. Além disso, devem também ser promovidas outras estratégias para reduzir a utilização de antibióticos nas aves de capoeira, incluindo normas de biossegurança melhoradas, programas de vacinação adequados, seleção genética e utilização de probióticos e prebióticos nos alimentos para aves de capoeira.

- *Melhorar a perceção que os consumidores têm da indústria avícola*

A indústria precisa de informar proactivamente o público sobre os sistemas modernos de produção avícola, como os sistemas de alojamento, o controlo de doenças, a biossegurança, a dimensão dos efectivos, os custos e os lucros, os programas de vacinação, as normas de bem-estar dos animais, a qualidade e a segurança dos produtos avícolas e os problemas ambientais, bem como sobre os esforços em curso para resolver estas questões. O projeto em curso "Transparência na indústria avícola", na Baixa Saxónia, é considerado um modelo para as estratégias de comunicação que melhoram a perceção dos consumidores. Este projeto deveria ser alargado a todos os estados federais da Alemanha, bem como a outros países. Além disso, a educação e a formação sobre os serviços de extensão agrícola e os métodos de comunicação devem ser proporcionadas aos jornalistas no domínio da agricultura, numa tentativa de fornecer informações actualizadas. Espera-se, assim, que os meios de comunicação social apresentem uma imagem mais neutra ou mesmo positiva, o que poderia minimizar a discrepância entre a publicidade e a realidade nas explorações agrícolas. A facilitação de visitas de jornalistas a explorações avícolas e a divulgação de informações factuais aos meios de comunicação social poderiam melhorar a perceção que os consumidores têm da produção avícola moderna.

- *Melhorar as estratégias de prevenção da gripe aviária*

Para além do desenvolvimento de raças de aves de capoeira mais robustas para reduzir o risco de infeção por doenças, devem também ser melhoradas as medidas de biossegurança, a fim de minimizar os efeitos das doenças. Diferentes vectores potenciais podem transmitir vírus, tais como moscas, roedores, aves migratórias, água, ar, alimentos para animais, seres humanos, equipamento e transporte. Todos estes factores têm de ser tidos em conta em todo o local de produção, bem como nas rotas de transporte. A utilização de vigilância ativa e passiva nos locais de produção e de técnicas de identificação rápida nos laboratórios pode ajudar a resolver os problemas atempadamente durante os surtos. Além disso, o comércio internacional de animais vivos deve ser restringido e as distâncias entre os locais de produção devem ser aumentadas, a fim de reduzir a proximidade entre explorações. Além disso, é necessário manter canais de comunicação eficazes e abertos com os consumidores durante os surtos de gripe aviária.

- *Promover a investigação sobre raças de aves de capoeira resistentes às doenças*

As doenças das aves de capoeira, como a doença de Newcastle e a gripe aviária, têm um grande impacto na produção avícola. Uma opção é desenvolver raças de aves de capoeira resistentes às doenças, o que poderia reduzir o número total de transmissões de vírus sem exigir vacinações.

- *Apoiar a compartimentação durante os surtos de gripe aviária ou de doença de Newcastle e/ou promover a dispersão geográfica das existências genéticas*

São necessárias estratégias alternativas de gestão dos riscos durante os surtos de doenças e podem ajudar a evitar uma proibição total do comércio. A compartimentação separa as subpopulações de aves saudáveis das aves insalubres com base em sistemas de gestão da biossegurança, a fim de assegurar a continuação da produção e do comércio em caso de surtos de doenças nos países exportadores que devam ser comunicados às autoridades (ver figura 8.1). Os surtos de gripe aviária resultam geralmente numa suspensão total do comércio.

As preocupações com o impacto das proibições comerciais na genética das aves de capoeira e na carne de frango estão a aumentar. Consequentemente, o comércio deve ser ajustado de modo a facilitar as vendas de aves de capoeira indemnes de doenças produzidas ao abrigo do sistema compartimentado em países afectados pela gripe aviária. Os países importadores devem aceitar e aprovar o conceito de comércio compartimentado aplicado nos países exportadores, em conformidade com os acordos bilaterais celebrados entre as suas autoridades veterinárias nacionais. Outra estratégia possível consiste em alojar reprodutores adicionais em locais separados, a fim de reduzir o risco de suspensão do comércio em regiões com surtos e de otimizar a segurança dos produtos e a eficiência das exportações.

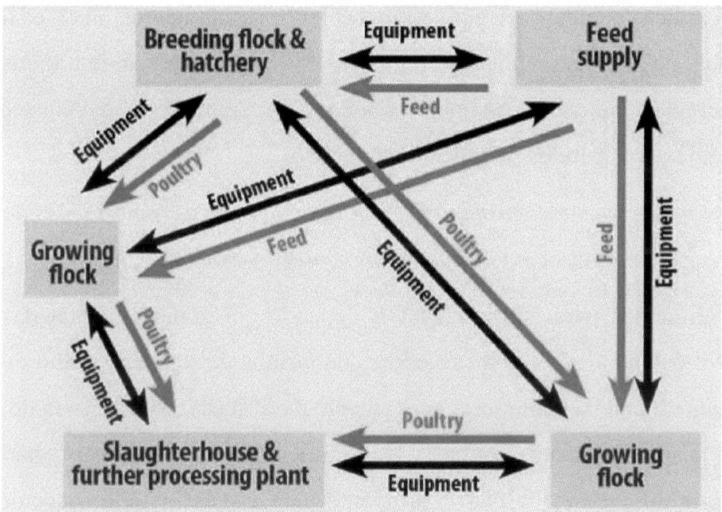

Figura 8.1 Procedimento de compartimentação para o estabelecimento de subpopulações de aves saudáveis com base em factores de gestão e de biossegurança durante surtos de doenças em países exportadores

Fonte: Clements (2015a, p.16).

- *Melhorar a gestão da produção nas zonas de agricultura intensiva*

A *concentração regional da produção* é uma questão específica a nível local. Nas zonas de agricultura intensiva, os impactos ambientais e os riscos de surtos de doenças podem ser reduzidos através de legislação ambiental (diretivas relativas aos nitratos), de uma gestão eficiente do estrume, de medidas de biossegurança, da desconcentração e da inovação tecnológica.

- *Melhorar a colaboração na prevenção e no controlo das doenças contagiosas transfronteiriças*

O aumento do comércio transfronteiriço pode contribuir para aumentar as preocupações com os surtos de doenças e os riscos económicos. A prevenção e o controlo conjuntos e proactivos das doenças entre regiões fronteiriças podem eliminar este risco.

- *Aplicar uma única lei em todos os Estados federais*

Para garantir a aplicação efectiva e equitativa das leis e regulamentos relativos à produção avícola na prática, a aplicação universal da lei deve aplicar-se a todos os estados federais da Alemanha e também a toda a UE. Além disso, devem ser estabelecidos objectivos para os períodos de transição.

- *Reduzir os procedimentos europeus de autorização para as importações de OGM e clarificar as políticas em matéria de alimentação animal*

O sector dos alimentos para animais da UE depende em grande medida das importações. No entanto, todos os fornecedores de farinha de soja e de milho no mercado mundial utilizam tecnologia geneticamente modificada. Existe, portanto, apenas uma disponibilidade limitada de alimentos para animais não geneticamente modificados, que não é suficiente para abastecer todo o sector pecuário da UE. O processo de aprovação das importações de OGM deve ser acelerado, a fim de facilitar uma política de alimentação animal mais transparente. O processo de aprovação pendente resultou em perturbações no comércio e pode conduzir a perdas financeiras potencialmente elevadas. Além disso, uma vez que os importadores de alimentos para animais não têm acesso a alimentos aprovados, podem sentir-se forçados a utilizar alimentos não aprovados ou vestígios destes que excedam os limites prescritos.

- *Melhorar as tecnologias existentes e as abordagens inovadoras em consonância com o desenvolvimento de novas tecnologias e inovações*

A tecnologia e as abordagens inovadoras são factores-chave para a sustentabilidade da produção avícola, especialmente para a atenuação dos impactos ambientais e das alterações climáticas. As tecnologias inovadoras, como as técnicas de seleção genética, os aditivos para a alimentação animal e as vacinas, bem como a melhoria das práticas de gestão do estrume, poderiam reduzir significativamente as emissões de gases com efeito de estufa. No entanto, é necessária mais investigação e desenvolvimento antes de se tornarem opções de atenuação viáveis.

8.4.4 Principais factores de mudança

A sustentabilidade na produção avícola exige a aplicação de abordagens de governação e regulamentação proactivas. No entanto, vários factores podem influenciar significativamente a transição para a sustentabilidade, como as forças do mercado, os avanços no conhecimento, as políticas públicas, os objectivos individuais dos operadores agrícolas e a disponibilidade de recursos para práticas agrícolas específicas (National Academy of Science, 2010). Para ultrapassar estes obstáculos, é necessário um forte consenso e um empenhamento conjunto das partes interessadas. Isto levará as partes interessadas a agir.

Deve dizer-se que não existe um caminho único para a sustentabilidade devido à diversidade dos sistemas de produção, regiões e países, bem como às caraterísticas agro-ecológicas e socioeconómicas. A transição para uma produção avícola sustentável envolve compromissos entre diferentes objectivos, como a melhoria do bem-estar dos animais e a redução do impacto ambiental, o que representa um enorme desafio para a sustentabilidade na prática (WBA, 2015). Os processos de tomada de decisão exigem, por conseguinte, diálogos públicos, provas científicas e verificação socioeconómica. A estabilização do crescimento populacional, o consumo razoável de produtos de origem animal e a tomada de decisões baseadas na ciência são necessários para avançar em direção à sustentabilidade.

Assim, em conclusão, a produção sustentável de aves de capoeira exige o desenvolvimento de objectivos que reflictam as condições e prioridades locais. Os decisores ou decisores políticos têm de estabelecer objectivos e metas pragmáticos a longo prazo que incentivem as partes interessadas a investir no sector avícola e que reflictam os conhecimentos científicos. As soluções de compromisso entre os diferentes objectivos políticos têm de ser tidas em consideração e têm de ser cuidadosamente analisadas, a fim de avaliar quais as políticas que devem apoiar a inovação e os investimentos na sustentabilidade. São necessários esforços conjuntos das partes interessadas do sector avícola para apoiar as políticas e garantir que as estratégias actuais e futuras sejam aplicadas de forma eficaz e eficiente.

8.5 Limitações

Este estudo, realizado em 2014, abrange os desafios e as questões de sustentabilidade que preocuparam as indústrias avícolas alemã e tailandesa durante o período de estudo. Consequentemente, a investigação sobre a produção avícola noutros períodos de tempo e noutros países pode ser diferente. Os resultados do presente estudo representam apenas estudos de caso dos dois países em 2014. No entanto, os resultados oferecem informações cruciais sobre o ponto de viragem para melhorar a sustentabilidade da produção avícola noutros períodos e regiões.

Além disso, apenas um pequeno número de representantes de ONG e de grupos de proteção dos animais, bem como de políticos associados à indústria avícola alemã, participaram no estudo Delphi. O aumento das contribuições destes três grupos em futuros inquéritos pode alargar as conclusões sobre o estado atual da produção avícola, uma vez que desempenham um papel crucial na indústria avícola alemã.

8.6 Recomendações para investigação futura

As questões que se seguem abrem caminhos para uma investigação mais aprofundada sobre o tema:

- A fim de obter informações mais aprofundadas sobre a produção avícola mundial, no sentido de uma produção sustentável, deve ser realizada mais investigação sobre as preocupações de sustentabilidade noutros países produtores;
- As questões individuais de preocupação identificadas no presente estudo, como *a utilização de antibióticos, o papel dos retalhistas de alimentos* e *os surtos de gripe aviária,* devem ser analisadas em maior pormenor, a fim de melhorar a produção avícola na prática;
- Além disso, os problemas enfrentados por cada espécie de ave de capoeira em particular devem ser investigados, a fim de obter mais informações e desenvolver estratégias de produção específicas para aumentar a sustentabilidade.

A abordagem aplicada por este estudo poderia ser utilizada para investigar a sustentabilidade de outros tipos de produção animal, o que poderia contribuir substancialmente para a transição do sector pecuário para a sustentabilidade.

Capítulo 9: Resumo

9.1 Resumo do estudo sobre a sustentabilidade da produção avícola

A sustentabilidade tem sido um tema de discussão pública desde que o conceito foi introduzido por von Carlowitz em 1713. Os debates em curso sobre a sustentabilidade têm as suas raízes nos problemas ambientais causados pelas actividades humanas. Hoje em dia, estamos preocupados não só com questões ambientais, mas também com questões económicas, sociais, políticas e de bem-estar animal, devido ao crescimento da população, ao aumento dos rendimentos, à urbanização contínua e à alteração das práticas agrícolas e das preferências alimentares.

No sector das aves de capoeira, a indústria passou de um grande número de produtores de aves de capoeira independentes e de pequena escala, amplamente espalhados, para empresas verticalmente integradas que possuem e controlam todo o processo de produção, em resposta ao aumento do consumo de carne de aves de capoeira e de ovos. No entanto, estes sistemas modernos de produção intensiva estão a suscitar preocupações, principalmente no que se refere ao impacto ambiental e às normas de bem-estar dos animais destes sistemas de produção altamente concentrados e integrados. Estes desafios reflectem o facto de ser necessário abordar urgentemente uma série de questões de sustentabilidade na indústria avícola.

Devido às diferentes caraterísticas agro-ecológicas e socioeconómicas, bem como às políticas públicas, em cada região produtora de aves de capoeira, as opiniões sobre a sustentabilidade diferem de região para região, especialmente entre países de rendimento elevado e países de rendimento baixo a médio. Nos países europeus de rendimento elevado, como a Alemanha, os consumidores estão cada vez mais preocupados com uma alimentação sustentável, especialmente com a segurança alimentar, o bem-estar dos animais e as questões ambientais. Nos países de rendimento médio, como a Tailândia, a criação de animais é uma importante fonte de rendimento e uma prioridade máxima para alimentar uma população em crescimento no futuro. Assim, o principal objetivo do presente estudo é apresentar recomendações para melhorar a sustentabilidade da produção avícola na Alemanha e na Tailândia. A comparação destes dois contextos diferentes de produção avícola pode contribuir para alargar a visão sobre a sustentabilidade.

O Capítulo 1 descreve os antecedentes e os objectivos deste estudo. O quadro concetual foi desenvolvido com base na noção de ciência da sustentabilidade.

O Capítulo 2 descreveu a metodologia utilizada neste estudo, incluindo a análise de dados primários e secundários. O método Delphi foi utilizado para identificar e classificar as questões de sustentabilidade que atualmente preocupam a indústria avícola.

O Capítulo 3 analisou a evolução dos debates sobre a sustentabilidade no que respeita às suas definições, conceitos e avaliações. Embora as definições de sustentabilidade variem, tanto em geral como no sector agrícola, existe uma grande coerência entre as definições. A sustentabilidade é um conceito que engloba aspectos económicos, ambientais e sociais. As três componentes interagem entre si e tendem a ser locais ou específicas de cada sítio, a nível do campo, da exploração agrícola, da comunidade, nacional e internacional.

A ideia de sustentabilidade desenvolveu-se com base nos problemas que enfrentamos em resultado das actividades humanas, com o objetivo de resolver esses dilemas. A fim de efetuar uma transição para a sustentabilidade, é necessário introduzir melhorias práticas na sociedade ou nos sistemas de produção. No presente estudo, a produção sustentável de aves de capoeira é definida como *"uma melhoria de um sistema de produção de aves de capoeira que optimiza os aspectos globais de sustentabilidade, incluindo questões ambientais, económicas, sociais, políticas e de bem-estar animal"*. No contexto da produção avícola, a produção sustentável deve ter em conta estes cinco elementos, com base em escalas espaciais e temporais.

O capítulo 4 discutiu as preocupações mais prevalecentes na sociedade no que respeita à sustentabilidade da produção avícola. As questões contemporâneas de sustentabilidade incluem *a utilização de antibióticos na produção avícola, a contaminação da carne e dos ovos com microrganismos zoonóticos, os surtos de gripe aviária, a concentração regional da produção, a retirada da casca* e *o abate de pintos machos de um dia.*

O capítulo 5 apresentou uma visão geral das estruturas, dos dados de produção, da concentração regional e dos modelos organizacionais da produção avícola na Alemanha e na Tailândia. Em 2013, a Alemanha tinha 4 500 explorações de frangos de carne com lugares para um total de aproximadamente 97 milhões de aves, 1 900 explorações de perus com lugares para um total de cerca de 13 milhões de aves e 54 100 explorações de poedeiras com lugares para um total de aproximadamente 48 milhões de aves. A Tailândia tinha 6.735 explorações comerciais de frangos de carne com lugares para um total de cerca de 150 milhões de aves e 1.925 explorações comerciais de poedeiras com lugares para um total de cerca de 44 milhões de aves em 2013.

A criação de frangos de carne, perus e galinhas poedeiras está altamente concentrada na região noroeste da Alemanha, enquanto a produção de frangos de carne e galinhas poedeiras está predominantemente localizada no centro da Tailândia. O valor do coeficiente de Gini foi utilizado para estimar a distribuição da produção avícola com base num número de instalações avícolas nos 9 estados federais para os frangos de carne, 12 estados federais para os perus e 13 estados federais para as galinhas poedeiras na Alemanha e nas 77 províncias da Tailândia. Os coeficientes de Gini para a criação de frangos de carne, perus e galinhas poedeiras na Alemanha são 0,7412, 0,6290 e 0,4761, respetivamente. Isto implica um nível relativamente elevado de concentração numa única região na criação de frangos de carne e de perus. A criação de galinhas poedeiras tem também uma densidade potencialmente elevada numa determinada região. Os coeficientes de Gini para a criação de patos poedeiros, frangos de carne, galinhas poedeiras, patos de carne e frangos autóctones na Tailândia são de 0,7563, 0,7352, 0,6778, 0,6394 e 0,5196, respetivamente. Isto indica que os níveis de concentração em certas regiões para a criação de patos poedeiros, frangos de carne, galinhas poedeiras, patos de carne e galinhas autóctones vão de alto a baixo, respetivamente.

Em 2013, a Alemanha produziu 1,48 milhões de toneladas de carne de aves de capoeira e 12,59 mil milhões de ovos com casca para consumo. A Tailândia produziu 1,5 milhões de toneladas de carne de aves de capoeira e 11,15 mil milhões de ovos com casca para consumo em 2013. O consumo per capita de carne de aves de capoeira e de ovos na Alemanha foi de 19,4 kg/habitante/ano e de 224 ovos com casca/habitante/ano, respetivamente. O consumo per capita de carne e ovos de aves de capoeira na Tailândia foi de 15,4 kg/habitante/ano e 168 ovos com casca/habitante/ano, respetivamente. A taxa de autossuficiência da produção de carne de aves de capoeira é de 109,1% para a Alemanha e de 153,9% para a Tailândia. A Tailândia produziu ligeiramente mais ovos com casca do que o consumo interno (101,7% da taxa de autossuficiência), enquanto a Alemanha tem uma taxa de autossuficiência de apenas 71%.

Em 2013, a carne de aves de capoeira foi exportada pela Alemanha e pela Tailândia, num total de 496 618 e 525 682 toneladas, respetivamente. O principal destino de exportação dos produtos avícolas alemães é a UE, enquanto a Tailândia exporta principalmente a sua carne de aves de capoeira para o Japão e a UE.

As principais empresas avícolas dos dois países estão integradas verticalmente, a fim de obterem uma vantagem competitiva nos mercados. O PHW-Group e a Deutsche Frühstücksei são as principais empresas de produção de carne de aves de capoeira e de ovos na Alemanha, respetivamente. A CPF é a principal empresa de produção de carne de aves de capoeira e de ovos na Tailândia.

A crescente especialização e concentração da produção avícola num pequeno número de regiões tornou-se uma questão preocupante para a sociedade, especialmente para os investigadores académicos e os decisores políticos, que vêem motivos de preocupação devido ao impacto crescente no ambiente, na saúde humana e no bem-estar dos animais.

Chapter 6 apresentou os resultados do estudo Delphi sobre as preocupações de sustentabilidade na produção avícola na Alemanha e na Tailândia. Utilizando o método Delphi, as questões de sustentabilidade mais importantes foram identificadas e classificadas por peritos, incluindo organizações não governamentais (ONG), grupos de defesa dos animais, investigadores, o sector privado (retalhistas e empresas relacionadas com a indústria avícola), funcionários governamentais e políticos. Os peritos dos dois países mostraram-se extremamente preocupados com a *utilização de antibióticos na produção avícola* devido à ameaça de bactérias multirresistentes associadas à utilização de antibióticos na produção animal, o que poderia ter impacto no tratamento de doenças, como o *Staphylococcus aureus* resistente à meticilina (MRSA) e as enterobactérias produtoras de β-lactamases de espetro alargado (ESBL). O *surto de gripe aviária e outras doenças altamente infecciosas*, *o controlo de doenças nos países vizinhos*, *as normas para produtos de aves de capoeira estabelecidas pelos parceiros de importação* e *a contaminação da carne e dos ovos com microrganismos zoonóticos* foram considerados como questões altamente preocupantes para a Tailândia, enquanto *o papel dos retalhistas de alimentos* foi considerado muito preocupante na Alemanha. Os peritos alemães e tailandeses tinham opiniões diferentes sobre o *abate de pintos machos*. Esta questão foi considerada muito preocupante na Alemanha devido às discussões éticas em curso, ao passo que nenhum dos peritos tailandeses manifestou preocupação com a questão do abate de galos de um dia, uma vez que os pintos machos são utilizados para a produção de carne em vez de serem abatidos.

Chapter 7 apresentou uma panorâmica do papel das ONG, dos grupos de proteção dos animais e das principais empresas avícolas integradas na sustentabilidade da produção avícola.

Na Alemanha, as principais empresas avícolas integradas enfrentam a pressão das ONG e dos grupos de proteção dos animais, bem como as preferências dos consumidores por uma produção sustentável. Por conseguinte, as suas estratégias podem ser consideradas reactivas em resposta à pressão exercida por estes grupos. As empresas avícolas têm-se esforçado ativamente por melhorar a sustentabilidade da produção avícola. No entanto, existem ainda limitações à resolução de algumas questões preocupantes, como o *abate de pintos machos poedeiros do dia, a retirada da cozedura, a utilização de antibióticos na produção avícola, o papel dos retalhistas de alimentos* e *os surtos de gripe aviária* devido a compromissos entre a eficiência económica e a preferência da sociedade, a disponibilidade atual de tecnologia e inovação e a falta de informação pública sobre o estado real da produção avícola moderna e os esforços da indústria para melhorar a sustentabilidade da produção avícola.

Na Tailândia, não há pressão exercida por ONG e grupos de proteção dos animais sobre a indústria avícola. Assim, as principais empresas avícolas integradas trabalharam proactivamente nas suas estratégias de produção para obter a aceitação da sociedade e aumentar a confiança dos países importadores. No entanto, existem limitações à resolução de algumas questões preocupantes, como os *surtos de gripe aviária, o controlo de doenças nos países vizinhos, a utilização de antibióticos na produção avícola, a contaminação da carne e dos ovos com microrganismos zoonóticos* e *as normas aplicáveis aos produtos avícolas estabelecidas pelos parceiros de importação*, principalmente devido ao nível atual de disponibilidade de tecnologia e inovação, ao papel dos meios de comunicação social e a factores externos, como os problemas na produção avícola nos países vizinhos.

Chapter 8 discutiu os resultados da investigação deste estudo e destacou as suas implicações para a melhoria da sustentabilidade da produção avícola. Foram feitas recomendações com base no estudo Delphi sobre as preocupações de sustentabilidade na produção avícola e a melhoria da sustentabilidade. As recomendações para o sector avícola são as seguintes

- *Melhorar a gestão da fertilização na produção de alimentos para animais, a gestão do estrume e a eficiência energética e alimentar;*

- *Promover estratégias de investigação sobre o fornecimento de alimentos para animais;*
- *Continuar a reduzir a utilização de antibióticos na produção de aves de capoeira;*
- *Melhorar a perceção que os consumidores têm da indústria avícola;*
- *Melhorar as estratégias de prevenção da gripe aviária;*
- *Promover a investigação sobre raças de aves de capoeira resistentes a doenças;*
- *Apoiar a compartimentação durante os surtos de gripe aviária ou de doença de Newcastle e/ou promover a dispersão geográfica das existências genéticas;*
- *Melhorar a gestão da produção nas zonas de agricultura intensiva;*
- *Melhorar a colaboração em matéria de prevenção e controlo das doenças contagiosas nas regiões fronteiriças;*
- *Aplicar uma lei para todos os Estados federais;*
- *Reduzir o procedimento de autorização europeu para as importações de OGM e a sua política de alimentação animal;*
- *Melhorar as tecnologias e práticas existentes, bem como desenvolver novas tecnologias e inovações.*

Em resumo, as questões de sustentabilidade que atualmente preocupam a indústria avícola, e que foram identificadas e classificadas neste estudo, fornecem informações cruciais para a indústria avícola na Alemanha e na Tailândia. A fim de abordar estas questões e problemas, todas as partes interessadas envolvidas na produção avícola devem utilizar estes resultados da investigação como base para continuar a desenvolver e melhorar os sistemas de produção avícola em conformidade com os princípios da sustentabilidade.

9.2 Conclusões

As conclusões finais deste estudo são as seguintes

- As elevadas normas de qualidade e de bem-estar dos animais estabelecidas pelos países importadores (UE) constituem um incentivo potencialmente importante para a melhoria das normas de produção nos países exportadores (Tailândia).

- A crescente sensibilização dos consumidores para o bem-estar dos animais, defendida por ONG e grupos de defesa dos animais, obriga o Governo alemão a estabelecer diretrizes para melhorar o bem-estar das aves de capoeira, tais como a disponibilização de mais espaço para as aves de capoeira e a proibição de aparar o bico e de matar os pintos machos das galinhas poedeiras.

- A procura de frangos sem antibióticos está a aumentar na sociedade.

- As ONG e os grupos de defesa dos animais não têm qualquer impacto no sector avícola tailandês.

- Os surtos de gripe aviária continuam a ser uma questão preocupante a nível mundial.

- Os retalhistas de produtos alimentares desempenham um papel central na indústria avícola alemã.

- As questões de bem-estar dos animais são uma parte importante da sustentabilidade da produção avícola.

- As questões relacionadas com o bem-estar dos animais são mais preocupantes na Alemanha do que na Tailândia.

- O aumento das normas de bem-estar dos animais contribui para o aumento do custo de produção e, consequentemente, para o aumento do preço dos produtos de aves de capoeira de qualidade superior.

- A apara do bico e o abate de pintos machos poedeiros deixarão de ser permitidos na indústria avícola alemã num futuro próximo.

- A concentração regional da produção é uma questão específica do local.

- Uma abordagem proactiva é uma ferramenta poderosa para ganhar a confiança e a aceitação dos consumidores.

- A indústria avícola tailandesa adquiriu uma imagem positiva graças às suas estratégias proactivas.

- Não existe uma solução única para melhorar a sustentabilidade da produção avícola devido à grande diversidade de caraterísticas agro-ecológicas e socioeconómicas das diferentes regiões ou países.

- O processo de tomada de decisões para melhorar a sustentabilidade da produção avícola exige diálogos públicos e tem de se basear em conhecimentos científicos.

Bibliografia

Adler, M., Ziglio, E., 1996. *Gazing into the oracle: the Delphi method and its application to social policy and public health*. London: Jessica Kingsley Publishers.

Akbar, A. e Anal, A.K., 2013. Estudo de prevalência e antibiograma de *Salmonella* e *Staphylococcus aureus* em carne de aves de capoeira. *Jornal do Pacífico Asiático de Biomedicina Tropical*, 3(2), pp.163-168.

Akkermans, H.A., Bogerd, P., Yücesan, E. e van Wassenhove, L.N., 2002. O impacto do ERP na gestão da cadeia de abastecimento: resultados exploratórios de um estudo Delphi europeu. *Jornal Europeu de Investigação Operacional*, 146(2), pp.284-301.

Albaum, G., 1997. A escala de Likert revisitada: uma versão alternativa. *Journal of the Market Research Society*, 39, pp.331-349.

Alexander, D.J., 2007. An overview of the epidemiology of avian influenza. *Vaccine*, 25(30), pp.5637-5644.

Allen, P., van Dusen, D., Lundy, L. e Gliessman, S., 1991. Integração das questões sociais, ambientais e económicas na agricultura sustentável. *American Journal of Alternative Agriculture*, 6, pp.34-39.

Angus, A.J., Hodge, I.D., McNally, S. e Sutton, M.A., 2003. The setting of standards for agricultural nitrogen emissions: a case study of the Delphi technique. *Journal of Environmental Management*, 69, pp.323-337.

APHIS, 2015. *Análises epidemiológicas e outras análises de bandos de aves de capoeira afectados pela GAAP: Relatório de 15 de julho de 2015*. Colorado: Serviços Veterinários do APHIS.

Arroyo, M., Hornedo, R., Peralta, F., Almestre, C. e Sânchez, J., 2014. Concentração de metais pesados no solo, planta, minhoca e lixiviado de estrume de aves aplicado em terras agrícolas. *Revista Internacional de Contaminación Ambiental*, 30(1), pp.43-50.

Attamimi, F., 2011. *Análise da sustentabilidade da produção de carne de bovino com gado Bali em pequenas explorações agrícolas na ilha de Ceram, Indonésia*. Doutoramento na Universidade de Hohenheim.

ATTRA, 2005. *Agricultura sustentável: uma introdução*. [pdf] ATTRA. Disponível em: <http://www.hfcsd.org/webpages/rlivingston/files/sustagintro.pdf> [Acedido em 17 de setembro de 2013].

Balfour, L.E., 1977. *Rumo a uma agricultura sustentável - o solo vivo*. [em linha] Disponível em: < http://www.journeytoforever.org/farm_library/balfour_sustag.html> [Acedido em 10 de agosto de 2013].

Barnes, J.L., 1987. *Um estudo internacional de organizadores curriculares para o estudo da tecnologia*. Doutoramento no Instituto Politécnico e na Universidade Estatal da Virgínia.

Becker, B., 1997. *Sustainability assessment: a review of values, concepts, and methodological approaches (Avaliação da sustentabilidade: uma revisão de valores, conceitos e abordagens metodológicas*). Washington, D.C.: Secretariado do Grupo Consultivo para a Investigação Agrícola Internacional (CGIAR).

Becker, C.U., 2012. *Sustainability ethics and sustainability research*. Londres: Springer.

Beech, B., 1999. Vá mais longe - utilize a técnica Delphi. *Journal of Nursing Management*, 7, pp.281-288.

Bell, S. e Morse, S., 1999. *Sustainability indicators: measuring the immeasurable*. London: Earthscan Publications.

Bellù, G.L. e Liberati, P., 2006. *Análise da desigualdade - o índice de Gini.* Roma: FAO.

BfR, 2015. *Monitor do BfR-Verbraucher*. Berlim: BfR.

Blackburn, W.R., 2007. *The sustainability handbook. The complete management guide to achieve social, economic, and environmental responsibility*. Washington, D.C.: Instituto de Direito Ambiental.

Blaha, T., 2000. *Reflexões sobre a "produção animal sustentável"*. [pdf] Universidade de Minnesota. Disponível em:

<http://www.agriculture.de/discus/agri/openforum/reflections.pdf>[Acedido em 28 setembro de 2013].

Blokhuis, H.J., 1986. Feather-pecking in poultry: its relation with ground-pecking. *Applied Animal Behaviour Science*, 16, pp.63-67.

BMEL, 2015. *Presseerklarung von Bundesminister Christian Schmidt: Totung mannlicher Eintagsküken und Anbauverbot grüner Gentechnik.* [em linha] Disponível em: <http://www.bmel.de/SharedDocs/Interviews/O-Toene/15-09-25-BM-Statement-Bundesrat.html> [Acedido em 6 de outubro de 2015].

Boere, G.C. e Stroud, D.A., 2006. The flyway concept: what it is and what it isn't. In: G.C. Boere, C.A. Galbraith e D.A. Stroud, eds. 2006. *Waterbirds around the world.* Edimburgo,

Reino Unido: The Stationery Office Limited. pp. 40-47.

Bokkers, E.A.M. e de Boer, I.J.M., 2009. Economic, ecological and social performance of conventional and organic broiler production in the Netherlands (Desempenho económico, ecológico e social da produção convencional e biológica de frangos de carne nos Países Baixos). *British Poultry Science*, 50(5), pp.546-557.

Bonaudo, T., Coutinho, C., Poccard-Chapuis, R., Lescoat, P., Lossouarn, J. e Tourrand J.F., 2010. *A avicultura e o desenvolvimento sustentável dos territórios: que ligações? que condições?* Montpellier: ISDA.

Bondt, N., Puister, L., Ge, L., van der Veen, H., Bergevoet, R., Douma, B., van Vliet, A. e Wehling, K., 2012. *Trends in veterinary antibiotic use in the Netherlands 2004-2012 [Tendências na utilização de antibióticos veterinários nos Países Baixos 2004-2012]*. [em linha] Disponível em: <http://www.wageningenur.nl/en/Research-Results/Projects- and-programmes/MARAN-Antibiotic-usage.htm> [Acedido em 9 de outubro de 2015].

Bracke, M.B.M., ed. 2009. *Animal welfare in a global perspective (O bem-estar dos animais numa perspetiva global*). Lelystad: Wageningen UR Livestock Research.

Comité Brambell, 1965. *Report of the technical committee to enquire into the welfare of animals kept under intensive livestock husbandry systems (The Brambell Report)*. Londres: HMSO.

Breloh, L., Alves, L., Freire, A., e Koester, J., 2015. *Retalhistas alemães alimentam o rápido crescimento do consumo de soja não transgénica.* [em linha] Disponível em: <http://www.globalgrainevents.com/articles/3486591/brazilian-soy-industry-german-retailers-fueling-the-rapid-growth-of-non-gmo-soy-consumption.html> [Acedido em 20 de outubro de 2015].

Brockotter, F., 2015a. *EUA em estado de emergência por causa da HPAI.* [em linha] Disponível em: <http://www.worldpoultry.net/Broilers/Health/2015/6/US-in-state-of-emergency-over-HPAI-1762671W/> [Acedido em 6 de outubro de 2015].

Brockotter, F., 2015b. Vaccincation against avian influenza. *World Poultry*, 31(8), pp.6-7.

Brown, J.D., 2011. Perguntas e respostas sobre estatísticas de testes de língua: Itens de Likert e escalas de medida? *SHIKEN: JALT Testing & Evaluation SIG Newsletter*, 15(1), pp.10-14.

Brüggemann, C., 2015. *Totung mannlicher Küken: NRW-Verbotsantragpassiert Bundesrat.* [em linha] Disponível em: <http://www.topagrar.com/news/Home-top-News-Toetung-maennlicher-Kueken-NRW-Verbotsantrag-passiert-Bundesrat-2503925.html> [Acedido em 6 de outubro de 2015].

Bruijnis, M.R.N., Blok, V., Stassen, E.N. e Gremmen, H.G.J., 2014. *Aspectos sociais e éticos de (alternativas para) o abate de pintos machos de um dia.* [pdf] Wageningen: Universidade de Wageningen. Disponível em: <http://www.wageningenur.nl/upload_mm/c/e/2/2ab97269-cf2c-4bab-80dc- 8d7dedced316_Bruijnis_september2014.pdf> [Acedido em 19 de janeiro de 2015].

BUND, 2015a. *Jahresbericht 2014*. Berlin: BUND.

BUND, 2015b. *Independente. Competente. A nível local e a nível global*. [em linha] Disponível em: <http://www.bund.net/ueber_uns/bund_in_english/news_documents/> [Acedido em 19 de outubro de 2015].

Burns, N. e Grove, S.K., 1999. *Compreender a investigação em enfermagem*. 2.ª ed. Philadelphia: W.B. Saunders Company.

BVL, 2015a. *Antibiotikaabgabe in der Tiermedizin sinkt weiter*. [em linha] Disponível em: <https://www.bvl.bund.de/DE/08_PresseInfothek/01_FuerJournalisten/01_Presse_und _Hintergrundinformationen/05_Tierarzneimittel/2015/2015_07_28_pi_Antibiotikaabg abemenge2014.html> [Acedido em 5 de outubro de 2015].

BVL, 2015b. *Berichte zur Lebensmittelsicherheit 2013: Zoonosen-Monitoring*. Berlin: BVL.

Agência Canadiana de Inspeção Alimentar, 2014. *Gripe aviária em Fraser Valley confirmada como vírus H5N2*. [em linha] Disponível em: <http://news.gc.ca/web/article-en.do?nid=912029> [Acedido em 13 de outubro de 2015].

Agência Canadiana de Inspeção Alimentar, 2015. *CFIA confirma presença do vírus H5N1 na Colúmbia Britânica e remoção de quarentenas de três fazendas*. [em linha] Disponível em: <http://www.inspection.gc.ca/animals/terrestrial-animals/diseases/reportable/ai/2014- 2015-ai-investigation-in-bc/statement-2015-02- 07/eng/1423076827697/1423076828697> [Acedido em 13 de outubro de 2015].

Carpenter, S.R., Caraco, N.F., Correll, D.L., Howarth, R.W., Sharpley, A.N. e Smith, V.H., 1998. Poluição não pontual de águas superficiais com fósforo e azoto. *Ecology Application*, 8, pp.559-568.

Carson, R., 1962. *Silent spring*. London: Penguin Books Ltd.

Carr, L.T., 1994. Os pontos fortes e fracos da investigação quantitativa e qualitativa: que método para a enfermagem? *Journal of Advanced Nursing*, 20, pp.716-721.

Ceapraz, I.L., 2008. Os conceitos de especialização e concentração espacial e o processo de integração económica: relevância teórica e medidas estatísticas. O caso das regiões da Roménia. *Jornal da Associação Romena de Ciência Regional*, 2(1), pp.1-26.

Cheng, H.W., 2010. *Current developments in beak-trimming (Desenvolvimentos actuais no corte do bico)*. Washington, D.C.: USDA.

Chokboonmongkol, C., Patchanee, P., Golz, G., Zessin, K.-H. e Alter, T., 2012. Prevalência, carga quantitativa e resistência antimicrobiana de *Campylobacter* spp. de amostras de ceca e pele de frangos de corte na Tailândia. *Poultry Science*, 92, pp.462467.

CIWF, 2011a. *Estudo de caso de uma crise de saúde. Como a saúde humana está a ser ameaçada pela utilização excessiva de antibióticos na pecuária intensiva*. Surrey: CIWF.

CIWF, 2011b. *Antibióticos na criação de animais. Saúde pública e bem-estar animal*. Surrey: CIWF.

Clark, W.C., 2007. Sustainability Science: a room of its own (Ciência da sustentabilidade: uma sala própria). *Actas da Academia Nacional de Ciências dos Estados Unidos da América (PNAS)*, 104(6), pp.1737-1738.

Clark, W.C. e Dickson, N.M., 2003. Ciência da sustentabilidade: o programa de investigação emergente. *Actas da Academia Nacional das Ciências dos Estados Unidos da América (PNAS)*, 100(14), pp.8059-8061.

Clark, W.C., Crutzen, P.J. e Schellnhuber, H.J., 2004. Ciência para a sustentabilidade global: rumo a um novo paradigma. In: H.J. Schellnhuber, P.J. Crutzen, W.C. Clark, M. Claussen e H. Held, eds. 2004. *Earth system analysis for sustainability*. Cambridge: MIT Press. pp.1-28.

Clements, M., 2015a. Soluções para o comércio durante um surto de gripe. *Poultry International*, 54(7), pp.16-21.

Clements, M., 2015b. As mortes humanas por gripe aviária continuam a aumentar. *Egg Industry*, 120(10), pp.20-21.

Clements, M., 2015c. *OIE salienta a biossegurança nas explorações para travar a propagação da gripe aviária*. [em linha] Disponível em:<http://www.wattagnet.com/blogs/23-poultry-around-the-

world/post/23422-oie-stresses-on-farm-biosecurity-to-curb-avian-flu-spread> [Acedido em 5 de outubro de 2015].

Cohen, L., Manion, L. e Morrison, K., 2007. *Métodos de investigação em educação*. Nova Iorque: Routledge.

Collins, J., Hanlon, A., More, S.J., Wall, P.G. e Duggan, V., 2009. Política Delphi com metodologia de vinhetas como ferramenta para avaliar a perceção do bem-estar dos equídeos. *The Veterinary Journal*, 181, pp.63-69.

Cornelissen, A.M.G., 2003. *As duas faces da sustentabilidade: avaliação difusa do desenvolvimento sustentável*. Doutoramento na Universidade de Wageningen.

CPF, 2015a. *Sobre o CPF*. [online] Disponível em: <http://www.cpfworldwide.com/en/about/> [Acedido em 18 de outubro de 2015].

CPF, 2015b. *Relatório de sustentabilidade 2014*. Bangkok: CPF.

Conway, A., 2015. *3 maneiras pelas quais a indústria avícola pode ganhar a confiança do consumidor*. [em linha] Disponível em: <http://www.wattagnet.com/articles/24585> [Acedido em 2 de novembro de 2015].

Cullis, J. e van Koppen, 2007. *Applying the Gini coefficient to measure inequality of water use in the Olifants river water management area, South Africa*. Colombo: Instituto Internacional de Gestão da Água.

Curasi, C.F., 2001. A critical exploration of face-to-face interviewing vs computer-mediated interviewing. *International Journal of Market Research*, 43(4), pp.361-375.

Curran, M.A., 2009. Wrapping our brains around sustainability. *Sustainability*, 1, pp.5-13.

Dalkey, N.C. e Brown, B., 1971. *Comparação de técnicas de julgamento de grupo com previsões de curto prazo e perguntas de almanaque*. Santa Mónica, CA: The Rand Corporation.

Dalky, N., Brown, B. e Cochran, S., 1970. Use of self-ratings to improve group estimates. *Technological Forecasting*, 1(3), pp.283-291.

Dalkey N.C. e Helmer, O., 1963. An experimental application of the Delphi method to the use of experts. *Management Science*, 9 (3), pp.458-467.

Dalkey, N.C. e Helmer, O., 1969. *The Delphi method: an experimental study of group opinion*. Santa Mónica, CA: The Rand Corporation.

Dalkey, N.C., Rourke, D.L., Lewis, R. e Snyder, D., 1972. *Studies in the quality of life*. Lexington, MA: Lexington Books.

Daly, H., 1977. *Steady-state economics*. São Francisco: W.H. Freeman.

Daly, J., 2013. *Zoonotic diseases, human health and farm animal welfare: avian influenza*. Surrey: CIWF.

Daniel, T.C., Sharpley, A.N. e Lemunyon, J.L., 1998. Agricultural phosphorus and eutrophication: a symposium overview. *Journal of Environmental Quality*, 27, pp.251257.

de Been, M., Scharringa, J., Du, Y., Hu, J., Liu, Z., Lei, Y., Cen, Z., Cohen Stuart, J.W.T., Fluit, A., Leverstein-van Hall, M.A., Bonten, M.J.M., Willems, R. e van Schaik, W., 2013. Sequenciação do genoma completo como ferramenta para determinar se a disseminação de *Escherichia coli* produtora de beta-lactamases de espetro alargado ocorre através da cadeia alimentar. In: ECCMID, *23.º Congresso Europeu de Microbiologia Clínica e Doenças Infecciosas,* Berlim, Alemanha, 27 a 30 de abril de 2013. Basileia: ESCMID.

de Boer, I.J.M., 2012. *A inovação nascida da integração. Rumo à produção sustentável de alimentos de origem animal.* Wageningen: Universidade de Wageningen.

de Jong, M.C.M., Stegeman, A., van der Goot, J. e Koch, G., 2009. Transmissão intra- e inter-espécies do vírus da gripe aviária de alta patogenicidade H7N7 durante a epidemia de gripe aviária nos Países Baixos em 2003. *Revue Scientifique et Technique*, 28 (1), pp.333-340.

Delbecq, A.L., van de Ven, A.H. e Gustafson, D.H., 1975. *Group techniques for program planning: a guide to nominal group and Delphi processes*. Glenview, Illinois: Scott, Foresman and Company.

Dennis, R.L. e Cheng, H.W., 2010. Uma comparação entre o corte do bico por infravermelhos e por lâmina quente em galinhas poedeiras. *International Journal of Poultry Science*, 9(8), pp.716-719.

Departamento de Desenvolvimento Pecuário, 2014. *Número de granjas de poedeiras comerciais*. [online] Disponível em: <http://www.dld.go.th/th/> [Acedido em 18 de abril de 2015].

de Vries, B.J.M., 2013. *Ciência da sustentabilidade*. Nova Iorque: Cambridge University Press.

Dixon, L.M., Duncan, I.J.H. e Mason, G., 2008. What's in a peck? using fixed action pattern morphology to identify the motivational basis of abnormal feather bicking behaviour. *Animal Behaviour*, 76, pp.1035-1042.

Dresner, S., 2008. *Os princípios da sustentabilidade*. Londres: Earthscan.

Douglass, G.K., 1984. Os significados da sustentabilidade agrícola. In: G.K. Douglass, ed.

1984. *Agricultural sustainability in a changing world order*. Boulder, Colorado: Westview Press. pp.3-30.

Dürnberger, C., 2015. Tierwohl als gesamtgesellschaftliche Aufgabe - Ethik in der Nutztierhaltung. *ZAG Journal*, 3, pp.11-13.

Duffy, M.E., 1986. Investigação quantitativa e qualitativa: antagónica ou complementar? *Nursing and Health Care*, 8(6), pp.356-357.

CE, 2001. *Um quadro de indicadores para as dimensões económica e social da agricultura sustentável e do desenvolvimento rural.* [pdf] CE. Disponível em: <http://ec.europa.eu/agriculture/publi/reports/sustain/index_en.pdf>[Acedido em 14 outubro de 2013].

ECDC, 2014. *Surtos de gripe aviária de alta patogenicidade A (H5N8) na Europa*. Solna: ECDC.

Edwards, D.R. e Daniel, T.C., 1992. Environmental impacts of on-farm poultry waste disposal - a review. *Bioresource Technology*, 41, pp.9-33.

EFSA e ECDC, 2014. Relatório de síntese da União Europeia sobre tendências e fontes de zoonoses, agentes zoonóticos e surtos de origem alimentar em 2012. *EFSA Journal* , 12(2), pp.1-312.

Ehrlich, P.R., 1968. *The population bomb*. Nova Iorque: Ballantine Books.

Emel, J. e Neo, H. eds., 2015. *Political ecologies of meat*. New York: Routledge.

Engdahl, F.W., 2015. *OGM: Os alemães voltam a comer de forma saudável?* [em linha] Disponível em: <http://journal-neo.org/2015/01/14/gmo-germans-eating-healthy-again/> [Acedido em 20 de outubro de 2015].

Comissão Enquete, 1998. *Konzept Nachhaltigkeit - Vom Leitbild zur Umsetzung*. Bona: Enquete-Kommission Schutz des Menschen und der Umwelt des 13. Deutschen Bundestages.

Eto, H., 2003. A adequação dos métodos de previsão tecnológica/foresight aos sistemas de decisão e estratégia. Uma visão japonesa. *Technological Forecasting and Social Change*, 70, pp.231-249.

Parlamento Europeu, 2010. *Os sectores das aves de capoeira e dos ovos: avaliação da situação atual do mercado e perspectivas futuras*. Bruxelas: Parlamento Europeu.

Parlamento Europeu, 2015. *A gripe aviária e as preocupações com a saúde humana: resposta aos surtos de H5N8 na UE*. Bruxelas: Parlamento Europeu.

FAO, 2001. *Conferência eletrónica sobre a integração da produção vegetal e animal em toda a área*. Roma: FAO.

FAO, 2006. *Livestock's long shadow*. Roma: FAO.

FAO, 2011. *Poupar e crescer*. Roma: FAO.

FAO, 2013. *Tackling climate change through livestock: a global assessment of emissions and mitigation opportunities (Combater as alterações climáticas através da pecuária: uma avaliação global das emissões e oportunidades de mitigação)*. Roma: FAO.

FAO, 2014. *Gripe aviária A (H5N8) detetada na Europa... uma viagem para o Ocidente?* [em linha] Disponível em:<http://www.fao.org/ag/againfo/home/en/news_archive/2014_A-H5N8_detected_in_Europe.html> [Acedido em 13 de outubro de 2015].

Fischer, J., Rodriguez, I., Schmoger, S., Friese, A., Roesler, U., Helmuth, R. e Guerra, B., 2012. *Escherichia coli* produtora de carbapenemase VIM-1 isolada numa exploração suinícola. *Journal ofAntimicrobial Chemotherapy*, 67(7), pp.1793-1795.

Fischer, J., Rodriguez, I., Schmoger, S., Friese, A., Roesler, U., Helmuth, R. e Guerra, B., 2013. *Salmonella enterica* subsp. *enterica* produtora de carbapenemase VIM-1 isolada de fazendas de gado. *Journal ofAntimicrobial Chemotherapy*, 68(2), pp.478-480.

Francey, S.M., 2015. *The biosecurity report: understanding biosecurity in modern poultry operations*. New Holland, PA: Valco Companies.

Franklin, A. e Blyton, P., 2011. Investigação sobre sustentabilidade: uma introdução. In: A. Franklin e P. Blyton, eds. 2011. *Researching sustainability: a guide to social science methods, practice and engagement [Investigando a sustentabilidade: um guia para métodos, práticas e compromissos das ciências sociais*]. Nova Iorque: Earthscan. pp.3-16.

Freeman, C.P., 2014. *Framing farming: estratégias de comunicação para os direitos dos animais*. Amesterdão: Editions Rodopi B.V.

Frewer, L.J., Fischer, A.R.H., Wentholt, M.T.A., Marvin, H.J.P., Ooms, B.W., Coles, D. e Rowe, G., 2011. A utilização da metodologia Delphi no desenvolvimento de políticas agro-alimentares: algumas lições aprendidas. *Technological Forecasting & Social Change*, 78, pp.1514-1525.

Frohlingsdorf, M., 2013. Agricultura ética: A Alemanha reflecte sobre a super galinha. *Spiegel Online International*, [em linha] 16 de outubro. Disponível em: <http://www.spiegel.de/international/europe/lohmann-dual-breed-of-super-chicken- could-cut-down-on-chick-culling-a-927902.html> [Acedido em 17 de janeiro de 2015].

Fukushi, K. e Takeuchi, K., 2011. Aspectos multifacetados da ciência da sustentabilidade. In: H. Komiyama, K. Takeuchi, H. Shiroyama e T. Mino, eds. 2011. *Sustainability science: a multidisciplinary approach (Ciência da sustentabilidade: uma abordagem multidisciplinar)*.

Nova Iorque: United Nations University Press. pp.112-117.

Garnett, T. e Godfray, C., 2012. *Intensificação sustentável na agricultura. Navigating a course through competing food system priorities*. Oxford: Food Climate Research Network e Oxford Martin Programme on the Future of Food, Universidade de Oxford.

Garnett, T., Appleby, M.C., Balmford, A., Bateman, I.J., Benton, T.G., Bloomer, P., Burlingame, B., Dawkins, M., Dolan, L., Fraser, D., Herrero, M., Hoffmann, I., Smith, P., Thornton, P.K., Toulmin, C., Vermeulen, S.J. e Godfray, H.C.J., 2013.

Intensificação sustentável na agricultura: premissas e políticas. *Ciência,* 341, pp.3334.

Garrett, T., 2010. *U.S. income inequality: it's not so bad (Desigualdade de rendimentos nos EUA: não é assim tão mau). Inside the vault*. St Louis: Reserva Federal dos EUA.

Geflügel-Charta, 2015. *Antibiotikaresistenz*. [em linha] Disponível em: <http://www.gefluegel-charta.de/infopool/antibiotikaresistenz/#infotag-downloads> [Acedido em 5 de outubro de 2015].

Gerber, P., Opio, C. e Steinfeld, H., 2008. A produção avícola e o ambiente - uma análise. In: FAO, eds. 2008. *Poultry in the 21st Century: avian influenza and beyond (Aves de capoeira no século XXI: gripe aviária e mais além*). Roma: FAO. pp.379-406.

GFPT, 2015a. *Perfil do GFPT*. [em linha] Disponível em: <http://www.gfpt.co.th/aboutus.php?lang=en> [Acedido em 15 de outubro de 2015].

GFPT, 2015b. *Relatório anual do GFPT 2014*. Bangkok: GFPT.

Gladwin, T.N., Kennelly, J.J. e Krause, T.-S., 1995. Shifting paradigms for sustainable development: implications for management theory and research. *The Academy of Management Review*, 20(4), pp.874-908.

Goodwin, J., Grogono-Thomas, R. e Machell, C., 1994. Sustainable livestock production. *Journal of the Royal Society of Medicine*, 87, pp.299-301.

Graber, R., 2015a. *Governador da Califórnia assina projeto de lei que limita uso de antibióticos*. [em linha] Disponível em: <http://www.wattagnet.com/articles/24561> [Acedido em 28 de outubro de 2015].

Graber, R., 2015b. *Subway mudando para aves, suínos e bovinos sem antibióticos*. [em linha] Disponível em: <http://www.wattagnet.com/articles/24672> [Acedido em 28 de outubro de 2015].

Grabkowsky, B., 2009. *Qualitative Risikobewertung eines Eintrags von Aviarer Influenza in europaische Geflügelbetriebe auf lokaler und überregionaler Ebene*. Doutoramento na Universidade de Vechta.

Green, H., Hunter, C. e Moore, B., 1990. Assessing the environmental impact of tourism development: use of the Delphi technique. *Tourism Management*, 11(2), pp.111-120.

Green, M., 2014. *Plano belga visa corte de 50% nos antibióticos para gado*. [em linha] Disponível em: <https://www.agra-net.net/agra/agra-europe/meat-livestock/beef/belgian-plan-targets- 50-cut-in-livestock-antibiotics--1.htm> [Acedido em 9 de outubro de 2015].

Greenpeace, 2015a. *Die Greenpeace-Geschichte*. [em linha] Disponível em: <http://www.greenpeace.de/historie> [Acedido em 14 de outubro de 2015].

Greenpeace, 2015b. *Friedlich, unabhangig, international*. [online] Disponível em: <http://www.greenpeace.de/themen/ueber-uns/der-verein> [Acedido em 14 de outubro de 2015].

Greger, M., 2010. O papel da pecuária industrial no aparecimento e propagação de doenças. In: J. D'Silva e J. Webster, eds. 2010. *The meat crisis: developing more sustainable production and consumption*. London: Earthscan. pp. 161-172.

Greis, F., 1997. Worterbuch zur lokalen Agenda 21. Mainz: Universidade de Mainz.

Grobbelaar, S.S., 2007. *I&D no sistema nacional de inovação: um modelo de dinâmica de sistemas*. Doutoramento na Universidade de Pretória.

Gupta, U.G. e Clarke, R.E., 1996. Teoria e aplicação da técnica Delphi: uma bibliografia (1975-1994). *Technological Forecasting and Social Change,* 53(2), pp.185-211.

Hafez, H.M., 2014. Doenças dos perus que requerem controlo antimicrobiano. *World Poultry*, 30(5), pp.10-12.

Hardi, P. e Zdan, T., 1997. *Assessing sustainable development: principles in practice*. Winnipeg: Instituto Internacional para o Desenvolvimento Sustentável.

Hardin, G., 1968. The tragedy of the commons (A tragédia dos bens comuns). *Science*, 162, pp.1243-1248.

Harris, J.E., Boushey, C., Bruemmer, B. e Archer, S.L., 2008. Publishing nutrition research: a review of nonparametric methods, part 3. *Journal of the American Dietetic Association*, 108(9), pp.1488-1496.

Hartung, M. e Kasbohrer, A., 2011. *Erreger von Zoonosen in Deutschland im Jahr 2009*. Berlin: Bundesinstitut für Risikobewertung.

Havenstein, G.B., Ferket, P.R. e Quershi, M.A., 2003. Growth, livability, and feed conversion of 1957 versus 2001 broilers when fed representative 1957 and 2001 broiler diets. *Poultry Science*, 82(10), pp.1500-1508.

Heft-Neal, S., Otte, J., Pupphavessa, W., Roland-Holst, D., Sudsawasd, S. e Zilberman, D., 2008. *Supply chain auditing for poultry production in Thailand (Auditoria da cadeia de abastecimento para a produção avícola na Tailândia)*. Roma: FAO.

Heidemark, 2015a. *Unternehmen.* [online] Disponível em: <http://www.heidemark.de/index.php?page=unternehmen> [Acedido em 19 de outubro de 2015].

Heidemark, 2015b. *Heidemark Unternehmens Grundsatze*. Garrel: Heidemark.

Heijne, D., 2015a. A transparência da indústria avícola pode combater as ideias erradas dos consumidores. *Poultry International*, 54(4), pp.36-41.

Heijne, D., 2015b. Dialog im Stall fordert Vertrauen. *Deutsche Geflügelwirtschaft und Schweineproduktion*, 36, pp.21-23.

Henderson, S. e Epps, R., 2000. *Conflito de uso do solo na orla urbana: dois estudos de caso avícolas*. Barton: Corporação de Investigação e Desenvolvimento das Indústrias Rurais.

Hetland, H., Choct, M. e Svihus, B., 2004. Role of insoluble non-starch polysaccharides in poultry nutrition (Papel dos polissacáridos insolúveis sem amido na nutrição das aves). *World's Poultry Science Journal*, 60, pp.415-422.

Hildén, M., Jokinen, P. e Aakkula, J., 2012. A sustentabilidade da agricultura nos países industrializados do norte - do controlo da natureza ao desenvolvimento rural. *Sustainability*, 4, pp.3387-3403.

Hodge, D.R. e Gillespie, D., 2003. Phrase completions: an alternative to Likert scales (Complementos de frases: uma alternativa às escalas de Likert). *Social Work Research*, 27, pp.45-55.

Holsti, O.R., 1969. *Content analysis for the social sciences and humanities*. Reading, MA: Addison-Wesley.

Hop, G.E., Mourits, M.C.M., Lansink, A.G.J.M.O. e Saatkamp, H.W., 2014. Desenvolvimentos estruturais futuros na produção pecuária holandesa e alemã e implicações para o controlo de doenças contagiosas dos animais. *Technological Forcasting & Social Change*, 82, pp.95-114.

Howells, J. e Wood, M., 1993. *The globalisation of production and technology*. Londres:

Belhaven Press/Pinter.

Hutching, G., 2015. *Veterinários pretendem remover antibióticos dos animais*. [em linha] Disponível em: <http://www.stuff.co.nz/business/farming/agribusiness/70483605/Vets-aim-to- remove-antibiotics-from-animals> [Acedido em 9 de outubro de 2015].

IEC, 2015a. *Relatório da conferência da IEC (Lisboa 2015)*. Londres: IEC.

IEC, 2015b. *Relatório da conferência da IEC (Berlim 2015)*. Londres: IEC.

IFPRI, 2002. *Revolução Verde. Maldição ou bênção?* [pdf] Washington, DC: IFPRI. Disponível em: <http://www.ifpri.org/sites/default/files/pubs/pubs/ib/ib11.pdf> [Acedido em 12 de novembro de 2013].

IISD, 2012. *A linha do tempo do desenvolvimento sustentável*. [pdf] IISD. Disponível em: <http://www.iisd.org/pdf/2012/sd_timeline_2012.pdf> [Acedido em 25 de julho de 2013].

Iniyan, S., Suganthi, L. e Samuel, A.A., 2001. A survey of social acceptance in using renewable energy sources for the new millennium. *Renewable Energy*, 24, pp.657661.

Irshad, M., Malik, A.H., Shaukat, S., Mushtaq, S. e Ashraf, M., 2013. Caracterização de metais pesados em estrumes de gado. *Jornal Polaco de Estudos Ambientais*, 22(4), pp. 1257-1262.

Isariyodom, S., Rojanasaroj, C., Thongchat, V., Morathop, S., Tongsiri, S. e Dontri, T., 2008. *Studies of the contract poultry farming system in Thailand emphasising broiler chickens and laying hens*. Bangkok: Fundo de Investigação da Tailândia.

IUCN-UNEP-WWF, 1980. *Estratégia mundial de conservação. Conservação dos recursos vivos para o desenvolvimento sustentável*. Gland: IUCN, UNEP e WWF.

IUCN-UNEP-WWF, 1991. *Cuidar da Terra. Uma estratégia para uma vida sustentável*. Gland: IUCN, UNEP e WWF.

Jakobsson, U., 2004. Apresentação estatística e análise de dados ordinais na investigação em enfermagem. *Scandinavian Journal of Caring Sciences*, 18, pp.437-440.

Jendral, M.J. e Robinson, F.E., 2004. Beak-trimming in chickens: historical, economical, physiological and welfare implications and alternatives for preventing feather pecking and cannibalistic activity. *Avian and Poultry Biology Reviews*, 15(1), pp.9-23.

Jewell, J., 2015. Porque é que o reconhecimento do bem-estar das aves de capoeira é importante. *Poultry International*, 54(11), pp.5-6.

Johnston, C., 2015. A ciência política do bem-estar dos animais de criação nos EUA e na UE. In: J. Emel e H. Neo, eds. 2015. *Political ecologies of meat*. New York: Routledge. pp.217-

235.

Juma, C., Tabo, R., Wilson, K. e Conway, G., 2013. *Inovação para a intensificação sustentável em África*. Londres: O Painel de Montpellier.

Karchmer, R.A., 2001. The journey ahead: thirteen teachers report how the internet influences literacy and literacy instruction in their K-12 classrooms. *Reading Research Quarterly*, 36(4), pp.442-466.

Kates, R.W., Clark, W.C., Corell, R., Michael-Hall, J., Jaeger, C.C., Lowe, I., McCarthy, J.J., Schellnhuber, H.J., Bolin, B., Dickson, N.M., Faucheux, S., Gallopin, G.C., Gruebler, A., Huntley, B., Jager, J., Jodha, S.N., Kasperson, R.E., Mabogunje, A., Matson, P., Mooney, H., Moore III, B., O'Riordan, T. e Svedin, U., 2001. Sustainability science. *Science*, 292, pp.641-642.

Kemmet, K., 2015. Probióticos e enzimas: uma boa combinação. *World Poultry*, 31(2), pp.13-14.

Kennedy, T.L.M., 2000. Um estudo exploratório das experiências feministas no ciberespaço. *Cyber Psychology & Behavior*, 3(5), pp.707-719.

Kim, B.S.K., Brenner, B.R., Liang, C.T.H. e Asay, P.A., 2003. A qualitative study of adaptation experiences of 1.5-generation Asian Americans. *Cultural Diversity & Ethnic Minority Psychology*, 9(2), pp.156-170.

Klohn, W. e Windhorst, H.-W., 1998. *Das agrarische Intensivgebiet Südoldenburg: Entwicklung, Strukturen, Probleme, Perspektiven*. Vechta: Vechtaer Druckerei und Verlag.

Klohn, W. e Windhorst, H.-W., 2003. *Die Landwirtschaft in Deutschland*. Vechta: Vechtaer Druckerei und Verlag.

Koeleman, E., 2014. Menos uso de antibióticos na pecuária alemã. *All About Feed*, 22(8), p.31.

Komiyama, H. e Takeuchi, K., 2006. Ciência da sustentabilidade: construir uma nova disciplina. *Ciência da Sustentabilidade*, 1(1), pp.1-6.

Komiyama, H. e Takeuchi, K., 2011. Ciência da sustentabilidade: construir uma nova disciplina académica. In: H. Komiyama, K. Takeuchi, H. Shiroyama e T. Mino, eds. 2011. *Sustainability science: a multidisciplinary approach (Ciência da sustentabilidade: uma abordagem multidisciplinar)*. Nova Iorque: United Nations University Press. pp.2-19.

Krippendorp, K., 2004. *Content analysis: an introduction to its methodology*. Thousand Oaks, CA: Sage.

Kuenzel, W.J., 2007. Neurobiological basis of sensory perception: welfare implications of beak trimming. *Poultry Science*, 86, pp.1273-1282.

Larreche, J.C. e Moinpour, R., 1983. A avaliação da gestão em marketing: o conceito de especialização. *Journal of Marketing Research*, 20, pp.110-121.

Leenstra, F., Munnichs, G., Beekman, V., van den Heuvel-Vromans, E., Aramyan, L. e Woelders, H., 2008. *Killing one-day-old male chicks, do we have alternatives? Opiniões do "público" sobre alternativas ao abate de pintos com um dia de idade*. Wageningen: Grupo de Ciências Animais, Universidade de Wageningen.

Lehu, J.-M., 2004. De volta à vida! Porque é que as marcas envelhecem e, por vezes, morrem e o que fazem os gestores: uma investigação qualitativa exploratória inserida no contexto francês. *Journal of Marketing Communications*, 10, pp.133-152.

Leinonen, I. e Kyriazakis, I., 2013. Quantificação dos impactos ambientais dos sistemas de produção de frangos e ovos no Reino Unido. *Lohmann Information*, 48(2), pp.45-50.

Leinonen, I., Williams, A.G., Wiseman, J., Guy, J. e Kyriazakis, I., 2012. Predicting the environmental impacts of chicken systems in the United Kingdom through a life cycle assessment: broiler production systems. *Poultry Science*, 91, pp.8-25.

Liinamo, A.E. e Neeteson-van Niewenhoven, A.M., 2003. *SEFABAR: Sustainable European faro animal breeding and reproduction*. 54ª reunião anual da Associação Europeia de Produção Animal, 31 de agosto - 3 de setembro de 2003, Roma, Itália.

Linden, J., 2015a. *Alemanha avança no bem-estar das aves de capoeira*. [em linha] Disponível em: <http://www.wattagnet.com/articles/24254-germany-pushes-ahead-on-poultry- bem-estar> [Acedido em 5 de outubro de 2015].

Linstone, H.A., 1978. A técnica Delphi. In: J. Fowlers, ed., 1978. *Handbook of futures research*. Westport, CT: Greenwood Press. pp.273-300.

Linstone, H.A. e Turoff, M., 1975. *O método Delphi: técnicas e aplicações*.

Reading, MA: Addison-Wesley.

Linstone, H.A. e Turoff, M., 1977. *The Delphi Method: techniques and applications*. London: Addison-Wesley.

Liverman, D.M., Hanson, M.E., Brown, B.J. e Merideth, R.W., 1988. Global sustainability: towards measurement. *Environmental Management*, 12(2), pp.133-143.

Lummus, R.R., Vokurka, R.J. e Duclos, K.L., 2005. Delphi study on supply chain flexibility

(Estudo Delphi sobre a flexibilidade da cadeia de abastecimento). *International Journal of Production Research*, 43(13), pp.2687-2708.

Mack, N., Woodsong, C., Macqueen, K.M., Guest, G. e Namey, E., 2005. *Qualitative research methods: a data collector's field guide*. Carolina do Norte: Family Health International.

MacLeod, M., Gerber, P., Mottet, A., Tempio, G., Falcucci, A., Opio, C., Vellinga, T., Henderson, B. e Steinfeld, H., 2013. *Greenhouse gas emissions from pig and chicken supply chains - a global life cycle assessment (Emissões de gases com efeito de estufa das cadeias de abastecimento de suínos e frangos - uma avaliação global do ciclo de vida)*. Roma: FAO.

Malhotra, N.K. e Birks, D.F., 2007. *Investigação de marketing: uma abordagem aplicada*. 3.ª ed. London: Prentice Hall.

Malthus, T., 1798. *An essay on the principle of population [ensaio sobre o princípio da população*]. [pdf] Londres: Electronic Scholarly Publishing. Disponível em: <http://www.esp.org/books/malthus/population/malthus.pdf> [Acedido em 20 de julho de 2013].

Manning, L. e Baines, R.N., 2004. Globalisation: a study of the poultry-meat supply chain (Globalização: um estudo da cadeia de abastecimento de carne de aves de capoeira). *British Food Journal*, 106, pp.819-836.

Makdisi, F. e Marggraf, R., 2011. *Disposição do consumidor para pagar pelo bem-estar dos animais de criação na Alemanha - o caso da caldeira*. [pdf]. Disponível em: <http://ageconsearch.umn.edu/bitstream/115359/2/Makdisi_Marggraf.pdf> [Acedido em 26 de abril de 2015].

Marchant-Forde, R.M., Fahey, A.G. e Cheng, H.W., 2008. Comparative effects of infrared and one-third hot-blade trimming on beak topography, behavior, and growth (Efeitos comparativos do corte com infravermelhos e com um terço de lâmina quente na topografia do bico, comportamento e crescimento). *Poultry Science*, 87, pp.1474-1483.

Marsden, T., Lee, R., Flynn, A. e Thankappan, S., 2010. *The new regulation and governance of food*. Nova Iorque: Routledge.

Martino, J.P., 1993. *Previsão tecnológica para a tomada de decisões*. 3a ed. Columbus: McGraw-Hill.

McBride, W.D., 1997. *Change in U.S. livestock production, 1969-1992*. Waschington, D.C.: Serviço de Investigação Económica, USDA.

McDermott, J.J., Staal, S.J., Freeman, H.A., Herrero, M. e van de Steeg, J.A., 2010. Sustaining intensification of smallholder livestock systems in the tropics (Sustentação da intensificação dos sistemas pecuários de pequenos agricultores nos trópicos). *Livestock Science,* 130, pp.95-109.

McKenna, M., 2015. *Frango do McDonald's passa a ser livre de antibióticos. Now What?* [em linha] Disponível em: <http://theplate.nationalgeographic.com/2015/03/12/mcds-ionophores/> [Acedido em 28 de outubro de 2015].

MDH, 2015. *Causas e sintomas da campilobacteriose*. [em linha] Disponível em: <http://www.health.state.mn.us/divs/idepc/diseases/campylobacteriosis/basics.html> [Acedido em 15 de outubro de 2015].

Meadows, D., 1998. *Indicators and information systems for sustainable development (Indicadores e sistemas de informação para o desenvolvimento sustentável*). Hartland Four Corners, VT: The Sustainability Institute.

Meadows, D.H., Meadows, D.L., Randers, J. e Behrens, W.W., 1972. *The limits to growth.* Nova Iorque: Universe Books.

MEG, 2013. *MEG-Marktbilanz Eier und Geflügel.* Estugarda: Verlag Eugen Ulmer.

MEG, 2014. *MEG-Marktbilanz Eier und Geflügel.* Estugarda: Verlag Eugen Ulmer.

MEG, 2015. *MEG-Marktbilanz Eier und Geflügel.* Estugarda: Verlag Eugen Ulmer.

Meho, L.I., 2006. Entrevistas por correio eletrónico na investigação qualitativa: uma discussão metodológica. *Journal of the American Society for Information Science and Technology*, 57(10), pp.1284-1295.

Meho, L.I. e Tibbo, H.R., 2003. Modeling the information-seeking behavior of social scientists: Ellis's study revisited. *Journal of the American Society for Information Science and Technology*, 54(6), pp.570-587.

Mergelsberg, T., 2000. *Zukunftsfahige Lebensstile: Zukunftsfahigkeit, Nachhaltigkeit, Sustainability*. Estugarda: Deutsche Umwelthilfe.

Merle, R., Robanus, M., Hegger-Gravenhorst, C., Mollenhauer, Y., Hajek, P., Kasbohrer, A., Honscha, W. e Kreienbrock, L., 2014. Estudo de viabilidade do consumo de antibióticos veterinários na Alemanha - comparação de ADDs e UDDs por tipo de produção animal, classe antimicrobiana e indicação. *BMC Veterinary Research*, 10(7), pp.1-13.

Mihelcic, J.R., Crittenden, J.C., Small, M.J., Shonnard, D.R., Hokanson, D.R., Zhang, Q., Chen, H., Sorby, S.A., James, V.U., Sutherland, J.W. e Schnoor, J.L., 2003. Sustainability science and engineering: the emergence of a new metadiscipline (Ciência e engenharia da sustentabilidade: a emergência de uma nova metadisciplina). *Environmental Science & Technology*, 37, pp.5314-5324.

Mollenhorst, H., 2005. *How to house a hen: assessing sustainable development of egg production systems*. Doutoramento na Universidade de Wageningen.

Mollenhorst, H. e de Boer, I.J.M., 2004. Identificação de questões de sustentabilidade utilizando a análise SWOT participativa. *Outlook on Agriculture*, 33, pp.267-276.

Mollenhorst, H., Berentsen, P.B.M. e de Boer, I.J.M., 2006. On-farm quantification of sustainability indicators: an application to egg production systems (Quantificação de indicadores de sustentabilidade nas explorações: uma aplicação aos sistemas de produção de ovos). *British Poultry Science*, 47, pp.405-417.

More, S.J., McKenzie, K., O'Flaherty, J., Doherty, M.L., Cromie, A.R. e Magan, M.J., 2010. Setting priorities for non-regulatory animal health in Ireland: results from an expert Policy Delphi study and a farmer priority identification survey. *Medicina Veterinária Preventiva*, 95, pp.198-207.

Morgan, J., 1962. The Anatomy of income distribution. *The Review of Economics and Statistics*, 44, pp.270-283.

Morse, S., 2010. *Sustentabilidade: uma perspetiva biológica*. Nova Iorque: Cambridge University Press.

Mose, I., Peithmann, O. e Schaal, P., 2007. Probleme der Intensivlandwirtschaft im Oldenburger Münsterland - Losungsstrategien im Widerstreit der Interessen. In: H. Zepp, ed. 2007. *Okologische Problemraume Deutschlands*. Darmstadt: Wissenschaftliche Buchgesellschaft (WBG). pp.133-156.

Muijs, D., 2004. *Doing quantitative research in education with SPSS*. Londres: Sage Publications.

Mulder, N.-D., 2015. Encruzilhada para o crescimento: a evolução dos mercados de produtos de base incita a indústria avícola a mudar. *Zootechnica International*, 37(5), pp.38-41.

Munster, V.J., Baas, C., Lexmond, P., Waldenstrom, J., Wallensten, A., Fransson, T., Rimmelzwaan, G.F., Beyer, W.E.P., Schutten, M., Olsen, B., Osterhaus, A.D.M.E. e Fouchier, R.A.M., 2007. Spatial, temporal, and species variation in prevalence of influenza A viruses in wild migratory birds. *PLOS Pathogens*, 3(5), p.e61.

Murray, C.D., 2004. An interpretive phenomenological analysis of the embodiment of artificial limbs (Uma análise fenomenológica interpretativa da incorporação de membros artificiais).

Deficiência e Reabilitação, 26(16), pp.963-973.

Murray, J.W. e Hammons, J.O., 1995. Delphi: Uma metodologia versátil para a realização de investigação qualitativa. *The Review of Higher Education*, 18(4), pp.423-436.

Murray, P.J., 1995. Research from cyberspace: interviewing nurses by e-mail. *Health Informatics*, 1(2), pp.73-76.

Murray, P.J., 1996. Comunicações mediadas por computador dos enfermeiros na NURSENET: um estudo de caso. *Computadores em Enfermagem*, 14(4), pp.227-234.

Na Ranong, V., 2008. *Structural changes in Thailand's poultry sector and its social implications (Mudanças estruturais no sector avícola da Tailândia e suas implicações sociais).* Bangkok: Instituto de Investigação para o Desenvolvimento da Tailândia.

Napolitano, F., Girolami, A. e Braghieri, A., 2010. O gosto do consumidor e a vontade de pagar por produtos de origem animal de elevado bem-estar. *Tendências em Ciência e Tecnologia Alimentar*, 21, pp.537-543.

Academia Nacional de Ciências, 2010. *Toward sustainable agricultural systems in the 21st century [Rumo a sistemas agrícolas sustentáveis no século 21*]. Washington, D.C.: The National Academies Press.

Newton, L.H., 2003. *Ethics and sustainability: sustainable development and the moral life*. Upper Saddle River: Prentice Hall.

Niedersachsisches Ministerium für Ernahrung, Landwirtschaft und Verbraucherschutz, 2015. *Meyer und Hofken: Hennen-Kafighaltung wird in Deutschland endlich verboten.* [em linha] Disponível em: <http://www.ml.niedersachsen.de/portal/live.php?navigation_id=1810&article_id=137448&_psmand=7> [Acedido em 2 de outubro de 2015].

NOP, 2008. *Informação de base sobre o desenvolvimento sustentável*. [pdf] NOP. Disponível em: < http://kriemhild.uft.uni-bremen.de/nop/en/articles/pdf/sustainability_en.pdf> [Acedido em 20 de agosto de 2013].

Norman, D., Janke, R., Freyenberger, S., Schurle, B. e Kok, H., 1997. *Defining and implementing sustainable agriculture*. [pdf] Manhattan: Kansas Agricultural Experiment Station. Disponível em: <http://www.soc.iastate.edu/sapp/soc235susag.pdf> [Acedido em 25 de agosto de 2013].

Normile, D., 2005. A culpa é das aves selvagens? *Science*, 310, pp.426-428.

OCDE, 2008. *Desenvolvimento sustentável: ligar a economia, a sociedade e o ambiente*. Paris:

OCDE. OCDE e FAO, 2013. *Perspectivas agrícolas 2013 da OCDE-FAO*. Paris: OCDE.

Gabinete de Economia Agrícola, 2013. *Estatísticas agrícolas da Tailândia 2013*. Banguecoque: Gabinete de Economia Agrícola, Ministério da Agricultura e das Cooperativas.

Gabinete de Economia Agrícola, 2014. *Tendências agrícolas da Tailândia 2014*. Bangkok: Gabinete de Economia Agrícola, Ministério da Agricultura e das Cooperativas.

OIE, 2015. *Atualização sobre a gripe aviária de alta patogenicidade em animais (tipo H5 e H7)*. [em linha]. Disponível em: <http://www.oie.int/animal-health-in-the-world/update-on-avian-influenza/2015/> [Acedido em 20 de novembro de 2015].

O'Keefe, T., 2014. As preocupações com a segurança dos ovos estarão no topo da lista de problemas da proposta 2? *Egg Industry*, 119(12), pp.4-8.

Okoli, C. e Pawlowski, D.S., 2004. O método Delphi como ferramenta de investigação: um exemplo, considerações de conceção e aplicações. *Information & Management*, 42, pp.15-29.

Olsen, B., Munster, V.J., Wallensten, A., Waldenstrom, J., Osterhaus A.D.M.E. e Fouchier, R.A.M., 2006. Global patterns of influenza a virus in wild birds (Padrões globais do vírus da gripe A em aves selvagens). *Science*, 312, pp.384388.

Onuki, M. e Mino, T., 2011. A evolução do conceito de ciência da sustentabilidade. In: H. Komiyama, K. Takeuchi, H. Shiroyama e T. Mino, eds. 2011. *Sustainability science: a multidisciplinary approach (Ciência da sustentabilidade: uma abordagem multidisciplinar)*. Nova Iorque: United Nations University Press. pp.92-97.

O'Sullivan, D. e Dooley, L., 2009. *Aplicar a inovação*. Londres: Sage Publishing.

Ott, K. e Thapa, P. eds., 2003. *Greifwald's environmental ethics*. Greifswald: Steinbecker Verlag Rose.

Otte, J., Roland-Holst, D., Pfeiffer, D., Soares-Magalhaes, R., Rushton, J., Graham, J. e Silbergeld, E., 2007. *Industrial livestock production and global health risks*. Rome: FAO.

Panuwet, P., Siriwong, W., Prapamontol, T., Ryan, P.B., Fiedler, N., Robson, M.G. e Barr, D.B., 2012. Gestão de pesticidas agrícolas na Tailândia: situação e risco para a saúde da população. *Environmental Science & Policy*, 17, pp.72-81.

Parahoo, K., 1997. *Investigação em enfermagem: princípios, processos, questões*. Londres: Macmillan.

Pearce, D., Markandya, A. e Barbier, E., 1989. *Blueprint for a green economy*. Londres: Earthscan.

Peattie, K., 2011. Desenvolver e realizar investigação em ciências sociais para a sustentabilidade. In: A. Franklin e P. Blyton, eds. 2011. *Researching sustainability: a guide to social science methods, practice and engagement*. Nova Iorque: Earthscan. pp.17-33.

Pelletier, N., 2008. Environmental performance in the US broiler poultry sector: life cycle energy use and greenhouse gas, ozone depleting, acidifying and eutrophying emissions. *Agricultural System*, 98, pp.67-73.

Pelletier, N., 2010. *Breeding poultry for environmental performance: a life cycle-based supply chain perspective*. [pdf]. Disponível em: <http://www.kongressband.de/wcgalp2010/assets/pdf/0075.pdf> [Acedido em 26 de julho de 2015].

Pelletier, N., Ibarburu, M. e Xin, H., 2014. Comparação da pegada ambiental da indústria dos ovos nos Estados Unidos em 1960 e 2010. *Poultry Science*, 93(2), pp.241255.

Pesek, J., 1994. Perspetiva histórica. In: J.L. Hatfield e D.L. Karlen, eds. 1994. *Sistemas de agricultura sustentável*. Boca Raton, FL: Lewis Publishers. pp.1-19.

PHW-Group, 2015. *Unternehmen*. [online] Disponível em: <http://www.phw-gruppe.de/unternehmen.html> [Acedido em 19 de outubro de 2015].

Pickett, H., 2009. *Controlar a debicagem de penas e o canibalismo em galinhas poedeiras sem aparar o bico*. Surrey: CIWF.

Poapongsakorn, N., Na Ranong, V., Delgado, C., Narrod, C., Siriprapanukul, P., Srianant, N., Goolchai, P., Ruangchan, S., Methrsuraruk, S., Jittreekhun, T., Chalermpao, N., Tiongco, M. e Suwankiri, B., 2003. *Policy, technical, and environmental determinants and implications of the scaling-up of swine, broiler, layer and milk production in Thailand*. Anexo IV, Relatório Final do Projeto de Industrialização da Pecuária do IFPRI-FAO: Fase II. Washington, D.C.: Instituto Internacional de Investigação sobre Políticas Alimentares.

Polit, D.F. e Hungler, B.P., 1999. *Investigação em enfermagem: princípios e métodos*. 6ª ed. Philadelphia: J.B. Lippincott.

Polit, D.F., Beck, C.T. e Hungler, B.P., 2001. *Essentials of nursing research: methods, appraisal, and utilisation (Fundamentos da investigação em enfermagem: métodos, avaliação e utilização)*. 5a ed. Philadelphia: Lippincott.

PROVIEH, 2015. *Artgerecht stattungerecht*.[online] Disponível em: <http://www.provieh.de/s307.html> [Acedido em 16 de setembro de 2015].

Pyatt, G., Chen, C.-N. e Fei, J., 1980. The distribution of income by fator components. *The Quarterly Journal of Economics*, 95, pp.451-473.

Ramadan, S.G.A. e von Borell, E., 2008. Role of loose feather on the development of feather pecking in laying hens. *British Poultry Science*, 49, pp.250-256.

Convenção de Ramsar, 1971. *A Convenção de Ramsar sobre Zonas Húmidas*. [em linha] Disponível em: <http://www.ramsar.org/cda/en/ramsar-home/main/ramsar/1_4000_0__> [Acedido em 10 de setembro de 2013].

Ranatunga, T.D., Reddy, S.S. e Taylor, R.W., 2013. Distribuição de fósforo em frações de tamanho de agregados do solo em um solo aplicado com cama de aves e potenciais impactos ambientais. *Geoderma*, 192, pp.446-452.

Ratanakorn, P., 2002. *The role of NGOs in the management of domesticated elephants in Thailand.* [em linha] Disponível em:

<http://www.fao.org/docrep/005/ad031e/ad031e0q.htm#bm26> [Acedido em 10 de setembro de 2015].

Reed, K.D., Meece, J.K., Henkel, J.S. e Shukla, S.K., 2003. Birds, migration and emerging zoonoses: West Nile virus, lyme disease, influenza A and enteropathogens. *Clinical Medicine & Research*, 1(1), pp.5-12.

Rehder, L.E., 2012. *O mercado alemão de retalho alimentar*. [em linha] Disponível em: <http://gain.fas.usda.gov/Recent%20GAIN%20Publications/Retail%20Foods_Berlin_ Germany_7-31-2012.pdf> [Acedido em 20 de setembro de 2015].

Reinert, D., Flaspoler, E. e Hauke, A., 2007. Identificação de riscos emergentes para a segurança e saúde no trabalho. *Safety Science Monitor*, 11(3), pp.1-17.

Resurreccion, A.V.A., 2003. Aspectos sensoriais das escolhas dos consumidores de carne e produtos à base de carne. *Meat Science*, 66, pp.11-20.

Salão Rheingold, 2015. *Offentliche Meinung in der Krise*. Koln: Rheingold Salon.

Rigby, D., Woodhouse, P., Young, T. e Burton, M., 2001. Analysis constructing a farm level indicator of sustainable agricultural practice. *Ecological Economics*, 39, pp.463478.

RKI, 2014. *Infektionsepidemiologisches Jahrbuch meldepflichtiger Krankheiten für 2013*. Berlin: Robert Koch-Institut.

Roe, B., 1994. Haverá lugar para a experiência na investigação em enfermagem? *Nurse Researcher*, 1(4), pp.4-12.

Robertson, A., 2015. *Campylobacter, um problema europeu.* [em linha] Disponível em: <http://www.worldpoultry.net/Broilers/Health/2015/10/Campylobacter-a-European- problem-2700624W/?> [Acedido em 15 de outubro de 2015].

Rowe, G. e Wright, G., 1999. A técnica Delphi como ferramenta de previsão: questões e análise. *International Journal of Forecasting*. 15, pp.353-375.

Rowe, G., Wright, G. e Bolger, F., 1991. Delphi: a reevaluation of research and theory (Delphi: uma reavaliação da investigação e da teoria). *Technological Forecasting and Social Change*, 39(3), pp.235-251.

Sackman, H., 1974. *Delphi critique*. Lexington, MA: Lexington Books.

Sawa, T., 2011. A economia de mercado e o ambiente. In: H. Komiyama, K. Takeuchi, H. Shiroyama e T. Mino, eds. 2011. *Sustainability science: a multidisciplinary approach (Ciência da sustentabilidade: uma abordagem multidisciplinar)*. Nova Iorque: United Nations University Press. pp.305-326.

Saxowsky, D.M. e Duncan, M.R., 1998. *Understanding agriculture's transition into the 21st century: challenges, opportunities, consequences and alternatives*. Fargo, ND: Departamento de Economia Agrícola, Universidade Estadual de Dakota do Norte.

Schmee, J. e Oppenlander, J., 2010. *JMP significa negócios: modelos estatísticos para gestão*. Carolina do Norte: SAS Institute Inc.

Schmidt, R.C., 1997. Gestão de inquéritos Delphi utilizando técnicas estatísticas não paramétricas. Ciências da Decisão, 28(3), pp.763-774.

Schmidt, R., Lyytinen, K., Keil, M. e Cule, P., 2001. Identifying software project risks: an international Delphi study. *Journal of Management Information Systems*, 17(4), pp.536.

Schulz, E., 2013. *Nachhaltigkeit, okologischer und konventioneller Lanbau.* Leipzig: Leipziger Okonomischen Societat e.V.

Shane, S., 2015. Lessons learned from the recent US HPAI epornitic. *World Poultry*, 31(7), pp.10-12.

Sharp, H., Valentin, L., Fischer, J., Guerra, B., Appel, B. e Kasbohrer, A., 2014. Abschatzung des Transfers von ESBL-bildenden *Escherichia coli* zum Menschen für Deutschland. *Berliner und Münchener Tierarztliche Wochenschrift*, 127, Heft 11/12, pp.464-477.

Si, Y., Skidmore, A.K., Wang, T., de Boer, W.F., Debba, P., Toxopeus, A.G., Li, L. e Prins, H.H.T., 2009. A dinâmica espácio-temporal dos surtos globais de H5N1 corresponde aos padrões de migração das aves. *Geospatial Health*, 4(1), pp.65-78.

Siegel, S., 1956. *Nonparametric statistics for the behavioural sciences*. Tóquio: Tosho Printing Co., Ltd.

Siegel, S. e Castellan, N. J., 1988. *Nonparametric statistics for the behavioral sciences*. 2ª ed. Nova Iorque: McGraw-Hill.

Siwek, M., Slawinska, A., Nieuwland, M., Witkowski, A., Zieba, G., Minozzi, G., Knol, E.F. e Bednarczyk, M., 2010. Um locus de caraterísticas quantitativas para uma resposta primária de anticorpos à hemocianina da lapa no cromossoma 14 da galinha - confirmação e abordagem de genes candidatos. *Poultry Science*, 89(9), pp.1850-1857.

Slingenbergh, J., Gilbert, M., Balogh, K. e Wint, W., 2004. Fontes ecológicas de doenças zoonóticas. *Revue Scientifique et Technique*, 23, pp.467-484.

Smith, C.S. e McDonald, G.T., 1998. Avaliar a sustentabilidade da agricultura na fase de planeamento. *Journal of Environmental Management*, 52, pp.15-37.

Soisontes, S., 2015. Tailândia: Hier gibt es einen Markt für mannliche Legeküken. *Deutsche Geflügelwirtschaft und Schweineproduktion*, 67(13), p.4.

Songpaisan, S., 2013. *Thailand's poultry industry*. Banguecoque: IPSOS.

Spangenberg, J.H., 2008. Estratégias de sustentabilidade: história, conceitos, relevância. In: J.H., Spangenberg, ed. 2008. *Sustainable development: past conflicts andfuture challenges: taking stock of the sustainability discourse*. Münster: Westfalisches Dampfboot. pp.719.

Spackman, E., Stallknecht, D.E., Slemons, R.D., Winker, K., Suarez, D.L., Scott, M. e Swayne, D.E., 2005. A análise filogenética dos genes da gripe do tipo A em espécies de reservatórios naturais na América do Norte revela uma variação genética. *Virus Research*, 114(12), pp.89-100.

Spies, A., 2003. *A sustentabilidade das indústrias de suínos e aves em Santa Catarina, Brasil: um quadro para a mudança*. Ph.D. Universidade de Queensland.

Ssematimba, A., Hagenaars, T.J., de Wit, J.J., Ruiterkamp, F., Fabri, T.H., Stegeman, J.A. e de Jong, M.C.M., 2013. Riscos de transmissão da gripe aviária: análise das medidas de biossegurança e da estrutura de contactos na avicultura holandesa. *Medicina Veterinária Preventiva*, 109, pp.106-115.

Statista, 2014. *Heidemark Masterkreis GmbH &Co. KG: Umsatz in 2014.* [em linha] Disponível em: <http://de.statista.com/unternehmen/35819/heidemark-maesterkreis-gmbh--co-kg> [Acedido em 19 de outubro de 2015].

Stegeman, A., Bouma, A., Elbers, A.R., de Jong, M.C., Nodelijk, G., de Klerk, F., Koch, G. e van Boven, M., 2004. Avian influenza A virus (H7N7) epidemic in The Netherlands in 2003: course of the epidemic and effectiveness of control measures. *The Journal of Infectious Diseases*, 190(12), pp.2088-2095.

Stevenson, P., 2012. *Legislação da União Europeia sobre o bem-estar dos animais de criação.* Londres: CIWF.

Story, V., Hurdley, L., Smith, G. e Saker, J., 2001. Methodological and practical implications of the Delphi technique in marketing decision-making: a reassessment (Implicações metodológicas e práticas da técnica Delphi na tomada de decisões de marketing: uma reavaliação). *The Marketing Review*, 1, pp.487-504.

Swanson, J.C., Lee, Y., Thompson, P.B., Bawden, R. e Mench, J.A., 2011. Integration: valuing stakeholder input in setting priorities for socially sustainable egg production (Integração: valorizando a contribuição das partes interessadas na definição de prioridades para a produção de ovos socialmente sustentável). *Poultry Science*, 90, pp.2110-2121.

Swinkels, H., 2012. *Produção sustentável de aves de capoeira: uma perspetiva holandesa.* [pdf]. Disponível em: <http://www.bordbia.ie/eventsnews/ConferencePresentations/2012/Poultry%20and%20Egg%20Conference%202012/Sustainable%20Poultry%20Production%20A%20Dutch%20Perspective%20-%20Prof.%20Dr.%20Hans%20Swinkels,%20HAS%20University%20of%20Applied%20Sciences.pdf> [Acedido em 20 de julho de 2013].

Associação tailandesa de exportadores de processamento de frangos de corte, 2013. *Exportação tailandesa de carne de frango.* [em linha] Disponível em: <http://www.thaipoultry.org> [Acedido em 18 de maio de 2015].

Associação de exportadores de processamento de frangos de corte da Tailândia, 2014. *Estimativa das exportações de carne de frango da Tailândia 2014.* [em linha] Disponível em: <http://www.thaipoultry.org> [Acedido em 15 de novembro de 2014].

The Poultry Site, 2015. *Rentabilidade das aves domésticas cai na Tailândia.* [em linha] Disponível em: <http://www.thepoultrysite.com/poultrynews/35735/poultry-profitability-falls-in- thailand/> [Acedido em 12 de outubro de 2015].

Thornton, P.K., 2010. Produção animal: tendências recentes, perspectivas futuras. *Philosophical Transactions of The Royal Society*, 365(1554), pp.2853-2867.

Tiensin, T., Chaitaweesub, P., Songserm, T., Chaisingh, A., Hoonsuwan,W., Buranathai, C.,

Parakamawongsa, T., Premashthira, S., Amonsin, A., Gilbert, M., Nielen, M. e Stegeman, A., 2005. Highly pathogenic avian influenza H5N1, Tailândia, 2004. *Doenças Infecciosas Emergentes*, 11(11), pp.1664-1672.

Torrance, E., 1957. Group decision making and disagreement. *Social Forces*, 35, pp.314-318.

ONU, 1992a. *Declaração do Rio sobre ambiente e desenvolvimento*. Nova Iorque: ONU.

ONU, 1992b. *Agenda 21*. Nova Iorque: ONU.

ONU, 2000. *Declaração do Milénio das Nações Unidas*. Nova Iorque: ONU.

ONU, 2002. *Declaração de Joanesburgo sobre o desenvolvimento sustentável*. Nova Iorque: ONU.

ONU, 2010. *Desenvolvimento sustentável: de Brundtland ao Rio 2012*. Nova Iorque: ONU.

ONU, 2013. *Prevê-se que a população mundial atinja 9,6 mil milhões em 2050, com a maior parte do crescimento nas regiões em desenvolvimento, especialmente em África*. Comunicado de imprensa, 13 de junho de 2013.

Ursinus, N., Schepers, F., Bokkers, E., Bracke, M. e Spoolder, H., 2009. Panorama geral do bem-estar dos animais numa perspetiva global. In: M.B.M. Bracke, ed. 2009. *Animal welfare in a global perspective (O bem-estar dos animais numa perspetiva global*). Lelystad: Wageningen UR Livestock Research. pp.453.

Vagias, W.M., 2006. *Âncoras de resposta de escalas do tipo Likert*. Clemson: Instituto Internacional Clemson para o Desenvolvimento do Turismo e da Investigação.

van Asselt, E.D., van Bussel, L.G.J. , van Horne, P., van der Voet, H., van der Heijden, G.W.A.M. e van der Fels-Klerx, H.J., 2015. Assessing the sustainability of egg production systems in the Netherlands (Avaliação da sustentabilidade dos sistemas de produção de ovos nos Países Baixos). *Poultry Science*, 94(8), pp.1742-1750.

van Boeckel, T.P., Thanapongtharm, W., Robinson, T., D'Aietti, L. e Gilbert, M., 2012. Predicting the distribution of intensive poultry farming in Thailand (Previsão da distribuição da avicultura intensiva na Tailândia). *Agricultura, Ecossistemas e Ambiente*, 149, pp.144-153.

van der Fels-Klerx, H.J., Horst, H.S. e Dijkhuizen, A.A., 2000. Risk factors for bovine respiratory disease in dairy youngstock in The Netherlands: the perception of experts. *Livestock Production Science*, 66, pp.35-46.

van Horne, P.L.M., 2007. *Production and consumption of poultry meat and eggs in the EuropeanUnion* [pdf]. Disponível em: <http://www.healthy-

poultry.org/Results%20of%20the%20project/chapter3.pdf> [Acedido em 19 de maio de 2015].

van Horne, P. e Fiks, T., 2009. Welfare of poultry in a global perspective (O bem-estar das aves de capoeira numa perspetiva global). In: M.B.M., Bracke, ed. 2009. *Animal welfare in a global perspective (O bem-estar dos animais numa perspetiva global*). Lelystad: Wageningen UR Livestock Research. pp.80-94.

van Krimpen, M.M., Kwakkel, R.P., Reuvekamp, B.F.J., van der Peet-Schwering, C.M.C., Den Hartog, L.A. e Verstegen, M.W.A., 2005. Impact of feeding management on feather pecking in laying hens. *World's Poultry Science Journal*, 61, pp.663-685.

Vavra, M., 1996. Sustentabilidade dos sistemas de produção animal: uma perspetiva ecológica. *Journal of Animal Science*, 74, pp.1418-1423.

Veauthier, A., 2011. *Die aktuelle und zukünftige Wettbewerbsfahigkeit der deutschen und niedersachsischen Schweinefleischerzeugung.* Vechtaer Studien zur Geographie, Band 1. Vechta: ISPA, Universidade de Vechta.

Veauthier, A., 2013. *Proibição de gaiolas na Europa - impactos no comércio, no fornecimento de ovos e na segurança alimentar.* [pdf] Iowa State University. Disponível em: <http://www.public.iastate.edu/~maro/Forum%202013/Veauthier%20RS.pdf> [Acedido em 20 de junho de 2015].

Veauthier, A., 2014. *Geflügelfleischexporte nach Afrika.* [pdf] Vechta: Centro de Ciência e Informação para a Produção Sustentável de Aves de Capoeira (WING), Universidade de Vechta. Disponível em: <http://www.wing-vechta.de/pdf_files/themen/gefluegelfleischexporte- afrika_druck.pdf> [Acedido em 17 de abril de 2015].

Veauthier, A. e Windhorst, H.-W., 2011. *Die Wettbewerbsfahigkeit der deutschen und niedersachsischen Geflügelfleischerzeugung. Gegenwartige Strukturen und Prognosen bis 2020.* Weiβe Reihe, Band 34. Vechta: ISPA, Universidade de Vechta.

Veauthier, A., Wilke, A. e Windhorst, H.-W., 2013. *Sojaanbau in Europa versus überseeische Importe.* Vechta : Wissenschafts- und Informationszentrum Nachhaltige Geflügelwirtschaft (WING), Universidade de Vechta.

Vier Pfoten, 2014. *Jahresbericht 2014.* Viena: Vier Pfoten.

Vilei, S., 2010. *Avaliação participativa da sustentabilidade dos sistemas agrícolas nas Filipinas.* Doutoramento na Universidade de Hohenheim.

Vogt, W., 1949. *Road to survival.* Londres: Victor Gollanz.

Walker, W., 2005. Os pontos fortes e fracos dos projectos de investigação que envolvem medidas quantitativas. *Jornal de Investigação em Enfermagem*, 10(5), pp.571-582.

Guia Executivo WATT, 2012. *A referência estatística para a avicultura executiva.* [em linha] Disponível em: <http://viewer.zmags.com/publication/4e3eca68#/4e3eca68/1> [Acedido em 3 de setembro de 2013].

WBA, 2015. *Wege zu einer gesellschaftlich akzeptierten Nutztierhaltung.* Berlin: Bundesministerium fur Ernahrung und Landwirtschaft.

WCED, 1987. *O nosso futuro comum.* Oxford: Oxford University Press.

Weaver, C., 2005. Utilizar o modelo Rasch para desenvolver uma medida da vontade de comunicar dos alunos de uma segunda língua numa sala de aula de línguas. *Journal of Applied Measurement*, 6(4), pp.396-415.

Webster, R.G., 2004. Wet markets - a continuing source of severe acute respiratory syndrome and influenza? *The Lancet*, 363, pp.234-236.

Webster, R.G. e Hulse, D.J., 2004. Adaptação e mudança microbiana: gripe aviária. *Revue Scientifique et Technique*, 23(2), pp.453-465.

Webster, R.G., Bean, W.J., Gorman, O.T., Chambers, T.M. e Kawaoka, Y., 1992. Evolution and ecology of influenza A viruses. *Microbiology and Molecular Biology Reviews*, 56(1), pp.152-179.

Weissmann, A., Reitemeier, S., Hahn, A., Gottschalk, J. e Einspanier, A., 2014. Sexagem de galinhas domésticas antes da eclosão: um novo método para a identificação do género in ovo. *Theriogenology*, 80, pp.199-205.

Wentholt, M.T.A., Rowe, G., Konig, A., Marvin, H.J.P. e Frewer, L.J., 2009. The views of key stakeholders on an evolving food risk governance framework: results from a Delphi study. *Food Policy*, 34, pp.539-548.

Wetlands International, 2014. *Flyways para as aves aquáticas.* [em linha] Disponível em: <http://www.wetlands.org/OurWork/Biodiversity/Flywaysforwaterbirds/tabid/772/Default.aspx> [Acedido em 13 de outubro de 2015].

Wiehoff, D., 2015. *Para onde foram todas as galinhas mortas?* [em linha] Disponível em: <http://www.iatp.org/blog/201508/where-have-all-the-dead-chickens-gone?ct=t%28IATP_News_February_20152_25_2015%29> [Acedido em 6 de outubro de 2015].

Wiesenhof, 2015. *Das WIESENHOFPrivathofkonzept- Aufzuchtkriterien.* [em linha]

Disponível em: <http://www.wiesenhof-privathof.de/unser-konzept/aufzuchtkriterien/> [Acedido em 9 de outubro de 2015].

Wikipédia, 2015. *Ginicoeficiente* [online] Disponível em: <https://en.wikipedia.org/wiki/Gini_coefficient> [Acedido em 9 de junho de 2015].

Wilke, A., Windhorst, H.-W., e Grabkowsky, B., 2011. Análise dos factores de risco para a introdução de *Salmonella spp.* e *Campylobacter spp.* em explorações avícolas utilizando o método Delphi. *World's Poultry Science Journal*, 67, pp.615-630.

Williams, A.G., Audsley, E. e Sandars, D.L., 2007. Environmental burdens of livestock production systems derived from life cycle assessment (LCA). In: P. Garnsworthy, ed. 2007. *41ª Conferência sobre Alimentos para Animais da Universidade de Nottingham*. Nottingham: Nottingham University Press. pp. 171-200.

Williams, P.L. e Webb, C., 1994. A técnica Delphi: uma discussão metodológica. *Journal ofAdvanced Nursing*, 19, pp.180-186.

Windhorst, H.-W., 2011. Patterns and dynamics of global and EU poultry meat production and trade (Padrões e dinâmica da produção e do comércio mundial e comunitário de carne de aves de capoeira). *Lohmann Information*, 46(1), pp.28-37.

Windhorst, H.-W., 2013a. A dinâmica da produção e do comércio de ovos na Europa entre 1990 e 2010 - com especial referência à UE. *Zootecnica*, 35, maio de 2013, pp.4052.

Windhorst, H.-W., 2013b. *Wird die Totung mannlicher Küken von Legehybriden schon bald nicht mehr notwendig sein?* [pdf] Vechta: Centro de Ciência e Informação para a Produção Sustentável de Aves de Capoeira (WING), Universidade de Vechta. Disponível em: <http://www.wing-vechta.de/pdf_files/themen/toetung-maennlicher- kueken_druck.pdf> [Acedido em 19 de janeiro de 2015].

Windhorst, H.-W., 2013c. *Organisationsformen in der Geflügelhaltung*. [em linha] Disponível em: <http://www.wing-vechta.de/themen/organisationsformen_in_der_gefluegelhaltung/organisationsformen_in_der_gefluegelhaltung.html> [Acedido em 19 de maio de 2015].

Windhorst, H.-W., 2015a. *Die Ausbrüche der Aviaren Influenza in den USA und ihre Folgen - eine erste Bilanz* -. [em linha] Disponível em: <http://www.wing-vechta.de/news/die_ausbr_che_der_avi_ren_influenza_in_den_usa_und_ihre_folgen_-_eine_erste_bilanz_-.html> [Acedido em 6 de outubro de 2015].

Windhorst, H.-W., 2015b. *Zum Stand der Ausbrüche der Aviaren Influenza in den USA (3).*

[em linha] Disponível em :<http://www.wing-vechta.de/news/archiv_2015/zum_stand_der_ausbr_che_der_avi_ren_influenza_in_den_usa_3.html> [Acedido em 6 de outubro de 2015].

Windhorst, H.-W., 2015c. *A indústria europeia de ovos em transição*. Londres: IEC.

Windhorst, H.-W., 2015d. *Sistemas de alojamento na criação de galinhas poedeiras. Desenvolvimento, situação atual e perspectivas*. Londres: IEC.

Wrench, J.S. ed., 2013. *Comunicação no local de trabalho para o século XXI: ferramentas e estratégias que têm impacto nos resultados*. Santa Barbara, CA: Praeger.

Wu, H., Peng, X., Xu, L., Jin, C., Cheng, L., Lu, X., Xie, T., Yao, H. e Wu, N., 2014.

Novos vírus da gripe A (H5N8) reassociados em patos domésticos, no leste da China. *Doenças Infecciosas Emergentes*, 20(8), pp.1315-1318.

Young, A., 1989. *Agroforestry for soil conservation*. Oxfordshire: Conselho Internacional de Investigação em Agroflorestação.

ZDG, 2015a. *Die Geflügel-Charta 2015*. Berlin: ZDG.

ZDG, 2015b. *Verzicht auf das Schnabelkürzen: Geflügelwirtschaft unterzeichnet freiwillige Vereinbarung mit Bundeslandwirtschaftsminister Schmidt*. [em linha] Disponível em: <http://www.zdg-online.de/presse/detailansicht/?user_zdgdocs_pi2[entry]=830&user_zdgdocs_pi2[file]=Vereinbarung_zur_Schnabelkuerzen_bei_Legehennen_und_Mastputen.pdf> [Acedido em 6 de outubro de 2015].

Zhang, F., Li, W., Yang, M. e Li, W., 2012. Conteúdo de metais pesados em alimentos para animais e estrume de explorações agrícolas de diferentes escalas no nordeste da China. *Revista Internacional de Investigação Ambiental e Saúde Pública*, 9(8), pp. 2658-2668.

Zheng, X., Xia, T., Yang, X., Yuan, T. e Hu, Y., 2013. The land Gini coefficient and its application for land use structure analysis in China (O coeficiente de Gini da terra e sua aplicação para análise da estrutura de uso da terra na China). *PLoS ONE*, 8(10), p.e76165.

Zinck, J.A. e Farshad, A., 1995. Questões de sustentabilidade e gestão sustentável das terras.

Canadian Journal of Soil Science, 75, pp.407-412.

O autor

Dr. Sakson Soisontes

Nascido a 7 de abril de 1984 em Buri Ram, Tailândia

Educação	Licenciatura em Biotecnologia Agrícola: Kasetsart Universidade, Tailândia (2002 - 2006)
	Tese de licenciatura: Estudo dos agentes causadores da doença do nanismo da amoreira através da técnica da reação em cadeia da polimerase aninhada (Nested PCR)
	Mestrado em Gestão Ambiental: Universidade de Kiel, Alemanha (2008 - 2011)
	Tese de mestrado: Avaliação dos sistemas de certificação florestal na Tailândia em comparação com as normas de certificação florestal do Forest Stewardship Council
	Doutoramento: Universidade de Vechta, Alemanha (2016)
Investigação principal	Produção de aves de capoeira na Alemanha e na Tailândia
	Mercado global de aditivos para rações
	Biotecnologia agrícola
	Bem-estar dos animais

Sustentabilidade da produção agrícola

O papel das partes interessadas na sustentabilidade da produção avícola

Printed by Books on Demand GmbH, Norderstedt / Germany